"十四五"时期国家重点出版物出版专项规划项目

国家自然科学基金项目（31801872, 30600044, 31572129）资助
山西省应用基础研究计划项目（201801D221238）资助
山西省高等学校科技创新项目（2020L0462）资助
山西省石墨烯功能材料工程技术研究中心开放基金项目（DTGR2017008）资助
山西大同大学博士科研启动经费资助项目（2017-B-20）资助

# 番茄生长发育分子调控

郭绪虎　著

中国农业科学技术出版社

**图书在版编目(CIP)数据**

番茄生长发育分子调控 / 郭绪虎著. --北京：中国农业科学技术出版社，2023. 12

ISBN 978-7-5116-6476-1

Ⅰ. ①番…　Ⅱ. ①郭…　Ⅲ. ①番茄-遗传调控-研究　Ⅳ. ①S641. 203. 2

中国国家版本馆 CIP 数据核字(2023)第 200198 号

**责任编辑**　陶　莲
**责任校对**　贾若妍　李向荣
**责任印制**　姜义伟　王思文

**出 版 者**　中国农业科学技术出版社
北京市中关村南大街 12 号　　邮编：100081
**电　　话**　(010) 82109705 (编辑室)　　(010) 82109702 (发行部)
(010) 82109709 (读者服务部)
**网　　址**　https://castp.caas.cn
**经 销 者**　各地新华书店
**印 刷 者**　北京建宏印刷有限公司
**开　　本**　170 mm×240 mm　1/16
**印　　张**　18
**字　　数**　330 千字
**版　　次**　2023 年 12 月第 1 版　2023 年 12 月第 1 次印刷
**定　　价**　98.00 元

# 内容提要

番茄是一种具有很高经济价值的果蔬作物。番茄全基因组测序的完成为研究特定基因的功能提供了便利。目前，番茄已经成为研究双子叶植物，尤其是茄科植物基因功能的重要模式生物。本研究主要介绍了番茄生长发育的激素遗传因子调控、转录因子调控、表观遗传调控以及环境胁迫响应。本研究内容为作者近年来研究工作的总结，数据翔实，结果可靠；同时，综述了本领域的研究成果，具有新颖性和时效性。

本研究适合从事番茄分子育种、分子生物学发育调控、基因功能等领域的科研人员阅读和使用。

# 作者简介

郭绪虎，男，汉族，山东单县人，1986年生，博士，副教授，2017年参加工作，现为山西大同大学生物工程系主任。主要从事植物分子生物学发育调控研究。主持国家自然科学基金、教育部新农科研究与改革实践项目、山西省应用基础研究计划、山西省高等学校科技创新等多项研究课题。以第一作者在 *Horticulture Research*、*Molecular Breeding*、*Plant Science* 等国际期刊发表多篇学术论文。主讲生态学、药用植物学、生物工程设备等课程。2018年入选山西省“三晋英才”支持计划青年优秀人才；2018年获得山西大同大学科研突出贡献先进个人二等奖；2019年入选山西大同大学党委联系的第二批高级专家；2022年被评为山西大同大学教书育人标兵。

# 目　　录

# 1　番茄激素遗传因子调控——赤霉素相关基因

植物激素作为执行细胞通信的化学信息在代谢、生长、形态建成等植物生理活动的各个方面均起着十分重要的作用。植物激素通常作用于植物激素受体，通过信号转导引发下游基因表达和相应的生理生化反应，进而影响根、茎、叶、花、果实等器官的形态建成。近年来，由于分子生物学和遗传学方法在研究植物激素领域中的应用，如激素突变体和营养缺陷型的遗传分析、转基因植物的研究、反义 RNA 技术的应用等使人们对各类植物激素的生物合成途径有了新的认识，在激素受体、激素信号传导，激素调控基因方面都取得了重大进展。

## 1.1　赤霉素及其生理功能

赤霉素（gibberellic acid，GA）是一类双萜类物质，最先由日本植物病理学家黑泽英一在水稻恶苗病研究过程中发现，于 1935 年由日本薮田贞治郎和住木谕介从赤霉菌培养基的滤液中分离出来。目前在高等植物、细菌和真菌中共发现了 136 种 GAs，但大部分 GAs 是活性 GA 生物合成的前体或活性 GA 分解的代谢产物，具有生物活性的仅有少数几种，如 $GA_1$、$GA_3$、$GA_4$和 $GA_7$（Hedden and Phillips，2000）。在众多形态的 GAs 中，$GA_1$和 $GA_4$对植物子房的发育最为重要（Nakaune et al.，2012），此外，GA 对植物器官的形成与分化起着重要的作用，在幼嫩组织如根尖、茎尖和花芽分布居多。牻牛儿基焦磷酸为前体经过多步酶促反应，合成具有生物活性的赤霉素（Hedden，2008；Kasahara et al.，2002）。具有生物活性的 GA 参与调控植物叶片延伸、茎的伸长、光形态建成、种子的萌发、开花和果实发育等过程（Olszewski et al.，2002；Finkelstein et al.，2008；Sun and Gubler，2004）。

## 1.2 赤霉素生物合成途径关键基因

GA20 氧化酶（GA20ox）是 GA 合成途径中的关键酶之一，它是催化赤霉素后期生成的双加氧酶，编码该基因家族成员较少。番茄 GA20 氧化酶基因家族由 3 个成员组成，即 *GA20ox1*、*GA20ox2* 和 *GA20ox3*（Rebers et al.，1999）。干扰 *GA20ox1* 和 *GA20ox2* 的表达均能导致番茄植株矮化、节间距缩短、叶片变小、叶片颜色加深，而抑制 *GA20ox3* 没有明显的表型变化。另外在下调 *GA20ox2*、*GA20ox3* 的植株中发现子房发育正常（Xiao et al.，2006）。Serrani 等（2007）在番茄中鉴定了 5 个 *GA2oxs* 基因（*SlGA2ox1-5*），这 5 个 *GA2oxs* 均属于 *C19-GA2oxs* 家族。蛋白序列比对表明 *SlGA2ox2*、*SlGA2ox4*、*SlGA2ox5* 属于亚家族Ⅰ，*SlGA2ox1* 和 *SlGA20x3* 属于亚家族Ⅱ。另有研究表明，下调 5 个 *C19-GA2oxs* 基因的表达可以显著地提高活性 $GA_4$ 的含量，转基因植株出现单性结实，且侧枝减少（Martinez-Bello et al.，2015）。在下调 *GA20ox1* 的转基因株系中，发现其植株矮小、花粉活力下降、叶片畸形，这与赤霉素参与植株生长发育的作用相吻合；但是在这些下调 *GA20ox1* 的植株中，子房的发育是正常的，果实的发育也没有出现畸形，仅果实的种子较少（Olimpieri et al.，2012）。改变植物体内赤霉素合成与钝化基因的表达，同样可以影响植株的生长，在番茄中过表达柑橘 *CcGA20ox1* 基因可以增加 $GA_4$ 的浓度水平，转基因植株表现出较高的株型和无锯齿边缘的叶片，出现单性结实的现象，并且果实产量增加（Garcia-Hurtado et al.，2012）。

在番茄中，赤霉素对于早期果实的细胞分裂和细胞膨大起着重要的作用，并且其含量也在不断地积累增多（Srivastava and Handa，2005）。相对于未受精的子房，受精的子房中 *GA20ox1* 的 mRNA 水平增加（Serrani et al.，2007）。外源赤霉素处理未受精的番茄子房会引起单性结实，但其作用小于正常发育的果实（Wuddineh et al.，2015），相反，对番茄早期的果实外施赤霉素合成抑制剂可以阻碍果实的生长发育，使果实变小（Bunger-Kibler and Bangerth，1982；Fos et al.，2000；Olimpieri et al.，2007）。赤霉素在坐果时期也发挥重要的作用，阻断赤霉素生物合成途径的番茄突变体 *gib1*、*gib2*、*gib3* 会出现植株矮化并且坐果失败的现象，但是喷施外源赤霉素会使植株生长恢复正常，坐果恢复正常，从而证明了赤霉素对植株的发育和果实坐果的重要性（Bensen and Zeevaart，1990）。另外，外源赤霉素喷施不会使最终的果实变大，说明赤霉素调控番茄坐果发育时有特定浓度要求，过量的赤霉素不会增加果实的发育速率（Gustafson，1960；Rappaport，1957）。此外赤霉素的生物合成还会受到生长素的影响，这表明赤霉素的调控与生长素有类似的相关性（Serrani et al.，2008）。

## 1.3　赤霉素信号转导途径关键基因

DELLA 蛋白家族成员在赤霉素信号转导途径中是重要的抑制因子；PSY 蛋白能够增强 DELLA 蛋白的抑制作用（Sun，2011）。DELLA 抑制因子的降解是赤霉素发挥生理效应的先决条件。在拟南芥中有 5 个 DELLA 成员，其功能有相似之处，但在番茄中只有 1 个 *SlDELLA*（Bassel et al.，2004、2008）。在沉默 *SlDELLA* 基因后，番茄植株出现多种不正常的生长表型，果实出现单性结实（Marti et al.，2007），表现为果实变小，果皮细胞伸长、数目减少，果皮细胞没有进行细胞的分裂过程（Serrani et al.，2008；Vriezen et al.，2008）。番茄伸长突变体 *pro* 是由于 GA 信号途径中 DELLA 蛋白 GRAS 区域的点突变造成的（Carrera et al.，2012）。赤霉素受体蛋白 GID1 与抑制因子 DELLA 蛋白相结合形成三聚体（Hedden，2008；Murase et al.，2008），DELLA 蛋白发挥抑制赤霉素效应。当 GA-GID1-DELLA 三聚体遇到 E3 泛素连接酶（SCF SLY/GID2）时，DELLA 蛋白被 26S 蛋白酶识别后进行特定的降解，从而使赤霉素得以在植物体内发挥作用（Dill et al.，2004；Fu et al.，2004；Griffiths et al.，2006）。Liu 等（2016）通过 RNA 干扰技术，获得了 *SlGID2* 沉默的转基因番茄株系（SlGID2i），并获得了矮秆植株和深绿色叶片表型。外源 GA 无法恢复 SlGID2i 株系的茎秆伸长缺陷，且其内源 GA 水平高于野生型，这进一步支持了转基因 SlGID2i 植株对 GA 不敏感的结论。通过沉默 *SlGID2*，GA 信号下游基因 *SlGAST1* 和一些细胞膨大、分裂相关基因（*SlCycB1;1*、*SlCycD2;1*、*SlCycA3;1*、*SlXTH2*、*SlEXP2*、*SlKRP4*）表达下调。此外，在 SlGID2i 株系中 *SlDELLA*（GA 信号负调控因子）以及 *SlGA2ox1* 的表达水平下降，而 *SlGA3ox1* 和 *SlGA20ox2* 转录本的表达水平升高。因此，推断 *SlGID2* 可能是 GA 信号的正调控因子，并促进 GA 信号通路。*SlMED18* 在番茄节间伸长中也发挥着重要作用，是赤霉素生物合成和信号转导的关键正向调控因子，同时也是生长素转运的信号转导因子（Wang et al.，2018）。

# 参考文献

关晓溪，许涛，梅伟利，等，2015. 番茄 *SlARF14* 基因的 RNAi 载体构建及其在花器官中的功能初步鉴定［J］. 沈阳农业大学学报，46(2)：142-149.

胡晓炜，2021. *SlIAA15* 基因在番茄表皮毛和果实发育过程中的功能研究［D］. 重庆：重庆大学.

BASSEL G W，MULLEN R T，BEWLEY J D，2008. Procera is a putative *DELLA* mutant in tomato（*Solanum lycopersicum*）: effects on the seed and vegetative plant［J］. Journal of Experimental Botany，59：585-593.

BASSEL G W，ZIELINSKA E，MULLEN R T，et al.，2004. Down-regulation of *DELLA* genes is not essential for germination of tomato，soybean，and *Arabidopsis* seeds［J］. Plant Physiology，136：2782-2789.

BENSEN R J，ZEEVAART J D，1990. Comparison of ent-kaurene synthase A and B activities in cell-free extracts from young tomato fruits of wild-type and gib-1，gib-2，and gib-3 tomato plants［J］. Joumal of Plant Growth Regulation，9：237-242.

BUNGER-KIBLER S，BANGERTH F，1982. Relationship between cell number，cell size and fruit size of seeded fruits of tomato（*Lyeopersicon esculentum* Mill.），and those induced parthenocarpically by the application of plant growth regulators［J］. Joumal of Plant Growth Regulation，1：143-154.

CARRERA E，RUIZ-RIVERO O，PERES L E P，et al.，2012. Characterizationof the procera tomato mutant shows novel functions of the SlDELLA protein in the control of flower morphology，cell division and expansion，and the auxin-signaling pathway during fruit-set and development［J］. Plant Physiology，160：1581-1596.

DILL A，THOMAS S G，HU J H，et al.，2004. The Arabidopsis F-box protein SLEEPY1 targets gibberellin signaling repressors for gibberellin-induced degradation［J］. Plant Cell，16：1392-1405.

Finkelstein R，Reeves W，Ariizumi T，et al.，2008. Molecular aspects of seed dormancy［J］. Annual Review of Plant Biology，59：387-415.

FOS M, NUEZ F, GARCIA-MARTINE Z J L, 2000. The gene pat-2, which induces natural parthenocarpy, alters the gibberellin content in unpollinated tomato ovaries [J]. Plant Physiology, 122 (2): 471-479.

FU X R, FLECK B, XIE D X, et al., 2004. The *Arabidopsis* mutant sleepy1gar2-1 protein promotes plant growth by increasing the affinity of the SCFSLY1 E3 ubiquitin ligase for DELLA protein substrates [J]. Plant Cell, 16: 1406-1418.

GARCIA-HURTADO N, CARRERA E, RUIZ-RIVERO O, et al., 2012. The characterization of transgenic tomato overexpressing gibberellin 20-oxidase reveals induction of parthenocarpic fruit growth, higher yield, and alteration of the gibberellin biosynthetic pathway [J]. Journal of Experimental Botany, 63 (16): 5803-5813.

GRIFFITHS J, MURASE K, RIEU I, et al., 2006. Genetic characterization and functional analysis of the GID1 gibberellin receptors in *Arabidopsis* [J]. Plant Cell, 18: 3399-3414.

GUSTAFSON F G, 1960. Influence of gibberellic acid on setting and development of fruits in tomato [J]. Plant Physiology, 35: 521-523.

HEDDEN P, 2008. Gibberellins close the lid [J]. Nature, 456: 455-456.

HEDDEN P, PHILLIPS A L, 2000. Gibberellin metabolism: new insights revealed by the genes [J]. Trends in Plant Science, 12: 523-530.

KASAHARA H A, KUZUYAMA T, TAKAGI M, et al., 2002. Contribution of the mevalonate and methylerythritol phosphate pathways to the biosynthesis of gibberellins in *Arabidopsis* [J]. Journal of Biological Chemistry, 277: 45188-45194.

LIU Q, GUO X H, CHEN G P, et al., 2016. Silencing *SlGID2*, a putative F-box protein gene, generates a dwarf plant and dark-green leaves in tomato [J]. Plant Physiology and Biochemistry, 109: 491-501.

MARTI C, ORZAEZ D, ELLUL P, et al., 2007. Silencing of DELLA induces facultative parthenocarpy in tomato fruits [J]. Plant Journal, 52: 865-876.

MURASE H Y, SUN T P, HAKOSHIMA T, 2008. Gibberellin induced DELLA recognition by the gibberellin receptor GID1 [J]. Nature, 456: 459-464.

NAKAUNE M, HANADA A, YIN Y G, et al., 2012. Molecular and physiological dissection of enhanced seed germination using short-term low-concentration salt seed priming in tomato [J]. Plant Physiology and Biochemistry, 52: 28-37.

OLIMPIERI I, CACCIA R, PICARELLA M E, et al., 2012. Constitutive co-suppression of the GA 20-oxidase1 gene in tomato leads to severe defects in vegetative and reproductive development [J]. Plant Science, 180: 496-503.

OLIMPIERI I, SILIGATO F, CACCIA R, et al., 2007. Tomato fruit set driven by pollination or by the parthenocarpic fruit allele are mediated by transcriptionally regulated gibberellin biosynthesis [J]. Planta, 226 (4): 877-888.

OLSZEWSKI N, SUN T P, GUBLER F, 2002. Gibberellin signaling: biosynthesis, catabolism, and response pathways [J]. Plant Cell, 14: S61-S68.

RAPPAPORT L, 1957. Effect of gibberellin on growth, flowering and fruiting of the Earlypak tomato, *Lycopersicum esculentum* [J]. Plant Physiology and Biochemistry, 32: 440-444.

REBERS M, KANETA T, KAWAIDE H, et al., 1999. Regulation of gibberellin biosynthesis genes during flower and early fruit development of tomato [J]. Plant Journal, 17: 241-250.

SERRANI J C, FOS M, ATARES A, et al., 2007. Effect of gibberellin and auxin on parthenocarpic fruit growth induction in the cv micro-tom of tomato [J]. Journal of Zhejiang University Science B, 26 (3): 211-221.

SERRANI J C, RUIZ-RIVERO O, FOS M, et al., 2008. Auxin-induced fruit-set in tomato is mediated in part by gibberellins [J]. Plant Journal, 56: 922-934.

SRIVASTAVA A, HANDA A K, 2005. Hormonal regulation of tomato fruit development: A molecular perspective [J]. Journal of Plant Growth Regulation, 24 (2): 67-82.

SUN T P, GUBLER F, 2004. Molecular mechanism of gibberellin signaling in plants [J]. Annual Review of Plant Biology, 55: 197-223.

SUN X L, XUE B, JONES W T, et al., 2011. A functionally required unfoldome from the plant kingdom: intrinsically disordered N-terminal domains of GRAS proteins are involved in molecular recognition during plant development [J]. Plant Molecular Biology, 77: 205-223.

VRIEZEN W H, FERON R, MARETTO F, et al., 2008. Changes in tomato ovary transcriptome demonstrate complex hormonal regulation of fruit set [J]. New Phytologist, 177: 60-76.

WANG Y S, HU Z L, ZHANG J L, et al., 2018. Silencing *SlMED18*, tomato Mediator subunit 18 gene, restricts internode elongation and leaf expansion [J]. Scientific Reports, 8: 3285.

WUDDINEH W A, MAZAREI M, ZHANG J, et al., 2015. Identification and overexpression of gibberellin 2-oxidase (GA2ox) in switchgrass (*Panicum virgatum* L.) for improved plant architecture and reduced biomass recalcitrance [J]. Plant Biotechnology Journal, 13 (5): 636-647.

XIAO J, LI H, ZHANG J, et al., 2006. Dissection of GA 20-oxdase members affecting tomato morphology by RNAi-mediated silencing [J]. Plant Growth Regulation, 50: 179-189.

# 2 番茄 *SlGID2* 基因功能研究

## 2.1 材料与方法

### 2.1.1 植物材料和生长条件

野生型番茄（*Solanum lycopersicum* Mill. cv. Ailsa Craig，一个近等基因番茄系）和转基因番茄植株在温室中种植，并进行常规管理。组织培养时，先用次氯酸钠对番茄种子消毒，然后用清水浸泡 2 d 后播种在 1/2 MS 固体琼脂培养基（pH = 5.8）上。在标准温室条件下［25 ℃/18 ℃昼夜温度，16 h/8 h 昼夜循环，250 μmol/($m^2$ · s) 光强，80%湿度］培养转基因愈伤组织。本研究以组织培养的 $T_0$代番茄植株为研究对象，采集了番茄不同生长时期的根、茎、幼叶、成熟叶、衰老叶、花、萼片和果实，获得 *SlGID2* 的器官特异性表达模式。番茄果实成熟阶段划分参考了 Xie 等（2014）的方法。

### 2.1.2 *SlGID2* 基因数字表达谱分析

微阵列表达数据来自 genevarcheator（https://www.genevestigator.com/gv）的番茄基因芯片平台。以 *SlGID2* 的核苷酸序列作为查询序列，对 Affymetrix 基因芯片（http://www.affymetrix.com）的所有基因探针序列进行 blast，并选择最佳同源探针（LesAffx.24128.1.S1_at）在 Affymetrix 番茄基因微组阵列平台中进行搜索。

### 2.1.3 番茄 *SlGID2* 基因的克隆与序列分析

按照说明书，使用 TRIZOL 试剂（Invitrogen，美国）从野生型（WT）番茄幼苗中分离总 RNA。以 1 μg 总 RNA 为模板，使用 M-MLV 逆转录酶（Takara，大连）和 Oligo d（T）18 引物，在 42 ℃下 60 min 合成第一链 cDNA。采用 1 μL cDNA，利用引物 SlGID2i-F（5′-AAACAGTGGAAT-

CAAACGG-3′）和 SlGID2i-R（5′-AAAAACCCAAACCATAAGC-3′）通过高保真 PCR（Primer STARTM HS DNA polymerase，Takara，大连）克隆 *SlGID2* 片段。扩增产物用 DNA-Tailed kit（Takara）加尾，质粒 Mini kit I（OMEGA，美国）纯化，然后克隆到 pMD18-T 载体（Takara，大连），最终转化大肠杆菌 JM109 并测序确认（华大基因，中国）。序列比对采用 DNAMAN 5.2.2。Smart（http：//smart. Embl-heid elberg. de/）用于结构域注释。基于同源性，采用 MEGA 3.1 程序计算系统发育树。

### 2.1.4 *SlGID2* RNAi 载体构建及植株转化

为了构建 *SlGID2* RNAi 表达载体，本研究使用引物 SlGID2i-F（5′-AAACAGTGGAATCAAACGG-3′）和 SlGID2i-R（5′-AAAAACCCAAACCATAAGC-3′）扩增了 *SlGID2* cDNA 432 bp 特异性片段，并在 5′端分别添加 XhoI、XbaI 和 HindⅢ、KpnI酶切位点。分别用 HindⅢ/XbaI和 KpnI/XhoI酶切的扩增产物在有义方向的 HindⅢ/XbaI酶切位点和反义方向的 KpnI/XhoI酶切位点连接到 pHANNABL 质粒上。纯化了由花椰菜花叶病毒（CaMV）35S 启动子、反义方向 *SlGID2* 片段、PDK 内含子、有义方向 *SlGID2* 片段和 OCS 终止子组成的双链（ds）RNA 表达单元，并将其插入具有 Sac I 和 XbaI 限制位点的植物二元载体 pBIN 19（Takara）。构建的终载体被测序并导入农杆菌 LBA4404（Chen et al.，2004）。之后，通过农杆菌介导将构建载体转化侵染番茄子叶外植体（Chen et al.，2001）。采用引物 NPTII-F（5′-GACAATCGGCTGCTCTGA-3′）和 NPTII-R（5′-AACTCCAGCATGAGATCC-3′）检测卡那霉素培养基（50 mg/L）上的转基因植株。将阳性转基因株系转移到塑料盆中，按上述方法种植。

### 2.1.5 实时荧光定量 PCR

为研究 *SlGID2* 在不同组织中的表达情况，分别从根、茎、幼叶、成熟叶、衰老叶、花、萼片和不同发育阶段果实（未成熟绿果 IMG、成熟绿果 MG、破色期果实 B 和破色后 4 d B4、破色后 7 d B7）中分离总 RNA。使用 RNase-free DNase Ⅰ去除残留的基因组 DNA。使用 CFX96™实时系统（Bio-Rad，美国）进行实时定量 PCR 分析。每个反应采用 3.5 μL 蒸馏水，5 μL SYBR Premix Ex Taq Ⅱ试剂盒（Takara，中国），0.5 μL 的 10 μM 基因特异性引物，1 μL cDNA，最终体积为 10 μL。实验过程如下：95 ℃持续 30 s，95 ℃持续 5 s，60 ℃持续 30 s，65 ℃持续 5 s，循环 40 次。对 cDNA 样本进行10倍梯度稀释，得到每个基因的标准曲线。番茄 *SlCAC* 被用作内参基因（Exposito - Rodriguez et al., 2008）。每组反应均采用无逆转录对照（NRT）和无模板对照（NTC），以去除环境中基因组 DNA 和模板的污染。采用引物 SlGID2-Q-F 和 SlGID2-Q-R 检测野生型和转基因株系中 *SlGID2* 的转录水平。使用 $2^{-\Delta\Delta C}T$ 方法（Livak and Schmittgen, 2001）检测相对基因转录水平。此外，所有样本采集 3 个生物重复，用于定量 RT-PCR 的引物，见表 2-1。

**表 2-1 用于定量 PCR 分析的引物**

| 引物代码 | 引物序列（5′ → 3′） | 产物长度（bp） | 应用 |
| --- | --- | --- | --- |
| SlCAC-Q-F | CCTCCGTTGTGATGTAACTGG | 173 | Internal standard gene for Quantitative RT-PCR in tomato development |
| SlCAC-Q-R | ATTGGTGGAAAGTAACATCATCG | | |
| SlGID2-Q-F | GCGGTGTTGTTGAATGAGAATC | 142 | Quantitative RT-PCR analysis for *SlGID2* |
| SlGID2-Q-R | GTCTTGTGCAGATCAGCTCCC | | |
| SlGA20ox2-Q-F | TAAGAAGGATAAGGTGGTGAGGC | 170 | Quantitative RT-PCR analysis for genes involved in GA biosynthesis, catabolism and signal transduction |
| SlGA20ox2-Q-R | CCGTAGTTTTCTGTTGAAGCCA | | |
| SlGA3ox1-Q-F | ATAGGCACCCACCCTTGTATA | 87 | |
| SlGA3ox1-Q-R | GGATGAAAGTGCCTTGTCAAAAT | | |
| SlGAox1-Q-F | GGCATGTAAGATATTAGAATTGA | 108 | |
| SlGA2ox1-Q-R | TTAATCCGTAGTAGAGAATCAGA | | |
| SlDELLA-Q-F | CAGATTCATCAGCAACGAGACC | 160 | |
| SlDELLA-Q-R | TGTGAAACCGCAAGAATACCAA | | |
| SlGAST1-Q-F | CAACAACAGAGAAATAACCAAC | 104 | |
| SlGAST1-Q-R | TTATACGATGTCTTTGAACACC | | |
| SlCycB1; 1-Q-F | GTATCTCGCCCCGTAACAAG | 178 | Quantitative RT-PCR analysis for dwarf-related genes |
| SlCycB1; 1-Q-R | TCTCCTCAGGTTTTGGCTTT | | |
| SlCycD2; 1-Q-F | CTGCCAAAGCCTCAAGCG | 184 | |
| SlCycD2; 1-Q-R | CAGTGGAGCTAGTGTCATTCGC | | |
| SlCycA3; 1-Q-F | CTAAGAAAAGAGCAGCAGAAGCA | 166 | |
| SlCycA3; 1-Q-R | GATTCCTTATCTTTTTCAGCAACAG | | |
| SlXTH2-Q-F | TGTTTCTTCGTAGTGGTGGCT | 102 | |
| SlXTH2-Q-R | AAGAAGTTGCCCCGTTTTCG | | |
| SlEXP2-Q-F | TGGCTTCACTTCCACTTGTTTT | 100 | |
| SlEXP2-Q-R | CCATAGAAAGTGGCATGAGCAG | | |
| SlKRP4-Q-F | CACAAGGAAGAGGAAGAAGCG | 180 | |
| SlKRP4-Q-R | CCAAAACCAGATGCTGAAACG | | |

### 2.1.6 株型参数测量

测定了野生型和转基因株系的株高、节间长度、成熟叶片长度和宽度（距顶部3~4片）。其中，从发芽后25 d开始，每5 d测量1次株高。

### 2.1.7 茎秆的解剖分析

根据下面描述的方法对番茄茎秆进行解剖分析。从生长60 d的野生型和转基因植株中采集样品，立即用70%乙醇/乙酸/甲醛（体积比18：1：1，FAA）进行固定，之后进行脱水、固定、切片、脱蜡。最后，在OLYMPUS IX71显微镜下观察处理后的样品并拍照记录。

### 2.1.8 赤霉素含量测定

采用一步双抗体夹心法、酶联免疫吸附试验（ELISA）对野生型和转基因株系成熟叶中内源赤霉素的含量进行定量分析。提取GA，0.5 g成熟叶片在5 mL 80%（V/V）甲醇萃取介质中低温研磨。提取液在4 ℃下孵育4 h，然后在相同温度下以4 000 r/min离心15 min。采用ELISA法检测上清液。

### 2.1.9 外源 $GA_3$ 处理

在温室中培养30 d的转基因株系，每隔3 d喷洒含0.25%酒精的100 μM $GA_3$ 溶液，连续喷洒20 d，对照组喷洒含0.25%酒精的蒸馏水。

### 2.1.10 叶绿素含量测定

称取1 g新鲜成熟叶片，在液氮中研磨成粉末，在黑暗条件下，使用10 mL丙酮和乙醇混合溶液（2：1，V/V）提取24 h，然后在4 ℃，7 000 r/min下离心5 min。用PerkinElmer Lambda 900 UV/VIS/NIR分光光度计分别记录上清液在645 nm和663 nm处的吸光度。总叶绿素含量计算公式如下，Chl（mg/g）= 20.29A645 + 8.02A663（Wellburn，1994）。每个样品分别进行3次独立试验。

### 2.1.11 叶片衰老试验

从野生型和转基因株系中采集成熟的叶片，放在14 cm的培养皿中，培养皿中有3层Whatmann 1号湿滤纸。以野生型叶片为对照，在25 ℃黑暗条件下孵育8 d。

### 2.1.12 叶片显微镜观察

从生长 6 周的野生型和 *SlGID2* RNAi 植株中收集叶片（从顶部开始数第 4 片），用于显微镜观察。剥去叶片下表皮，在光学显微镜下 40 倍放大（Olympus-BMF）观察。每个样品重复 3 次。

### 2.1.13 统计分析

从 3 个重复样品中测量数据的平均值，并计算平均值的标准偏差。所有数据采用 Origin 8.6 软件进行分析，采用 t 检验（SAS 9.2）评估均数间的显著性差异。

## 2.2 结果与分析

### 2.2.1 *SlGID2* 基因的克隆及分子特性研究

基于 cDNA 克隆，从野生型番茄叶片中分离出一个 F-box 蛋白 *GID2* 基因（GenBank 登录号：XM_004238072），将其命名为 *SlGID2*，并对其进行测序。为了了解 *SlGID2* 与其他 F-box 蛋白的进化关系，构建了包含 9 个同源基因的系统发育树。系统发育分析显示，SlGID2 与之前发现的 HaSLY1（GA 信号的正向调控因子）高度同源（图 2-1A）。包括 *SlGID2* 在内的植物 F-box 蛋白似乎彼此接近，在该家族成员中只发现了较低分歧。基因序列分析表明，*SlGID2* 含有 651 个碱基对的开放阅读框，编码 216 个氨基酸残基，计算分子质量为 24 kDa，等电点为 8.89。根据 WoLF PSORT 包（http://wolfpsort.seq.cbrc.jp）的预测，该蛋白可能位于细胞核内，与其同源蛋白 GID2 相同（Dill et al.，2004）。*SlGID2* 和其他 F-box 蛋白的多重序列比对显示，*SlGID2* 含有 GGF、LSL 和 F-box 结构域（图 2-1B），是 F-box 蛋白的保守基序，形成 E3 泛素连接酶复合体的一部分（McGinnis et al.，2003）。

### 2.2.2 *SlGID2* 基因在野生型番茄中的表达模式

通过 RT-PCR 定量分析，研究 *SlGID2* 在番茄根、茎、幼叶、成熟叶、衰老叶等营养器官和不同发育阶段的花、萼片、果实等生殖器官中的表达规律。图 2-1C 显示，*SlGID2* 在检测的所有组织中广泛表达，这与 genevsigator（https://www.genevestigator.com/gv）的番茄基因芯片平台获得的

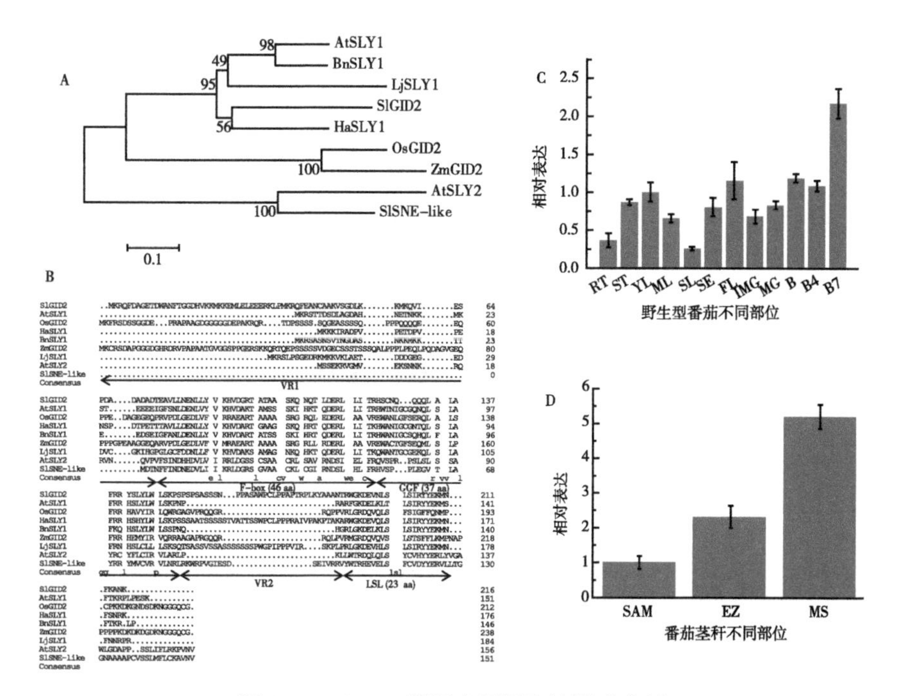


**图 2-1 *SlGID2* 基因序列及表达模式分析**

（A）*SlGID2* 与其他 F-box 蛋白的系统发育分析，采用 MEGA 4 邻接法构建。（B）*SlGID2* 与其他 F-Box 蛋白的多序列比对。右边的数字表示氨基酸残基的位置。相同的氨基酸用黑色表示，相似的氨基酸用灰色表示。GGF 和 LSL 是保守残基。aa，氨基酸；VR，可变区域。所分析序列的 GenBank 登录号如下：AtSLY1（NM_118554.1）、BnSLY1（GQ463720.1）、HaSLY1（GU985590.1）、ZmGID2（NP_001149408.1）、AtSNE（AtSLY2）（NP_199628.1）、SlSNE-like（XP_004243874.1）、OsGID2（AB100246.1）、LjSLY1（AB372848.1）。（C）*SlGID2* 基因在野生型番茄中的表达模式。RT，根；ST，茎；YL，幼叶；ML，成熟叶；SL，衰老叶；SE，花期萼片；FL，花；IMG，未成熟的绿色果实；MG，成熟绿果；B，破色期；B4，破色后 4 d 果实；B7，破色后 7 d 果实。每个值代表 3 个重复的平均值±标准差。（D）*SlGID2* 在番茄茎秆不同部位的相对表达量。SAM，茎尖分生组织；EZ，伸长区；MS，中间茎。

Microarray 表达数据（图 2-2）一致。在叶片发育过程中，*SlGID2* 的 mRNA 水平显著下降，但随着果实成熟呈现快速上升趋势。从茎尖分生组织到茎秆中部，*SlGID2* 转录本水平迅速升高（图 2-1D）。这些结果表明，*SlGID2* 可能在叶片生长、茎秆伸长和果实发育中起重要作用。

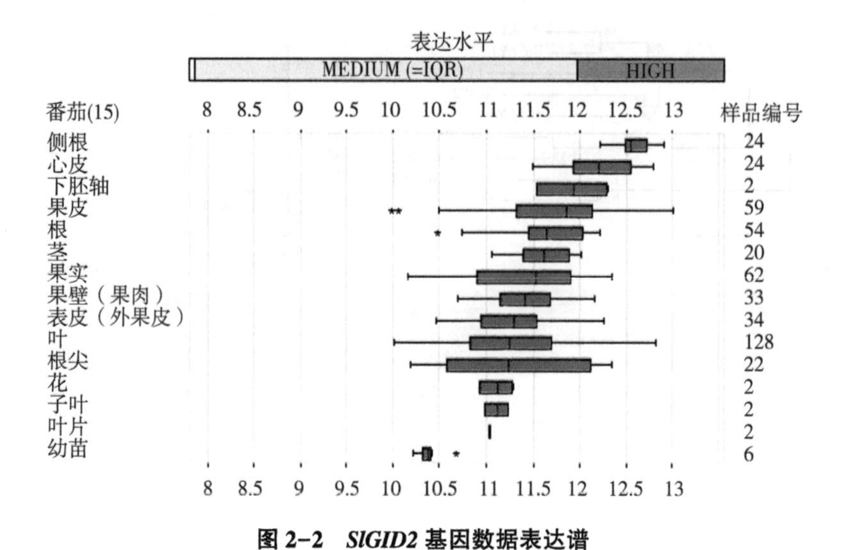


**图 2-2 *SlGID2* 基因数据表达谱**

## 2.2.3 *SlGID2* 沉默株系表现出矮化表型

为了进一步研究 *SlGID2* 在番茄中的功能，本研究构建了以 *SlGID2* 基因为靶点的 RNAi 表达载体，并通过农杆菌介导的转化法将其转化到野生型番茄中。经卡那霉素（50 mg/L）筛选和 PCR 检测，共获得 13 个独立的转基因株系。实时荧光定量 PCR 数据显示，转基因植株中 *SlGID2* 的转录本明显减少，其中在 SlGID2i2、SlGID2i6、SlGID2i7 株系幼叶中分别减少 94.3%、93.8%、91.9%（图 2-3A）。在相同的栽培条件下，SlGID2i 转基因株系表现出严重的矮秆表型，节间明显缩短（图 2-3B、C）。生长 2 个月的野生型番茄株高约为 41.1 cm，而 SlGID2i2、SlGID2i6、SlGID2i7 转基因株系生长速率较低，株高分别为 19.4 cm、19.7 cm、21.1 cm（图 2-3D）。此外，转基因株系的叶片也比野生株系叶片小（图 2-3E）。转基因植株从顶部开始的第 4 片叶的长度和宽度明显小于野生型（图 2-3F）。本研究进一步对野生型和转基因株系的茎秆切片进行了解剖研究。细胞学数据显示，在同一发育阶段，转基因株系（图 2-3H）的茎秆细胞似乎比野生型（图 2-3G）的茎秆细胞更小、更致密。

对野生型和转基因植株的内源生物 GAs 进行测定，转基因株系的内源 GA 含量显著高于野生型（图 2-4A），说明 SlGID2i 植株的矮化不是由于缺乏 GA 造成的。随后，向转基因植株喷洒 $GA_3$溶液（100 μM），矮秆表型没

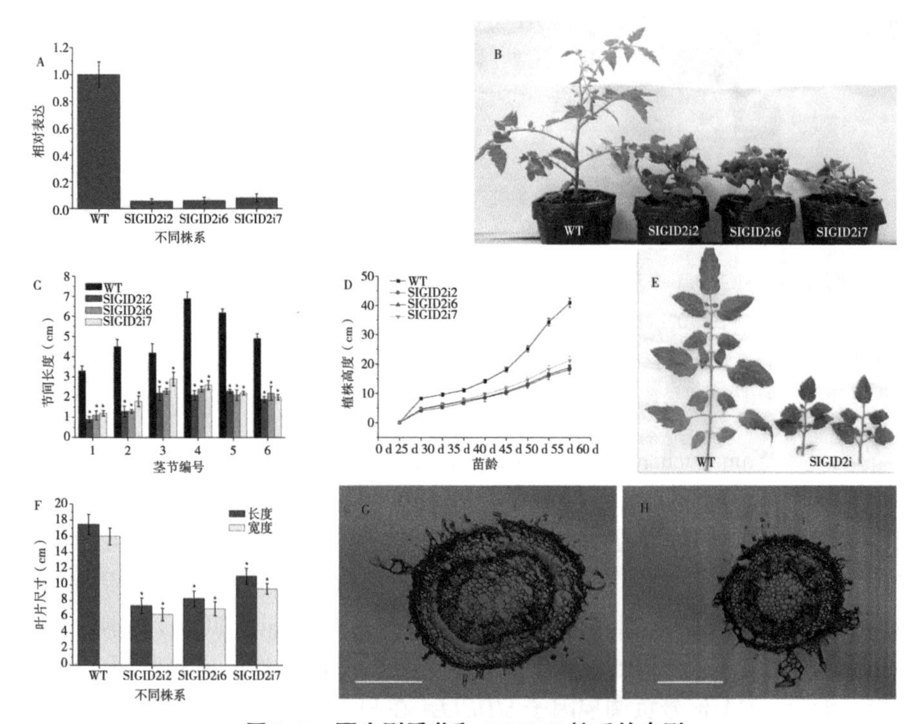


**图 2-3　野生型番茄和 SlGID2i 株系的表型**

（A）以幼叶为材料，采用实时 qPCR 检测转基因和野生型番茄植株中 *SlGID2* 的表达水平。将野生型植株的表达数据归一化为 1。（B）SlGID2i 植株（SlGID2i2、SlGID2i6 和 SlGID2i7）矮化。（C）2 月龄 WT 和 SlGID2i 番茄植株第 1～6 节节间长度。（D）WT 和 SlGID2i 株系的生长速率。从苗龄 25 d 至 60 d，每 5 d 测量 1 次株高。（E）SlGID2-RNAi 株系叶片表型。（F）WT 和 SlGID2i 株系叶片大小。以 2 月龄转基因植株和野生型植株顶部开始的第 4 片叶为研究对象，测量叶片大小。每个值代表 3 个重复（$n=8$）的平均值±标准差。星号表示野生型和转基因株系之间存在显著差异（$P<0.05$）。（G、H）野生型（G）和转基因株系（H）茎秆横切面，Bars=9 μm。样品是从生长 60 d 的植株中采集获得。

有恢复（图 2-4B），这表明 *SlGID2* 转基因植株确实表现出典型的赤霉素不敏感矮秆表型，与 *gid1* 突变体类似（Willige et al.，2007）。

### 2.2.4　*SlGID2* 沉默植株中 GA 生物合成、分解代谢和信号转导相关基因的表达

GA20oxs 是一种重要的赤霉素生物合成酶，在众多植物物种中决定赤霉

**图 2-4 SlGID2i 株系富含 GAs，喷施 $GA_3$ 不能挽救 SlGID2i 株系矮秆表型**

（A）WT 和 SlGID2i 株系的 GAs 含量。（B）从定植后 30 d 开始，每 3 d 喷洒 $GA_3$，SlGID2i 系矮秆表型没有得到恢复。定植 50 d 后拍照。每个值代表 3 个重复的平均值±标准差。星号表示野生型和转基因株系之间存在显著差异（$P<0.05$）。

素的浓度（Yamaguchi，2008）。GA3oxs 催化最后一步产生生物活性 GAs（$GA_1$、$GA_3$、$GA_4$ 和 $GA_7$）（Yamaguchi，2008）。在 *SlGID2* 转基因植株叶片中，*SlGA20ox2*、*SlGA3ox1* 表达水平显著上调（图 2-5A、B），这可能导致 SlGID2i 株系中 GAs 的积累。赤霉素 2-氧化酶（GA2oxs）通过灭活内源生物活性赤霉素（GAs）来调控植物生长（Sakamoto et al.，2004）。本研究进一步研究了 *SlGA2ox1* 的转录水平，发现其在转基因植物中显著下调（图 2-5C）。此外，GA 信号负调控因子 *SlDELLA* 在 SlGID2i 株系中的表达水平下降（图 2-5D）。番茄 GA 响应下游基因 *SlGAST1*（番茄赤霉素刺激转录本 1）的转录水平（Ding et al.，2013）在 *SlGID2* 沉默株系中也显著降低（图 2-5E）。这些结果表明，*SlGID2* 的沉默影响 GA 的生物合成、分解代谢和信号转导。

## 2.2.5 *SlGID2* 转基因株系中细胞发育相关基因的转录分析

为了探索转基因植株矮化的分子机制，在番茄幼茎中检测了一些与细胞发育相关的基因，如 *SlEXP2*、*SlXTH2*、*SlKRP4*、*SlCycA3;1*、*SlCycB1;1* 和 *SlCycD2;1*。其中，*SlEXP2*、*SlKRP4*、*SlCycA3;1*、*SlCycB1;1* 和 *SlCycD2;1* 参与细胞分裂和膨大（Vogler et al.，2003；Zhang et al.，2014），*SlXTH2* 与细胞壁组分的生物发生和修饰有关（Takeda et al.，2002；Saladie et al.，2006）。结果表明，SlGID2i 株系中 *SlCycB1;1*，*SlCycD2;1*，*SlCycA3;1*，*SlXTH2*，*SlEXP2* 转录水平下调（图 2-6A～E），而编码细胞周期蛋白依赖性激酶抑制剂基因 *SlKRP4* 转录水平上调（图 2-6F）。这些结果表明，沉默 *SlGID2* 可能通过控制细胞发育来抑制植物生长。

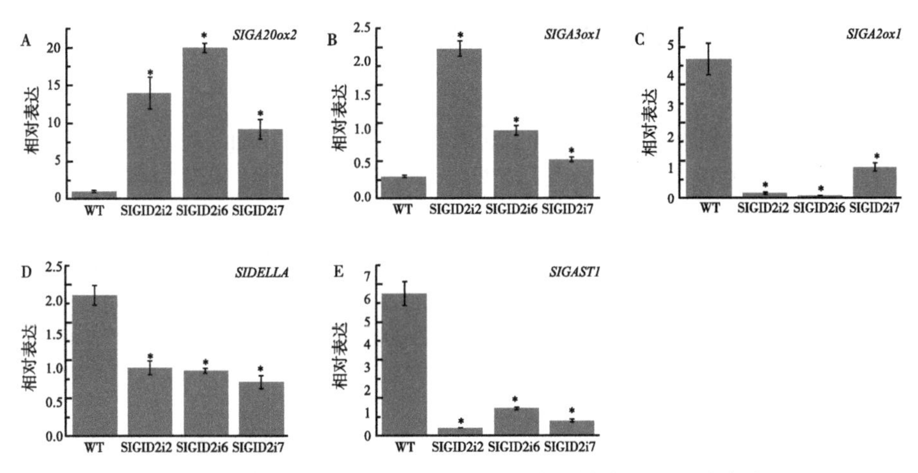


**图 2-5 野生型和 *SlGID2* 基因沉默番茄植株中 GA 生物合成、分解代谢和信号转导通路相关基因的转录水平**

（A～E）分别为野生型和转基因株系中 *SlGA20ox2*、*SlGA3ox1*、*SlGA2ox1*、*SlDELLA* 和 *Sl-GAST1* 的表达水平。每个值代表 3 个重复（$n=8$）的平均值±标准差。星号表示野生型和转基因株系之间存在显著差异（$P<0.05$）。

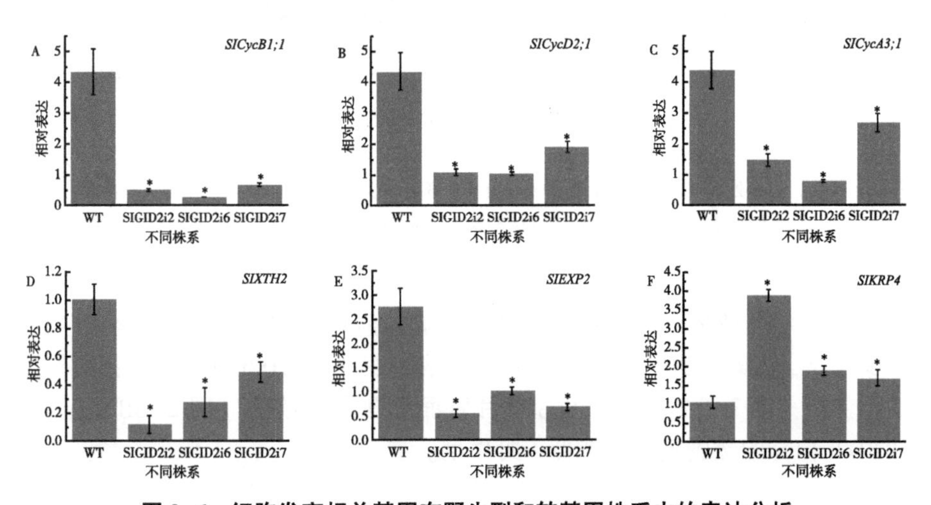


**图 2-6 细胞发育相关基因在野生型和转基因株系中的表达分析**

（A～F）分别表示 *SlCycB1*；*1*、*SlCycD2*；*1*、*SlCycA3*；*1*、*SlXTH2*、*SlEXP2* 和 *SlKRP4* 的表达。每个值代表 3 个重复（$n=8$）的平均值±标准差。星号表示野生型和转基因株系之间存在显著差异（$P<0.05$）。

### 2.2.6 *SlGID2* 沉默植株叶片呈深绿色

与野生型相比，*SlGID2* 转基因植株表现出深绿色的叶片（图 2-3E）。为了阐明深绿色叶片的表型是否由总叶绿素含量的变化引起的，本研究检测了对照和转基因株系叶片总叶绿素含量。与野生型相比，*SlGID2*-RNAi 植株叶片总叶绿素增加了约 1.5~1.8 倍（图 2-7A），这是转基因株系叶片呈现深绿色的原因。为了比较野生型和转基因植株的叶绿素降解情况，本研究将野生型和 SlGID2i 植株的离体叶片置于黑暗中，发现这些叶片逐渐变黄，且没有明显差异（图 2-7B），说明两者的叶绿素都是正常降解的。

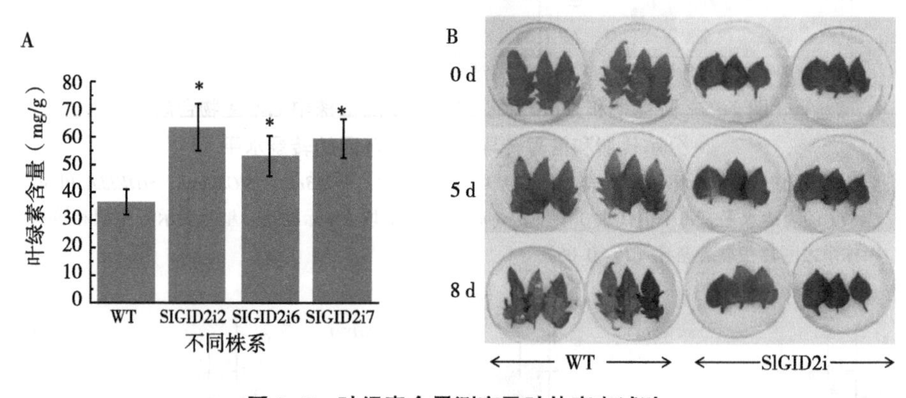


**图 2-7　叶绿素含量测定及叶片衰老试验**

（A）野生型和转基因株系总叶绿素含量。（B）野生型和转基因植株离体叶片的黑暗诱导衰老试验。黑暗处理 5 d 后，野生型和转基因叶片开始变黄。8 d 后，野生型和转基因番茄叶片均变黄。每个值代表 3 个重复的平均值±标准差。星号表示野生型和转基因株系之间存在显著差异（$P<0.05$）。

虽然沉默 *SlGID2* 对叶片数量没有影响，但转基因叶片较小。本研究进一步研究了沉默 *SlGID2* 对叶片结构的影响，发现 SlGID2i 株系叶片背面气孔是闭合的（图 2-8A），而野生型叶片背面气孔是开放的（图 2-8B），说明 SlGID2i 植株的蒸腾速率可能低于野生型。

## 2.3 讨论与结论

茄科包括约 3 000种植物，其中许多对人们的饮食和健康非常重要，然而，从该科物种中鉴定出的 F-box 亚基基因非常少。本研究从番茄中分离到

A

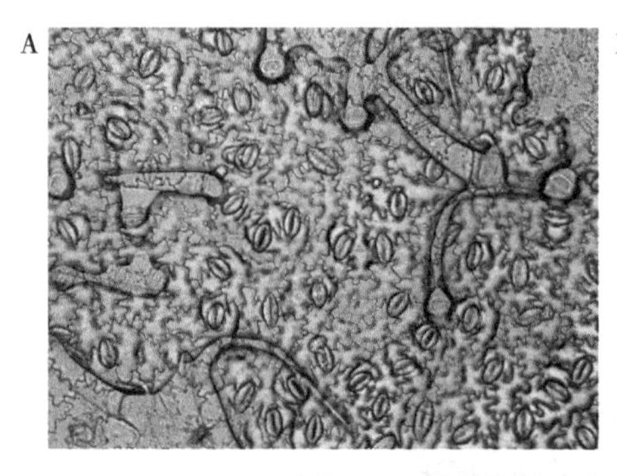

B

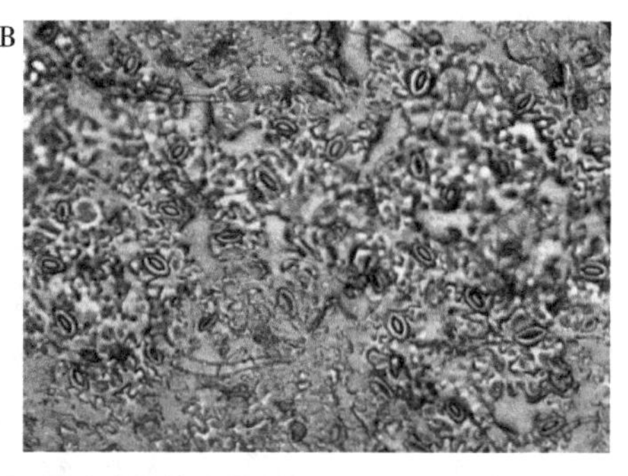

**图 2-8　转基因株系和野生型叶片的显微分析**

（A）和（B）分别为转基因和 WT 叶片下表皮的光学显微镜图像。从生长在温室中的 SlGID2i 株系和 WT 植株中收集 6 周大的番茄叶片。从顶部开始取第 4 片叶的顶端小叶进行分析。

F-box 基因 *SlGID2*，该基因具有一个编码 216 个氨基酸的多肽的 ORF，与其他 F-box 蛋白具有高度同源性。与其他 F-box 亚基基因序列相比，SlGID2 具有高度保守的氨基酸序列。氨基酸同源性最高的区域是 F-box、GGF 和 LSL 区域。先前的研究表明，这些区域突变体，如 *DF*、*DGGF* 和 *DLSL*，具有矮化表型（Gomi et al.，2004），意味着这些基序发挥了功能作用。

在本研究中，*SlGID2* 沉默番茄植株比野生型植株更小，生长速度更慢，本研究的结果证实了 SlGID2i 植株的矮化表型不是由于内源 GAs 水平的降低引起的。相反，转基因株系的内源赤霉素含量远高于野生型株系。此外，外源 $GA_3$ 不能逆转 SlGID2i 株系的矮化。为了进一步确定 *SlGID2* 基因沉默是否影响赤霉素信号转导，本研究检测了转基因株系中 *SlGAST1* 的表达水平，*SlGAST1* 在转基因株系中表达水平显著降低。这些结果与前人对玉米（Harberd and Freeling，1989）、拟南芥（Koornneef et al.，1985）、水稻（Ueguchi-Tanaka et al.，2005）等多种植物 GA 不敏感矮化突变体的研究结果一致，说明 SlGID2i 株系的表型属于 GA 不敏感矮化，而不是 GA 缺失和 *SlGID2* 沉默阻断 GA 信号转导的结果。

众所周知，赤霉素通过调节细胞膨大、伸长和分裂来控制植物的生长发育。在这些调控过程中，赤霉素信号的负调控因子 DELLA 是重要的中介。微阵列分析表明，DELLA 在不同水平上参与了促进细胞膨大的转录级联反应（Locascio et al.，2013）。DELLA 控制参与细胞伸长过程的下游基因的表达，包括编码参与细胞壁组分生物发生的酶基因，或负责修饰细胞壁结构的酶（Keddie et al.，1996；Powell et al.，2012）。此外，已发现 DELLA 通过

上调 *KRP4* 等特定基因，降低根和气生器官的细胞分裂（Bisbis et al.，2006），其过表达导致植物矮化，因为细胞周期内的进程被严重改变。在本研究中，周期蛋白依赖蛋白激酶基因 *SlCycB1;1*、*SlCycD2;1* 和 *SlCycA3;1* 在转基因株系中显著下调，而抑制基因 *SlKRP4* 则上调。此外，在番茄幼茎组织中介导细胞伸长的 *SlEXP2*（Vogler et al.，2003）和细胞壁修饰酶基因 *SlXTH2* 的表达在 SlGID2i 株系中下降。这些结果表明，*SlGID2* 沉默可能会影响番茄 DELLA 代谢，进而影响细胞发育，从而导致 *SlGID2* 沉默植株 GA 不敏感矮化表型。*SlGID2* 是如何影响番茄 DELLA 代谢的，*SlGID2* 在番茄中是否通过组成 SCFGID2/SLY1 E3 复合物并刺激 DELLA 的降解具有类似于拟南芥和水稻中的功能（Hirano et al.，2008），还需要进一步研究。

有报道称 GA 代谢的反馈调节机制通过 DELLA 蛋白起作用（Hou et al.，2008）。GA20-氧化酶和 GA3-氧化酶基因受到 DELLA 的正向调控，而 GA2-氧化酶基因则受到抑制（Middleton et al.，2012）。DELLA 的转录也受到自身蛋白产物的负反馈调控（Middleton et al.，2012）。在 *SlGID2* 沉默的植株中，本研究观察到类似的现象，包括 *SlGA20ox2* 和 *SlGA3ox1* mRNA 丰度增加，*SlGA2ox1* 和 *SlDELLA* 转录本水平下降，内源 GA 增加。因此，本研究推测 *SlGID2* 的沉默可能抑制了番茄 DELLA 蛋白的降解，DELLA 蛋白通过正负反馈机制调控赤霉素代谢基因。

*SlGID2* 沉默植株除了表现为极度矮化外，另一个显著特征是叶片呈现深绿色，这与转基因植株叶绿素含量增加是一致的。黑暗诱导叶片衰老试验表明，深绿色叶片不是抑制叶绿素降解的结果。这些结果表明，*SlGID2* 沉默叶片色素沉着的增加可以归因于单位叶面积叶绿体数量的增加。

之前的研究表明，*SlGID2/SlSLY*1 似乎是数据库中存在的 AtSLY1/OsGID2 的唯一候选番茄同源基因（Vriezen et al.，2008），而 *SNE*（*SNEEZY*）/*SLY2* 是拟南芥 *AtSLY1* 的同源基因。*AtSNE* 的过表达部分恢复了 *sly1* 突变体的表型，这表明 *AtSNE/AtSLY2* 可以在功能上取代 *AtSLY1*（Ariizumi et al.，2011）。同时，本研究发现了 *SlGID2* 的一个同源序列，可称之为 *SlSNE-like* 基因，关于它能否恢复 *SlGID2* 部分或完全的功能，还有待进一步研究。

总之，本研究鉴定并研究了 *SlGID2* 的功能（番茄 F-box 蛋白 GID2）。该基因是根据与其他先前鉴定的 SLY1/GID2 F-Box 蛋白的序列相似性确定的。利用生物信息学工具，本研究发现 SlGID2 是一个含有 F-box 蛋白保守基序的 216 AA 多肽。定量 RT-PCR 结果表明，该基因在植物各组织中均有表达，在果实成熟期表达量迅速增加。与野生型相比，*SlGID2* 沉默的转基因番茄植株表现出矮化表型。外源 GA 不能恢复这些表型，进一步支持了转基因 SlGID2i 植株对 GA 不敏感的观察。已知 GA 对自身的生物合成和分解代谢途径有反馈作用。事实上，正如水稻和拟南芥等其他物种所描述的那样，SlGID2i 转基因植株表现出 GA 生物合成基因表达的增加和 GA 分解代谢基因表达的减少。本研究对 *SlGID2* 转基因番茄植株的形态、生理和分子特性进行了研究。显然，这些将有助于更多地了解 F-box 介导的 GA 信号通路在番茄中的功能和作用。

## 2.4　小结

在植物中，F-box 蛋白参与多种信号转导系统，在信号通路中发挥重要作用。本章从番茄中分离到一个 F-box 蛋白，即 SlGID2。生物信息学分析表明，SlGID2 与其他植物的 F-box 蛋白具有高度的同源性。表达模式分析表明，*SlGID2* 基因在番茄不同器官组织中普遍表达。为了研究 *SlGID2* 在番茄中的功能，本研究通过 RNA 干扰（RNAi）技术，获得了 *SlGID2* 沉默的转基因番茄株系（SlGID2i），并获得了矮秆植株和深绿色叶片表型。外源 GA 无法恢复 SlGID2i 的茎秆伸长缺陷，且其内源 GA 水平高于野生型，这进一步支持了转基因 SlGID2i 植株对 GA 不敏感的结论。此外，通过沉默 *SlGID2*，GA 信号下游基因 *SlGAST1* 和一些细胞膨大、分裂相关基因（*SlCycB1;1*、*SlCycD2;1*、*SlCycA3;1*、*SlXTH2*、*SlEXP2*、*SlKRP4*）表达下调。此外，在 SlGID2i 株系中 *SlDELLA*（GA 信号负调控因子）以及 *SlGA2ox1* 的表达水平下降，而 *SlGA3ox1* 和 *SlGA20ox2* 转录本的表达水平升高。因此，本研究推断 *SlGID2* 可能是 GA 信号的正调控因子，并促进 GA 信号通路。

## 参考文献

ARIIZUMI T，LAWRENCE P K，STEBER C M，2011. The role of two F-Box proteins，SLEEPY1 and SNEEZY，in *Arabidopsis* gibberellin signaling［J］. Plant Physiology，155：765-775.

BISBIS B，DELMAS F，JOUBÈS J，et al.，2006. Cyclin-dependent kinase（CDK）inhibitors regulate the CDK-cyclin complex activities in endoreduplicating cells of developing tomato fruit [J]. Journal of Biological Chemistry, 281: 7374-7383.

CHEN G P, HACKETT R, WALKER D, et al., 2004. Identification of a specific isoform of tomato lipoxygenase (TomloxC) involved in the generation of fatty acid-derived flavor compounds [J]. Plant Physiology, 136: 2641-2651.

CHEN G P, WILSON D I, KIM H S, et al., 2001. Inhibiting expression of a tomato ripening-associated membrane protein increases organic acids and reduces sugar levels of fruit [J]. Planta, 212: 799-807.

DILL A, THOMAS S G, HU J H, et al., 2004. The Arabidopsis F-box protein SLEEPY1 targets gibberellin signaling repressors for gibberellin-induced degradation [J]. Plant Cell, 16: 1392-1405.

DING J G, CHEN B W, XIA X J, et al., 2013. Cytokinin-induced parthenocarpic fruit development in tomato is partly dependent on enhanced gibberellin and auxin biosynthesis [J]. PLoS ONE, 8: e70080-e70080.

EXPOSITO-RODRIGUEZ M, BORGES A A, BORGES-PEREZ A, et al., 2008. Selection of internal control genes for quantitative real-time RT-PCR studies during tomato development process [J]. BMC Plant Biology, 8: 131.

GOMI K, SASAKI A, ITOH H, et al., 2004. GID2, an F-box subunit of the SCF E3 complex, specifically interacts with phosphorylated SLR1 protein and regulates the gibberellin-dependent degradation of SLR1 in rice [J]. Plant Journal, 37: 626-634.

HARBERD N P, FREELING M, 1989. Genetics of dominant gibberellin-insensitive dwarfism in Maize [J]. Genetics, 121: 827-838.

HIRANO K, UEGUCHI-TANAKA M, MATSUOKA M, 2008. GID1-mediated gibberellin signaling in plants [J]. Trends in Plant Science, 13: 192-199.

HOU X L, HU W W, SHEN L S, et al., 2008. Global identification of DELLA target genes during Arabidopsis flower development [J]. Plant Physiology, 147: 1126-1142.

KEDDIE J S, CARROLL B, JONES J D G, et al., 1996. The DCL gene of tomato is required for chloroplast development and palisade cell morphogenesis in leaves [J]. EMBO Journal, 15: 4208-4217.

KOORNNEEF M, ELGERSMA A, HANHART C J, et al., 1985. A gibberellin insensitive mutant of Arabidopsis thaliana. Physiol [J]. Plantarum, 65: 33-39.

LIVAK K J, SCHMITTGEN T D, 2001. Analysis of relative gene expression data using real-time quantitative PCR and the $2^{-\Delta\Delta C}$T method [J]. Methods, 25: 402-408.

LOCASCIO A, BLAZQUEZ M A, ALABADI D, 2013. Genomic analysis of DELLA protein activity [J]. Plant Cell Physiology, 54: 1229-1237.

MCGINNIS K M, THOMAS S G, SOULE J D, et al., 2003. The *Arabidopsis SLEEPY1* gene encodes a putative F-box subunit of an SCF E3 ubiquitin ligase [J]. Plant Cell, 15: 1120-1130.

MIDDLETON A M, UBEDA - TOMAS S, GRIFFITHS J, et al., 2012. Mathematical modeling elucidates the role of transcriptional feedback in gibberellin signaling [J]. Proceedings of the National Academy of Sciences, 109: 7571-7576.

POWELL A L T, NGUYEN C V, HILL T, et al., 2012. Uniform ripening encodes a Golden 2-like transcription factor regulating tomato fruit chloroplast development [J]. Science, 336: 1711-1715.

SAKAMOTO T, MIURA K, ITOH H, et al., 2004. An overview of gibberellin metabolism enzyme genes and their related mutants in rice [J]. Plant Physiology, 134: 1642-1653.

SALADIE M, ROSE J K C, COSGROVE D J, et al., 2006. Characterization of a new xyloglucan endotransglucosylase/hydrolase (XTH) from ripening tomato fruit and implications for the diverse modes of enzymic action [J]. Plant Journal, 47: 282-295.

TAKEDA T, FURUTA Y, AWANO T, et al., 2002. Suppression and acceleration of cell elongation by integration of xyloglucans in pea stem segments [J]. Proceedings of the National Academy of Sciences, 99: 9055-9060.

UEGUCHI - TANAKA M, ASHIKARI M, NAKAJIMA M, et al., 2005. Gibberellin Insensitive DWARF1 encodes a soluble receptor for gibberellin [J]. Nature, 437: 693-698.

VOGLER H, CADERAS D, MANDEL T, et al., 2003. Domains of expansin gene expression define growth regions in the shoot apex of tomato [J]. Plant Molecular Biology, 53: 267-272.

VRIEZEN W H, FERON R, MARETTO F, et al., 2008. Changes in tomato ovary transcriptome demonstrate complex hormonal regulation of fruit set [J]. New Phytologist, 177: 60-76.

WELLBURN A R, 1994. The spectral determination of chlorophylls a and b, as well as total carotenoids, using various solvents with spectrophotometers of different resolution [J]. Journal of Plant Physiology, 144: 307-313.

WILLIGE B C, GHOSH S, NILL C, et al., 2007. The DELLA domain of GA INSENSITIVE mediates the interaction with the GA INSENSITIVE DWARF1A gibberellin receptor of *Arabidopsis* [J]. Plant Cell, 19: 1209-1220.

XIE Q L, HU Z L, ZHU Z G, et al., 2014. Overexpression of a novel MADS-box gene SlFYFL delays senescence, fruit ripening and abscission in tomato [J]. Scientific Reports, 4: 4367.

Yamaguchi S, 2008. Gibberellin metabolism and its regulation [J]. Annual Review of Plant Biology, 59: 225-251.

ZHANG T Y, WANG X, LU Y G, et al., 2014. Genome-wide analysis of the cyclin gene family in tomato [J]. International Journal of Molecular Sciences, 15: 120-140.

# 3 番茄生长发育转录因子调控——MADS-box 转录因子研究进展

转录因子（transcription Factors，TFs），亦称反式作用元件，是广泛存在于真核生物中的一类蛋白质分子，它可以通过其自身的 DNA 结合结构域，实现与靶基因启动子区域特异的顺式调控元件结合的目的，决定靶基因在时间与空间上的表达丰度，从而调控生物的各个生命活动进程。大量研究成果表明，转录因子在调控植株生长发育、激素信号转导、环境胁迫响应等方面发挥至关重要的作用。植物中已经发现了多种不同类型的转录因子家族，研究较为深入的主要有 MYB、bHLH、AP2/ERF、NAC、MADS-box、WRKY 等家族。

MADS-box 蛋白广泛分布于真核生物中，在动物、植物及真菌的信号传导和生长发育过程中扮演着至关重要的角色。MADS-box 蛋白几乎参与调控植物生长发育全过程，尤其在植物体的生殖生长发育过程中发挥着重要作用，是植物生长发育过程中一类重要的转录因子家族。目前在植物中对 MADS-box 转录因子的生物学功能及其活性调控的研究已取得很大进展，主要涉及调控花器官的形成、开花时间、果实成熟等生殖生长过程。虽然在高等植物中已发现大量 MADS-box 蛋白，例如，在拟南芥中发现 107 个、水稻中 75 个、萝卜中 144 个，但有关 MADS-box 基因的功能和调控研究仍然主要集中在模式植物拟南芥和水稻中。相关研究结果表明，在不同物种中高度同源的 MADS-box 基因也可能具备不同的功能。尽管已经阐明了一些 MADS-box 基因的功能，但其复杂的调控网络仍需深入研究。同时对于 MADS-box 蛋白所涉及的调控途径、组成因子以及 MADS-box 基因的上下游调控基因也知之甚少。

## 3.1 MADS-box 蛋白分类及结构

MADS 的命名源自该家族最先被发现的 4 个转录因子的首字母，即 MINICHROMOSOME MAINTENANCE 1（MCM1）、AGAMOUS（AG）、DEFI-

CIENS（DEF）和 SERUM RESPONSE FACTOR（SRF）。其中，MCM1 参与调控酵母细胞类型、细胞生长以及细胞代谢（Messenguy and Dubois，2003）。AG 是一个调控拟南芥花器官形成的转录因子（Schwarz-Sommer et al.，1990）。与 AG 功能类似，DEF 是金鱼草中一个花器官形成的决定因子（Yanofsky et al.，1990）。SRF 则参与调控人类血清应答及原癌基因转录（Norman et al.，1988）。在这些蛋白的氮端都包含由 50~60 个氨基酸残基组成的保守结构域（MADS-box 结构域），因此，将具有 MADS-box 结构域的蛋白称为 MADS-box 蛋白。

MADS-box 蛋白主要分为两大类：Ⅰ型 MADS-box 蛋白和Ⅱ型 MADS-box 蛋白。Ⅰ型 MADS-box 蛋白被进一步划分为 SRF-like 型 MADS-box 蛋白、ARG80-like 型 MADS-box 蛋白和 M 型 MADS-box 蛋白。其中，SRF-like 型 MADS-box 蛋白主要存在于动物中；ARG80-like 型 MADS-box 蛋白主要存在于真菌中；M 型 MADS-box 蛋白主要存在于植物中，M 型蛋白又分为 Mα、Mβ 和 Mγ 3 个亚家族（Smaczniak et al.，2012）。Ⅱ型 MADS-box 蛋白被进一步划分为 MEF2-like 型和 MIKC 型 MADS-box 蛋白。其中，在动物和真菌中主要为 MEF2-like 型 MADS-box 蛋白，在植物中主要为 MIKC 型 MADS-box 蛋白。根据它们结构域的不同，MIKC 型 MADS-box 蛋白又分为 $MIKC^{C}$型和 $MIKC^{*}$型蛋白（Henschel et al.，2002）。基于它们的进化关系，$MIKC^{C}$型蛋白至少包括 13 个亚家族：FLOWERING LOCUS C（FLC）、SQUAMOSA（SQUA）、AGL6、SEPALLATA（SEP）/AGAMOUS-LIKE 2（AGL2）、TM8、TOMATO MADSBOX 3（TM3）/SOC1、AGL17、AGL15、SOLANUM TUBEROSUM MADS-BOX 11（STMADS11）、AGL12、AGAMOUS（AG）、Bsister（GGM13）和 DEFICIENS（DEF）/GLOBOSA（GLO）亚家族（Diaz-Riquelme et al.，2009）。

植物 MIKC 型蛋白的名称来源于 MADS-box、Intervening、Keratin-like 和 C-terminal 4 个结构域的首字母（Ma et al.，1991）。其中，位于氮端的 MADS-box 结构域是 MADS-box 基因中最保守的结构域，主要与靶基因的 DNA 进行结合（Shore and Sharrocks，1995；Theissen et al.，2000）。与 MADS-box 蛋白结合的靶 DNA 往往具有一个特殊的结构，被称为 CArG-box（Riechmann et al.，1996）。研究表明 MADS-box 蛋白既可以与其他基因的 CArG-box 结合，也可与自身的 CArG-box 相结合（Schwarz-Sommer et al.，1990；Shiraishi et al.，1993；Savidge et al.，1995；Zachgo et al.，1997）。拟南芥中 *AP3* 基因的 CArG-box 由 CarG Ⅰ、CarG Ⅱ及 CarG Ⅲ 3 个部分组成；

CarG Ⅰ和 CarG Ⅲ分别为正调控因子和负调控因子的结合位点，而 CarG Ⅱ突变后导致 *AP3* 基因在花瓣中的表达量受到显著抑制（Tilly et al.，1998）。研究表明番茄中的 *SlMADS-RIN* 基因可通过与 CArG-box 的结合直接调控 *ACS2*、*ACS4*、*TBG4*、*EXP1*、*PG* 及 *MAN4* 基因及其自身的表达（Fujisawa et al.，2013）。由 31~35 个左右亲水氨基酸组成的 I 结构域，其主要功能为与 MADS-box 结构域共同行使蛋白质二聚化（Ratcliffe et al.，2001）。由 70 个左右氨基酸组成的 K 结构域为次级保守结构域，包含 3 个 α-螺旋结构，主要参与蛋白间的互作，是植物 MADS-box 蛋白所特有的。C 结构域是一段位于 C 末端的高度变化的由疏水氨基酸组成的结构域，可以介导不同 MADS-box 蛋白发挥不同的功能（Davies et al.，1996；Honma and Goto，2001；Lamb and Irish，2003）。MIKC 型 MADS-box 蛋白分为 $MIKC^*$ 型和 $MIKC^C$ 型 MADS-box 蛋白，两者的不同之处在于 $MIKC^*$ 型蛋白的 I 结构域较长，K 结构域保守性较小。目前，对 $MIKC^*$ 型 MADS-box 基因的研究尚不清楚。$MIKC^C$ 型 MADS-box 基因是迄今研究最清楚的，在植物的生长发育过程中发挥着重要作用。迄今在拟南芥中发现 39 个 $MIKC^C$ 型 MADS-box 基因（Parˇenicová et al.，2003），而水稻中发现 38 个 $MIKC^C$ 型 MADS-box 基因（Arora et al.，2007）。

## 3.2 MADS-box 基因的调控功能

目前在番茄中已经报道了 42 个 MADS-box 基因，其蛋白全部为 $MIKC^C$ 型（Hileman et al.，2006）。其中，4 个 AP3/PI 类 MADS-box 蛋白，2 个 SVP 类 MADS-box 蛋白，2 个 ANR1 类 MADS-box 蛋白，1 个 AGL15 类 MADS-box 蛋白，2 个 TT16 类 MADS-box 蛋白，5 个 SEP 类 MADS-box 蛋白，1 个 AGL6 类 MADS-box 蛋白，5 个 AP1 类 MADS-box 蛋白，3 个 FLC/MAF 类 MADS-box 蛋白，6 个 SOC1 类 MADS-box 蛋白，4 个 AG 类 MADS-box 蛋白，其他未知亚家族蛋白 6 个。这些 MADS-box 蛋白在番茄的生长发育过程中发挥着重要作用。

### 3.2.1 MADS-box 基因对番茄花器官形成的影响

自花授粉植物番茄的花器官由萼片、花瓣、雄蕊和雌蕊（心皮）四轮结构组成，其形态发育主要由 ABCDE 类基因所控制，MADS-box 基因在番茄花器官形成和发育过程中发挥着重要作用。例如，A 类基因

*MACROCALYX*（*MC*）参与番茄花器官第一轮萼片和花序的发育（Vrebalov et al., 2002）。在大多数真核双子叶植物中，B类MADS-box基因控制着花瓣和雄蕊的发育，番茄 *Solanum lycopersicum GLOBOSA*（*SlGLO*）（即 *SlGLO1*、*LePI* 或 *TPIB*）（Mazzucato et al., 2008；Leseberg et al., 2008；Geuten and Irish, 2010），*Tomato PISTILLATA*（*TPI*）（即 *SlGLO2*）（Gemma et al., 2006；Mazzucato et al., 2008），*Tomato MADS box gene 6*（*TM6*）（即 *TDR6*）（Pnueli et al., 1991；Busi et al., 2003）和 *Tomato APETALA3*（*TAP3*）基因（即 *STAMENLESS*，*SlDEF*，*LeAP3*）（Kramer et al., 1998；Gemma et al., 2006；Quinet et al., 2014）。*TPI* 和 *SlGLO1* 沉默的植株都表现出畸形心皮化的雄蕊，然而花瓣并没有受到影响（Geuten and Irish, 2010）。在番茄中敲除MADS-box基因 *AP3*（*APETALA3*）会导致花瓣和雄蕊同源异型转变（Krizek and Meyerowitz, 1996；Lohmann and Weigel, 2002）。番茄 *TM6* 的沉默导致雄蕊向心皮转化，以及或多或少的花瓣向萼片转化（de Martino et al., 2006）。Guo等（2016）研究结果表明番茄 *SlGLO1* 是典型的B类MADS-box基因，在调控花器官形成和花粉发育方面发挥着重要作用。控制番茄雄蕊和心皮发育的C类基因 *TOMATO AGAMOUS 1*（*TAG1*）已被鉴定（Pnueli et al., 1994）。基于它们的表达模式和下调的表型，番茄E类基因 *Tomato MADS box gene 5*（*TM5*）（Pnueli et al., 1994）和 *Tomato AGAMOUS-LIKE gene 2*（*TAGL2*）（Ampomah-Dwamena et al., 2002；Busi et al., 2003）也被研究。番茄SEP类基因 *TM29* 的沉默改变了番茄花器官的内三轮形态，雄蕊和雌蕊高度不育，出现单性结实，花瓣和雄蕊变为绿色，表明花瓣和雄蕊部分地转化为萼片（Ampomah-Dwamena et al., 2002）。通过表型观察和统计学分析，发现 *SlMBP21*-RNAi植株的花萼变长；组织学分析表明 *SlMBP21*-RNAi花萼的表皮细胞明显大于野生型；同时，转录组测序分析表明参与细胞膨胀的相关基因的表达发生显著变化。因此，推测 *SlMBP21* 基因通过调控细胞膨胀影响花萼大小（Li et al., 2017）。

在番茄第二轮和第三轮花器官中，几个突变体也表现出部分或全部的同源转化。对于花瓣和雄蕊发育的影响，在突变体 *sl-2*（Sawhney, 1983），*sl*（Gomez et al., 1999）和 *green pistillate*（*gpi*）（即 *pi-2*，*pistillate 2*）（Rasmussen and Green, 1993）中是研究最多的。在突变体 *sl-2* 中，花瓣表现为正常发育，然而雄蕊是扭曲的，胚珠裸露。突变体 *sl* 呈现出萼片状的花瓣和被心皮取代的雄蕊（Gomez et al., 1999）。突变体 *gpi* 表现出花瓣向萼片和雄蕊向心皮的完全转化（Rasmussen and Green, 1993）。Quinet 等

(2014) 的研究表明番茄中花瓣和雄蕊的发育取决于基因-激素的互作。Li 等（2022）研究发现，*SlMBP22* 基因过表达导致了花器官形态的显著改变，并影响了几个花同源基因的表达水平。进一步的酵母双杂交（Y2H）和双分子荧光互补（BiFC）实验分析表明，SlMBP22 分别与 A 类蛋白 MACRO-CALYX（MC）和 SEPALLATA（SEP）花同源异体蛋白 TM5 和 TM29 形成二聚体。

### 3.2.2 MADS-box 基因对番茄花序发育的影响

野生的番茄花序由多个分支组成，每一花序一般有十几朵花。而大多数栽培种番茄的花序一般排列成“之”字形，每一花序由几朵花组成（Park et al., 2012）。目前，在番茄中发现了很多花序发育相关的突变体，这些突变体每一花序往往只形成单个花或者数百朵花。例如，*s* 和 *an* 突变体的花序都高度分支。*s* 突变体每一花序由数百朵花组成，这是由于同源异形盒转录因子 *COMPOUND INFLORESCENCE*（*S*）发生突变导致的（Quinet et al., 2006; Park et al., 2012）。而 *an* 突变体的花序则呈现菜花状，该突变表型是由于 F-box 基因 *ANANTHA*（*AN*）功能缺失造成的（Lippman et al., 2008）。此外，*fa* 突变体的花序由于缺失 *FALSIFLORA*（*FA*）基因的功能也表现出高度分支现象，但该突变体的花都被叶子所代替（Molinero - Rosales et al., 1999; Kato et al., 2005）。而番茄 *uf*（*uniflora*）突变体的每一花序只产生一朵花（Dielen et al., 1998）。与此类似，*SFT*（*SINGLE FLOWER TRUSS*）基因突变体的花序只生产很少的花，并且很快转化为营养生长（Molinero-Rosales et al., 2004）。番茄突变体 *pi* 表现出花序混乱以及花序上着生叶片的现象，该现象是由于与 *FA* 基因位于同一位点的 MADS-box 基因 *PISTILLATE* 发生突变造成的。然而，这一突变体的花序决定混乱现象并不是由 MADS-box 基因 *PISTILLATE* 发生突变直接造成的，而是 *PISTILLATE* 的突变影响了位于同一位点的 *FA* 基因，使得 *FA* 基因发生突变引起的（Olimpieri and Mazzucato, 2008）。*SlCMB1* 是一个 SEP 类的 MADS-box 基因，表达模式分析结果表明，*SlCMB1* 在茎、花、萼片、花序以及野生型番茄的 IMG 和 MG 时期的果实中有较高的转录积累，在根、叶片及 B 到 B+7 时期果实中的表达量很低。该基因的表达随着果实的成熟有一个下降的趋势，并在 *Nr* 和 *rin* 突变体果实中，*SlCMB1* 具有与在野生型番茄果实中较为类似的下降的表达趋势，但 *SlCMB1* 在 *Nr* 和 *rin* 突变体 IMG 和 MG 时期果实中的表达量明显低于在野生型中这2个时期果实中的表达量。*SlCMB1*基因在四轮花器官中的萼片中大量表达，并随着萼片的发育逐渐下降。这表明*SlCMB1*可能在番茄花发育和果实成熟过程中发挥了重要作用。Zhang等（2018）利用RNAi技术在野生型番茄中沉默*SlCMB1*基因后，沉默转基因番茄表现出了异常长的多分枝的花序，花的数量是野生型的4~5倍。SlCMB1-RNAi株系的花序梗变得更长更粗壮，且花序产生了向营养生长转变的现象，花序顶端出现了新的叶片及茎尖分生组织，整个花序结构发生了显著改变且分枝数量明显增多。*SlCMB1*基因的沉默还导致了沉默株系的花产生了大而长的萼片，并且绝大多数花具有从开花到幼果期的融合萼片。SlCMB1-RNAi株系花序梗中的赤霉素含量明显高于野生型。石蜡切片分析结果表明*SlCMB1*基因的沉默导致了花序梗细胞的增大而没有改变细胞的数量，粘连的萼片之间由基层细胞相互连接。实时定量PCR结果表明花序发育相关基因*BL*、*LS*、*SFT*、*TMF*、*UF*及*SP*的表达量在SlCMB1-RNAi株系的花序组织中均显著增加，*S*的表达量则显著降低，而另外2个花序发育相关基因*MACROCALYX*（*MC*）和*JOINTLESS*的表达则没有明显改变。在沉默转基因株系的花序梗中，4个细胞伸长相关基因（*PRE1*、*PRE2*、*PRE3*及*PRE4*）及3个赤霉素合成基因（*GA20ox1*、*G3ox1*和*G3ox2*）的表达量明显上调，而赤霉素合成的抑制基因*GA2ox*1的表达量则显著下调。3个萼片发育相关的基因（*AP2a*、*MC*和*GOBLET*）的表达在*SlCMB1*沉默株系萼片中显著下调。上述结果表明*SlCMB1*参与了番茄花序及萼片发育的调控。

### 3.2.3 MADS-box基因调控番茄果实的发育和成熟

番茄属于呼吸跃变型果实，乙烯在其果实成熟过程中扮演着重要角色。番茄具有自花授粉，生长周期短，基因组小，突变体多，转化体系成熟，基因组测序完成等特点，现已成为研究果实成熟的重要模式植物（Alexander and Grierson，2002）。

与拟南芥基因功能研究和信号通路研究相似，人们通过探索番茄果实各突变体的突变机理对番茄果实成熟机理进行了深入研究。例如，乙烯不敏感突变体*Never ripe*（*Nr*），该突变体是由于乙烯受体*ETR3*（*NR*）发生了错义突变，导致乙烯信号传导受阻，因而造成果实不能正常成熟（Wilkinson et al.，1995）。*Colorless nonripening*（*Cnr*）突变体表现为果实成熟后呈现黄色，其表型是由*SBP-box*基因*SPL-CNR*的启动子甲基化引起的（Manning et al.，

2006)。由一个 NAC 转录因子家族的成员突变引起的 *Nonripening*(*nor*)突变体也表现出果实不能正常成熟。*Ripening-inhibitor*(*rin*)突变体表现出果实不成熟和大萼片 2 种表型(Vrebalov et al., 2009)。遗传定位分析表明该突变体是由 2 个串联的 MADS-box 基因 *SlMADS-RIN* 和 *SlMADS-MC* 之间缺失了一段约 3 000 bp 的核苷酸片段引起的。将 *SlMADS-RIN* 转化 *rin* 突变体后果实恢复成熟,将野生型番茄 *SlMADS-RIN* 沉默后果实表现出 *rin* 突变体果实的表型,即不能正常成熟,而将 *SlMADS-MC* 转化 *rin* 突变体后发现其萼片恢复正常,表明 *SlMADS-RIN* 调控了果实成熟过程,而 *SlMADS-MC* 调控了萼片发育(Vrebalov et al., 2009)。这一研究揭开了人们探索 MADS-box 基因调控果实成熟的序幕。

Itkin 等(2009)发现沉默番茄 AG 类 MADS-box 基因 *TOMATO AGAMOUS-LIKE 1*(*TAGL1*),番茄果实色素积累异常,果皮变薄且不能正常成熟,而该基因的超表达则引起乙烯合成量增加,果实的萼片也呈现出色素积累的现象。进一步研究表明,该转录因子能够直接调控乙烯合成基因 *ACS2* 的表达(Vrebalov et al., 2009)。此外,番茄中含有 2 个拟南芥 FRUITFULL(FUL)类 MADS-box 蛋白的同源蛋白,即 FUL1(又称 TDR4)和 FUL2(又称 MBP7)。这 2 个蛋白都能够与调控果实成熟的 MADS-box 转录因子 SlMADS-RIN 互作,并且在果实成熟过程中发挥冗余作用。单一沉默 *FUL1* 或 *FUL2* 只引起番茄果实色素的轻微变化,而同时沉默 *FUL1* 和 *FUL2* 则导致番茄成熟果实呈现黄色的表型(Bemer et al., 2012; Shima et al., 2013)。染色质免疫共沉淀结果表明 *FUL1* 和 *FUL2* 可以与 *RIN* 直接调控的基因 *ACS2*、*ACS4* 和 *RIN* 的启动子结合(Shima et al., 2013)。番茄 MADS-box 转录因子 SlMADS1 负向调控番茄果实成熟,并且与 SlMADS-RIN 互作(Dong et al., 2013)。MADS-box 基因 *SlFYFL* 的超表达推迟了番茄果实的成熟、衰老和脱落(Xie et al., 2014)。Guo 等(2017)研究表明 *SlMBP11* 基因不仅在调控番茄植株形态上(作为侧芽发育的正调控子)扮演着重要角色,而且在维持番茄生殖器官结构上发挥着重要作用。徐幸(2018)分别构建了 *SlSL4* 基因的超表达载体与 RNAi 沉默载体,通过农杆菌介导转化野生番茄 $AC^{++}$,培育出并筛选得到 *SlSL4* 基因超表达和 RNAi 沉默的转基因番茄株系。通过对 *SlSL4* 超表达转基因番茄果实的研究发现,在相同环境下 *SlSL4* 超表达转基因番茄果实比野生番茄果实成熟时间推迟;*SlSL4* 基因 RNAi 沉默的转基因番茄植株开花极易脱落且不易结果。此外,*TDR4* 基因是番茄果实成熟的重要转录因子,但其对果实代谢和品质的影响研究较少。Zhao 等

(2019)通过病毒诱导基因沉默(VIGS)技术获得的 *TDR4* 基因表达抑制株系呈橙色果皮表型。*TDR4* 沉默果实的转录组学分析显示,参与各种代谢途径的基因表达发生了变化,包括氨基酸和类黄酮生物合成途径。代谢组学分析表明,包括苯丙氨酸和酪氨酸在内的几种氨基酸和有机酸的水平在 *TDR4* 沉默果实中降低,而在 *TDR4* 沉默果实中 α-番茄碱积累。总之,对 *TDR4* 沉默果实的 RNA-seq 和代谢组学分析表明,*TDR4* 参与番茄果实的成熟和营养合成,因此是果实质量的重要调节因子。*SlCMB1* 基因的沉默还导致番茄果实的成熟时间推迟了 3~5 d,沉默株系果实乙烯释放量、类胡萝卜素及番茄红素含量均明显低于野生型。实时定量 PCR 结果分析表明,在 *SlCMB1* 沉默株系的果实中,类胡萝卜素降解途径基因(*CYCB*、*LCYB* 及 *LCYE*)的表达量在明显上调,而类胡萝卜素合成基因(*PSY1*、*PDS*)、乙烯合成及响应基因(*ACO1*、*ACO3*、*ACS2*、*ACS4*、*ERF1*、*E4* 及 *E8*)、成熟相关基因(*RIN*、*TAGL1*、*FUL1*、*FUL2*、*Lox C* 及 *PE*)的表达量均明显下降。这表明 *SlCMB1* 基因还参与番茄果实成熟的调控。而酵母双杂交结果表明 *SlCMB1* 可以分别与花序及萼片发育、果实成熟相关的蛋白 MC、JOINTLESS、SlMBP21、SlAP2a、SlMADS-RIN、SlMADS1 及 TAGL1 相互作用。总之,这些结果表明 SlCMB1 通过影响其他相关调控因子的表达或活性,或通过与其他相关调控蛋白的相互作用,在花序及萼片发育、果实成熟过程中发挥了至关重要的调控作用,这为进一步探索该基因在番茄生殖发育中的功能及培育高产、晚熟作物奠定了基础(Zhang et al.,2018b)。Guo 等(2022)通过 RNA 干扰技术抑制 *SlMBP3* 基因的表达,结果导致番茄果实和种子发育相关的一系列表型,包括果实变小、果胶不液化和种子发育缺陷等。

### 3.2.4 MADS-box 基因调控番茄其他器官的形成

在番茄中,2 个突变体 *j* 和 *j-2* 的花柄离区都被完全抑制。研究表明突变体 *j* 是由于一个 MADS-box 基因 *JOINTLESS* 突变引起的,而 *j-2* 是由于定位于 12 号染色体上的基因功能缺失引起的(Mao et al.,2000;Budiman et al.,2004)。番茄突变体 *rin* 除了表现出果实不成熟和萼片变大的现象外,花柄和果柄的离区形成也受到了一定的抑制(Vrebalov et al.,2002)。Nakano 等(2012)的研究表明,反义抑制 *MC* 表达则导致花柄无离区,并且 MC 能够与 JOINTLESS 产生互作,共同调控 *WUS*、*GOB*、*LS* 等参与离区发育调控基因的表达。这一研究解释了 *rin* 突变体中花柄离区的形成受到抑制的现象。Liu 等(2014)研究表明 SEPALLATA 类 MADS-box 蛋白

SLMBP21 通过与 JOINTLESS 和 MACROCALYX 形成蛋白复合体调控番茄花器官离区的发育。*SlMBP21* 的过表达植株表现出卷曲的叶片、畸形的花、扭曲和开裂的雄蕊、降低的产量以及小而轻的种子。花和花序结构的缺陷导致坐果减少（Wang et al.，2021）。此外，*SlMBP21* 通过抑制参与番茄种子发育相关基因的表达而发挥作用，并且 SlMBP21 蛋白可以与其他 MADS-box 蛋白（SlAGL11、TAGL1 和 SlMBP3）相互作用以控制种子大小。

先前报道 *SlMADS1* 是果实成熟的负调节因子，而在最近的研究中发现其转录本在萼片发育过程中表达非常高。为了研究番茄 *SlMADS1* 的功能，Xing 等（2022）通过 CRISPR/Cas9 技术和 *SlMADS1* 的过表达产生 *SlMADS1* 敲除突变体和过表达株系。与野生型相比，*SlMADS1* 突变体的萼片和单个细胞明显伸长，而 *SlMADS1* 过表达株系的萼片明显变短，细胞明显变宽。萼片样本的 RNA 测序结果表明，*SlMADS1* 敲除和过表达植株的乙烯、赤霉素、生长素、细胞分裂素和细胞壁代谢相关基因均受到显著影响。SlMADS1 与 SlMC 直接相互作用。此外，还发现操纵 *SlMADS1* 的表达会改变番茄植株叶片、根系和株高的发育。Kim 等（2022）利用转移 DNA（T-DNA）标记的 *SlMBP3* 突变体和 *SlMBP3*-RNA 干扰株系，研究了番茄 AGAMOUS 分支 MADS-box 基因 *SlMBP3* 的敲除/下调的表型效应。*SlMBP3* 优先表达于果实的小室组织和种皮与内胚层结合的组织中。与 *SlMBP3* 的表达位点一致，*SlMBP3* 敲除/下调株系显示出非液化的小室组织，并且比野生型的种子表皮毛数量增加。研究结果表明，*SlMBP3* 通过改变番茄果实的细胞发育和降解过程以及种子表皮毛的形成，参与了番茄小室组织的液化，*SlMBP3* 敲除/下调导致正常大小的果实中干物质含量增加。

## 参考文献

徐幸，2018. 番茄 MADS-box 家族转录因子 SOC-like4（SlSL4）调控果实成熟的功能研究［D］. 重庆：西南大学.

ALEXANDER L，GRIERSON D，2002，Ethylene biosynthesis and action in tomato：a model for climacteric fruit ripening［J］. Journal of Experimental Botany，53：2039-2055.

AMPOMAH-DWAMENA C，MORRIS B A，SUTHERLAND P，et al.，2002. Down-regulation of *TM29*，a tomato SEPALLATA homolog，causes parthenocarpic fruit development and floral reversion［J］. Plant

Physiology, 130: 605-617.

ARORA R, AGARWAL P, RAY S, et al., 2007. MADS-box gene family in rice: genome-wide identification, organization and expression profiling during reproductive development and stress [J]. BMC genomics, 8: 242.

BEMER M, KARLOVA R, BALLESTER A R, et al., 2012. The tomato FRUITFULL homologs *TDR4/FUL1* and *MBP7/FUL2* regulate ethylene-independent aspects of fruit ripening [J]. The Plant Cell, 24: 4437-4451.

BUDIMAN M, CHANG S, LEE S, et al., 2004. Localization of jointless-2 gene in the centromeric region of tomato chromosome 12 based on high resolution genetic and physical mapping [J]. Theoretical and applied genetics, 108: 190-196.

BUSI M V, BUSTAMANTE C, D'ANGELO C, et al., 2003. MADS-box genes expressed during tomato seed and fruit development [J]. Plant Molecular Biology, 52: 801-815.

DAVIES B, EGEA-CORTINES M, DE ANDRADE SILVA E, et al., 1996. Multiple interactions amongst floral homeotic MADS box proteins [J]. The EMBO Journal, 15: 4330-4343.

DE MARTINO G, PAN I, EMMANUEL E, et al., 2006. Functional analyses of two tomato APETALA3 genes demonstrate diversification in their roles in regulating floral development [J]. The Plant Cell, 18: 1833-1845.

DIAZ-RIQUELME J, LIJAVETZKY D, MARTINEZ-ZAPATER J M, et al., 2009. Genome-wide analysis of MIKCC-Type MADS Box genes in grapevine [J]. Plant Physiology, 149: 354-369.

DIELEN V, MARC D, KINET J M, 1998. Flowering in the uniflora mutant of tomato (*Lycopersicon esculentum* Mill.): description of the reproductive structure and manipulation of flowering time [J]. Plant Growth Regulation, 25: 149-157.

DONG T T, HU Z L, DENG L, et al., 2013. A Tomato MADS-Box transcription factor, SlMADS1, acts as a negative regulator of fruit ripening [J]. Plant Physiology, 163: 1026-1036.

FUJISAWA M, NAKANO T, SHIMA Y, et al., 2013. Alarge-scale identification of direct targets of the tomato MADS box transcription factor RIPENING INHIBITOR reveals the regulation of fruit ripening [J]. Plant Cell, 25 (2): 371-386.

GEMMA D M, IRVIN P, EYAL E, et al., 2006. Functional analyses of two tomato APETALA3 genes demonstrate diversification in their roles in regulating floral development [J]. The Plant Cell, 18: 1833-1845.

GEUTEN K, IRISH V, 2010, Hidden variability of floral homeotic B genes in solanaceae provides amolecular basis for the evolution of novel functions [J]. The Plant Cell, 22: 2562-2578.

GOMEZ P, JAMILENA M, CAPEL J, et al., 1999. Stamenless, a tomato mutant with homeotic conversions in petals and stamens [J]. Planta, 209: 172-179.

GUO X, CHEN G, NAEEM M, et al., 2017. The mads - box gene, *SlMBP11*, regulates plant architecture and affects reproductive development in tomato plants [J]. Plant Science, 258: 90-101.

GUO X H, HU Z L, YIN W C, et al., 2016. The tomato floral homeotic protein FBP1-like gene, *SlGLO1*, plays key roles in petal and stamen development [J]. Scientific Reports, 6: 20454.

GUO X H, LI H, YIN L L, et al., 2022. The mechanism of MADS-box gene *SlMBP3* modulating tomato fruit size [J]. Russian Journal of Plant Physiology, 69: 63.

HENSCHEL K, KOFUJI R, HASEBE M, et al., 2002. Two ancient classes of MIKC-type MADS-box genes are present in the moss *Physcomitrella patens* [J]. Molecular Biology and Evolution, 19: 801-814.

HILEMAN L C, SUNDSTROM J F, LITT A, et al., 2006. Molecular and phylogenetic analyses of the MADS-box gene family in tomato [J]. Molecular Biology and Evolution, 23: 2245-2258.

HONMA T, GOTO K, 2001. Complexes of MADS-box proteins are sufficient to convert leaves into floral organs [J]. Nature, 409: 525-529.

ITKIN M, SEYBOLD H, BREITEL D, et al., 2009. TOMATO AGAMOUS-LIKE 1 is a component of the fruit ripening regulatory network [J]. The Plant Journal, 60: 1081-1095.

KATO K, OHTA K, KOMATA Y, et al., 2005. Morphological and molecular analyses of the tomato floral mutant leafy inflorescence, a new allele of falsiflora [J]. Plant Science, 169: 131-138.

KIM J S, LEE J, EZURA H, 2022. SlMBP3 Knockout/down in tomato: normal-sized fruit with increased dry matter content through non-liquefied locular tissue by altered cell wall formation [J]. Plant and Cell Physiology, 63 (10): 1485-1499.

KRAMER E M, DORIT R L, IRISH V F, 1998. Molecular evolution of genes controlling petal and stamen development: duplication and divergence within the *APETALA3* and *PISTILLATA* MADS - box gene lineages [J]. Genetics, 149: 765-783.

KRIZEK B A, MEYEROWITZ E M, 1996. The *Arabidopsis* homeotic genes *APETALA3* and *PISTILLATA* are sufficient to provide the B class organ identity function [J]. Development, 122: 11-22.

LAMB R S, IRISH V F, 2003. Functional divergence within the *APETALA3/PISTILLATA* floral homeotic gene lineages [J]. Proceedings of the National Academy of Sciences, 100: 6558-6563.

LI F F, JIA Y H, ZHOU S G, et al., 2022. *SlMBP22* overexpression in tomato affects flower morphology and fruit development [J]. Journal of Plant Physiology, 272: 153687.

LI N, HUANG B W, TANG N, et al., 2017. The MADS - box gene *SlMBP21* regulates sepal size mediated by ethylene and auxin in tomato [J]. Plant and Cell Physiology, 58 (12): 2241-2256.

LIPPMAN Z B, COHEN O, ALVAREZ J P, et al., 2008. The making of a compound inflorescence in tomato and related nightshades [J]. PLoS biology, 6: e288.

LIU D, WANG D, QIN Z, et al., 2014. The SEPALLATA MADS-box protein SLMBP21 forms protein complexes with JOINTLESS and MACROCALYX as a transcription activator for development of the tomato flower abscission zone [J]. The Plant Journal, 77: 284-296.

LOHMANN J U, WEIGEL D, 2002. Building beauty: the genetic control of floral patterning [J]. Developmental cell, 2: 135-142.

MA H, YANOFSKY M F, MEYEROWITZ E M, 1991. *AGL1-AGL6*, an *Arabidopsis* gene family with similarity to floral homeotic and transcription factor genes [J]. Genes and Development, 5: 484-495.

MANNING K, TÖR M, POOLE M, et al., 2006. A naturally occurring epigenetic mutation in a gene encoding an SBP-box transcription factor inhibits tomato fruit ripening [J]. Nature genetics, 38: 948-952.

MAO L, BEGUM D, CHUANG H W, et al., 2000. *JOINTLESS* is a MADS-box gene controlling tomato flower abscission zone development [J]. Nature, 406: 910-913.

MAZZUCATO A, OLIMPIERI I, SILIGATO F, et al., 2008. Characterization of genes controlling stamen identity and development in a parthenocarpic tomato mutant indicates a role for the *DEFICIENS* ortholog in the control of fruit set [J]. Physiologia Plantarum, 132: 526-537.

MESSENGUY F, DUBOIS E, 2003. Role of MADS box proteins and their cofactors in combinatorial control of gene expression and cell development [J]. Gene, 316: 1-21.

MOLINERO-ROSALES N, JAMILENA M, ZURITA S, et al., 1999. *FALSIFLORA*, the tomato orthologue of *FLORICAULA* and *LEAFY*, controls flowering time and floral meristem identity [J]. The Plant Journal, 20: 685-693.

MOLINERO-ROSALES N, LATORRE A, JAMILENA M, et al., 2004. *SINGLE FLOWER TRUSS* regulates the transition and maintenance of flowering in tomato [J]. Planta, 218: 427-434.

NAKANO T, KIMBARA J, FUJISAWA M, et al., 2012. *MACROCALYX* and *JOINTLESS* interact in the transcriptional regulation of tomato fruit abscission zone development [J]. Plant physiology, 158: 439-450.

NORMAN C, RUNSWICK M, POLLOCK R, et al., 1988. Isolation and properties of cDNA clones encoding SRF, a transcription factor that binds to the c-fos serum response element [J]. Cell, 55: 989-1003.

OLIMPIERI I, MAZZUCATO A, 2008. Phenotypic and genetic characterization of the pistillate mutation in tomato [J]. Theoretical and Applied Genetics, 118: 151-163.

PAŘENICOVÁ L, DE FOLTER S, KIEFFER M, et al., 2003. Molecular and phylogenetic analyses of the complete MADS-box transcription factor family in *Arabidopsis* new openings to the MADS world [J]. The Plant

Cell, 15, 1538-1551.

PARK S J, JIANG K, SCHATZ M C, et al., 2012. Rate of meristem maturation determines inflorescence architecture in tomato [J]. Proceedings of the National Academy of Sciences, 109: 639-644.

PNUELI L, ABU-ABEID M, ZAMIR D, et al., 1991. The MADS box gene family in tomato: temporal expression during floral development, conserved secondary structures and homology with homeotic genes from *Antirrhinum* and *Arabidopsis* [J]. The Plant Journal, 1: 255-266.

PNUELI L, HAREVEN D, BRODAY L, et al., 1994. The *TM5* MADS Box gene mediates organ differentiation in the three inner whorls of tomato flowers [J]. The Plant Cell, 6: 175-186.

QUINET M, BATAILLE G, DOBREV P I, et al., 2014. Transcriptional and hormonal regulation of petal and stamen development by *STAMENLESS*, the tomato (*Solanum lycopersicum* L.) orthologue to the B-class *APETALA3* gene [J]. Journal of Experimental Botany, 65: 2243-2256.

QUINET M, DUBOIS C, GOFFIN M C, et al., 2006. Characterization of tomato (*Solanum lycopersicum* L.) mutants affected in their flowering time and in the morphogenesis of their reproductive structure [J]. Journal of Experimental Botany, 57: 1381-1390.

RATCLIFFE O J, NADZAN G C, REUBER T L, et al., 2001. Regulation of flowering in *Arabidopsis* by an *FLC* Homologue [J]. Plant physiology, 126: 122-132.

SAVIDGE B, ROUNSLEY S D, YANOFSKY M F, 1995. Temporal relationship between the transcription of two *Arabidopsis* MADS box genes and the floral organ identity genes [J]. The Plant Cell, 7: 721-733.

SAWHNEY V K, 1983. The role of temperature and its relationship with gibberellic acid in the development of floral organs of tomato (*Lycopersicon esculentum*) [J]. Canadian Journal of Botany, 61: 1258-1265.

SCHWARZ-SOMMER Z, HUIJSER P, NACKEN W, et al., 1990. Genetic control of flower development by homeotic genes in *Antirrhinum majus* [J]. Science, 250: 931-936.

SHIMA Y, KITAGAWA M, FUJISAWA M, et al., 2013. Tomato *FRUITFULL* homologues act in fruit ripening via forming MADS-box transcription factor complexes with *RIN* [J]. Plant Molecular Biology, 82: 427-438.

SHIRAISHI H, OKADA K, SHIMURA Y, 1993. Nucleotide sequences recognized by the AGAMOUS MADS domain of *Arabidopsis thaliana* in vitro [J]. The Plant Journal, 4: 385-398.

TILLY J J, ALLEN D W, JACK T, 1998. The CArG boxes in the promoter of the *Arabidopsis* floral organ identity gene APETALA3 mediate diverse regulatory effects [J]. Development, 125: 1647-1657.

VREBALOV J, PAN I L, ARROYO A J M, et al., 2009. Fleshy fruit expansion and ripening are regulated by the tomato SHATTERPROOF gene *TAGL1* [J]. The Plant Cell, 21: 3041-3062.

VREBALOV J, RUEZINSKY D, PADMANABHAN V, et al., 2002. A MADS-box gene necessary for fruit ripening at the tomato ripening-inhibitor (rin) locus [J]. Science, 296: 343-346.

WANG Y S, GUO P Y, ZHANG J L, et al., 2021. Overexpression of the MADS-box gene *SlMBP21* alters leaf morphology and affects reproductive development in tomato [J]. Journal of Integrative Agriculture, 20 (12): 3170-3185.

WILKINSON J Q, LANAHAN M B, YEN H C, et al., 1995. An ethylene-inducible component of signal transduction encoded by Never-ripe [J]. Science, 270: 1807-1809.

XIE Q L, HU Z L, ZHU Z G, et al., 2014. Overexpression of a novel MADS-box gene *SlFYFL* delays senescence, fruit ripening and abscission in tomato [J]. Scientific Reports, 4: 759-783.

XING M Y, LI H L, LIU G S, et al., 2022. A MADS-box transcription factor, SlMADS1, interacts with SlMACROCALYX to regulate tomato sepal growth [J]. Plant Science, 322: 111366.

YANOFSKY M F, MA H, BOWMAN J L, et al., 1990. The protein encoded by the *Arabidopsis* homeotic gene agamous resembles transcription factors [J]. Nature, 346: 35-39.

ZACHGO S, SAEDLER H, SCHWARZ-SOMMER Z, 1997. Pollen-specific expression of DEFH125, a MADS-box transcription factor in *Antirrhinum* with unusual features [J]. The Plant Journal, 11: 1043-1050.

ZHANG J, HU Z, WANG Y, et al., 2018a. Suppression of a tomato SE-

PALLATA MADS-box gene, *SlCMB1*, generates altered inflorescence architecture and enlarged sepals [J]. Plant Science, 272: 75-87.

ZHAO X D, YUAN X Y, CHEN S, et al., 2019. Metabolomic and transcriptomic analyses reveal that a MADS-box transcription factor TDR4 regulates tomato fruit quality [J]. Frontiers in Plant Science, 10: 792.

# 4 番茄 MADS-box 家族生物信息学和表达模式

## 4.1 材料与方法

### 4.1.1 植物材料

普通栽培番茄（即野生型番茄，WT）（*Solanum lycopersicon* L. cv Ailsa Craig），由作者实验室保存。

### 4.1.2 番茄材料的收集

收取野生型番茄 $AC^{++}$ 中相同发育时期四轮花器官的新鲜材料，立即用液氮将离体材料速冻，放入-80 ℃冰箱保存，各材料明细见表 4-1。

表 4-1 番茄材料明细

| 材料名称 | 英文全称 | 英文缩写 |
|---|---|---|
| 萼片 | Sepal | Se |
| 花瓣 | Petal | Pe |
| 雄蕊 | Stamen | St |
| 心皮 | Carpel | Ca |

### 4.1.3 番茄 MADS-box 基因的查找

利用番茄中已知的 MADS-box 蛋白序列在茄科基因组 Sol Genomics Network（SGN，表 4-2）和 National Center for Biotechnology Information（NCBI，表 4-2）数据库中执行搜索，将获得的可能的番茄 MADS-box 蛋白用公共数据库 Pfam、SMART 以及 PROSITE（表 4-2）进行可靠性确认，包含 MADS-box 蛋白家族典型保守结构域的番茄 MADS-box 蛋白被选择用于进一步的氨基酸序列多重比对和进化树分析。最终，确定了 131 个与已知功能的植物 MADS-box 蛋白具有高度相似性的番茄 MADS-box 蛋白，同时也根据其相应的核苷酸序列在 SGN 数据库中获取到它们各自的基因组 DNA 序列。

**表 4-2　各生物学数据库网址**

| 数据库名称 | 数据库功能 | 网址 |
| --- | --- | --- |
| BLAST | 序列比对/检索 | http：//blast. ncbi. nlm. nih. gov/Blast. cgi |
| BLAST-primer | 引物设计与检测 | http：//www. ncbi. nlm. nih. gov/tools/primer -blast/index. cgi？LINK_LOC＝BlastHome |
| ExPASy | 综合分析 | http：//www. expasy. org |
|  | 蛋白翻译 | http：//www. expasy. org/tools/dna. html |
|  | 等电点、分子量及疏水性 | http：//expasy. org/tools/protparam. html |
| MultAlin | 序列比对 | http：//multalin. toulouse. inra. fr/multalin/multalin. htmL |
| NCBI | 综合 | http：//www. ncbi. nlm. nih. gov |
| ORF | ORF 预测 | http：//www. ncbi. nlm. nih. gov/gorf/gorf. html |
| Pfam database | 蛋白家族分析 | http：//pfam. sanger. ac. uk |
| PlantCARE | 启动子结构预测 | http：//bioinformatics. psb. ugent. be/webtools/plantcare/html |
| PROSITE | 蛋白结构域和功能位点分析 | http：//prosite. expasy. org |
| SGN | 茄科基因组数据库 | http：//solgenomics. net |
| SMART | 蛋白结构预测和功能分析 | http：//smart. embl-heidelberg. de |
| TIGR | 植物基因组综合数据库 | http：//compbio. dfci. harvard. edu/tgi |

### 4.1.4　番茄 MADS-box 基因的核苷酸及蛋白序列生物信息学分析

番茄 MADS-box 基因的分子特征分析主要采用生物信息学方法，包括 BLAST 搜索、开放式阅读框的查找、核苷酸的翻译、蛋白保守结构域搜索、等电点、分子量的计算以及启动子顺式作用元件预测和分析均使用在线数据库。

### 4.1.5　总 RNA 的提取

番茄各组织器官总 RNA 的提取采用 TaKaRa 的 RNAiso plus 试剂盒。具体步骤如下：

①转移适量植物样品至液氮预冷的研钵中，不断加入液氮，直至将植物样品研磨成粉末状；

②取研磨好的样品（15～30 mg）于 1.5 mL 离心管中，加入 1 mL RNAiso plus 溶液，剧烈振荡至充分透明状，室温静置 5 min；

③12 000 g，4 ℃离心 5 min，转移上清液至新的 Rnase-free 1.5 mL 离心管；

④加入 200 μL 氯仿，剧烈振荡 15 s，室温静置 5 min；

⑤12 000 g，4 ℃离心 15 min，此时，匀浆液分为 3 层，即无色的上清液、中间的白色蛋白层以及带有颜色的下层有机相。转移上清液 750 μL 至另一新的 1.5 mL 离心管；

⑥加入等体积异丙醇，轻轻颠倒混匀，15～30 ℃下静置 10 min；

⑦12 000 g，4 ℃离心 10 min，弃上清，缓慢沿离心管壁加入 1 mL 75% 的乙醇清洗沉淀；

⑧12 000 g，4 ℃离心 5 min，弃乙醇，室温干燥；

⑨加入约 50 μL DEPC 处理水溶解沉淀，可用移液器轻轻吹打混匀；

⑩1.0%琼脂糖凝胶电泳，分光光度计测定 RNA 浓度，检测无误后 -80 ℃保存备用。

### 4.1.6 cDNA 的合成

采用 M-MLV 反转录酶（TaKaRa）进行 cDNA 的合成，具体步骤如下：

①取 1.0 μg RNA 作为模板，按以下体系加样：

| | |
|---|---|
| RNA | 1.0 μg |
| Oligo d（T）18（10 μM） | 2.0 μL |
| Rnase-free $ddH_2O$ | 9.0 μL |

②72 ℃，5 min；

③冰浴 5 min；

④将以下试剂配制混匀后，加入上述 PCR 管中，试剂配制如下：

| | |
|---|---|
| 5×M-MLV Buffer | 4.0 μL |
| 10 mM dNTPs | 2.0 μL |
| Rnase-free $ddH_2O$ | 2.0 μL |
| M-MLV（200 U/μL） | 1.0 μL |

⑤42 ℃，60 min；

⑥72 ℃，10 min 灭活 M-MLV，-20 ℃保存备用。

### 4.1.7 番茄花器官特征基因的引物设计及评估

应用引物设计软件 Primer Premier 5 设计筛选到的 16 个番茄花器官特征基因的定量引物，见表 4-3。

表 4-3 番茄花器官特征基因及内参基因的定量 RT-PCR 引物

| 引物名称 | 引物序列（5′→3′） | 产物大小（bp） |
|---|---|---|
| MC-Q-F | AAGTAGCAGAAGCAAGGAGGA | 113 |
| MC-Q-R | CAAGCGATTAGCAAAGAGTGA | |
| MBP20-Q-F | GAAGCTAAAAGAAAATGAGAAGACACA | 105 |
| MBP20-Q-R | GTAAGGTTAGGAAGTTGGTGGTGAG | |
| TAP3-Q-F | TATAAGTCCCTCAATCACGACCA | 176 |
| TAP3-Q-R | GATCATTTAGGCTTTCTCCCATC | |
| TM6-Q-F | CTACAACCATTGCACCCCAAT | 68 |
| TM6-Q-R | CAGGAGAGACGTAGATCACGAGAA | |
| TPI-Q-F | TCTGGGAGGAGACTATGGGATG | 200 |
| TPI-Q-R | TCAGACTGCTTGGCACTGATACTA | |
| GLO1-Q-F | GCTTACTGGAAGAAGATTGTGGG | 205 |
| GLO1-Q-R | CTCATTCTGTTTTTCACGGATACC | |
| TAG1-Q-F | ATGAACTTGATGCCAGGGAGT | 133 |
| TAG1-Q-R | GGGGTTGGTCTTGTCTAGGGTA | |
| TAGL1-Q-F | TCGCAATAACTTCCTGCCTGTA | 142 |
| TAGL1-Q-R | AGATGAAGAGCCTTGACCCCA | |
| MBP3-Q-F | ACGAGGCATCAGCAGAATCAG | 191 |
| MBP3-Q-R | GCTGTATTGCACTGTAATCTTGTCC | |
| MBP22-Q-F | CAACTTGGTACTACAAGTAATTCTTCAGC | 142 |
| MBP22-Q-R | AGCTTCTAAATATGCCAAAGGAAAT | |
| TAGL2-Q-F | CAGCAGCAACATCCTCAATCTC | 155 |
| TAGL2-Q-R | CACAGCATCCAACCAGGTATCA | |
| TM5-Q-F | CTTTGTGATGCTGAGGTTGCTC | 157 |
| TM5-Q-R | TTTCCAGTGCTTCTCGTGTTG | |
| MADS1-Q-F | GTGTAGCTGGATTTCCACTTCG | 175 |
| MADS1-Q-R | GCCGCTGCATTCACCTCAT | |
| MBP21-Q-F | AACCTTTCTTTCAACCTCTCCG | 147 |
| MBP21-Q-R | TCCATTAGAGCATCCACCCTG | |
| AGL6-Q-F | GCTTCGTAGAAAGGAGCGTCAT | 182 |
| AGL6-Q-R | GATTTGATTGAGAATGGTGGACATC | |
| CAC-Q-F | CCTCCGTTGTGATGTAACTGG | 173 |
| CAC-Q-R | ATTGGTGGAAAGTAACATCATCG | |

取番茄表 4-1 中各组织的新鲜材料，根据总 RNA 的提取以及反转录的

方法合成番茄花器官的 cDNA。将各组织的混合 cDNA 用作评估番茄花器官特征基因定量引物的质量（包括引物最适退火温度的摸索与标准曲线的绘制）。

最适退火温度的摸索，定量 PCR 反应体系如下：

| | |
|---|---|
| 2×GoTaq® qPCR Master Mix | 5.0 μL |
| 引物混合物（10 μM） | 0.5 μL |
| cDNA | 1.0 μL |
| $ddH_2O$ | 3.5 μL |

用于引物最适退火温度摸索的定量 PCR 程序（两步法）如下：

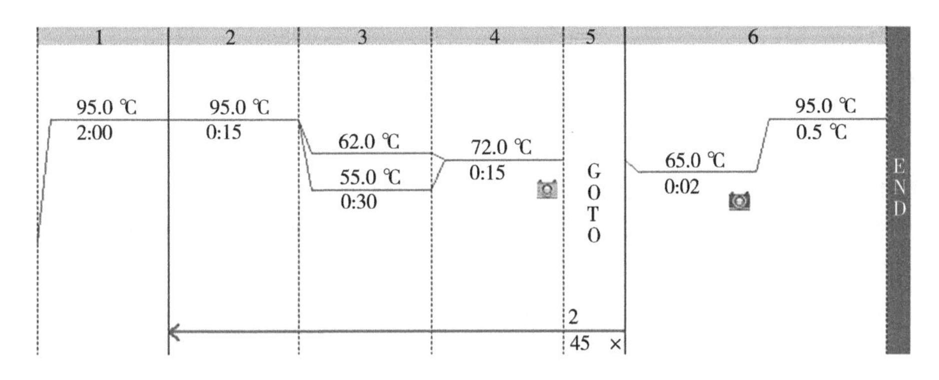


标准曲线的绘制。影响定量 PCR 准确性的重要因素之一是引物的扩增效率。将混合 cDNA 分别稀释 1 倍、10 倍、100 倍、1 000倍和 10 000倍，并以其为模板在各引物最适退火温度下进行 PCR 扩增，绘制标准曲线。

### 4.1.8 番茄花器官特征基因的组织表达模式分析

取番茄表 4-1 中各组织（Se、Pe、St 和 Ca）的新鲜材料，根据 4.1.5 总 RNA 的提取和 4.1.6 中反转录的方法合成番茄各组织的 cDNA。选取在番茄各个发育时期各个组织中表达都比较稳定的 *CAC* 基因作为内参基因（Expósito-Rodríguez et al.，2008），利用定量 RT-PCR 技术，分别在花器官特征基因的最适退火温度下对其在番茄各组织中的表达水平进行分析。每个基因进行 3 次生物重复，并设立 NRT（no reverse transcription control）对照和 NTC（no template control）对照。实验结果利用 Bio-Rad CFX Manager 3.1 软件，依照 $2^{-\Delta\Delta C}T$ 法进行数据处理（Livak and Schmittgen，2001）。

### 4.1.9 MIKC 型 MADS-box 基因表达谱分析

表达谱数据来自番茄基因芯片平台 Genevestigator（https：// www. genevestigator. com/gv）。以 MIKC 型 MADS-box 基因的核苷酸序列作为查询序列针对 Affymetrix Gene Chip（http：//www. affymetrix. com）进行基因探针序列搜索，选择最同源的探针在 Genevestigator 的 Affymetrix 番茄基因组微阵列平台执行搜索程序。

## 4.2 结果与分析

### 4.2.1 番茄 MADS-box 基因的查找和命名

根据生物信息学方法，最终在番茄中筛选了 131 个与其他植物中已知功能的 MADS-box 蛋白高度同源的 MADS-box 基因。由于目前番茄中已有 35 个 MADS-box 基因被正式命名，因此，将新确定的 96 个番茄 MADS-box 基因接着分别命名为 *SlMADS2-SlMADS98*（表 4-4）。另外采用生物信息学的方法分别对番茄 131 个 MADS-box 基因的分子特征、结构特征及序列同源性进行了分析。

### 4.2.2 番茄 MADS-box 基因分子特征分析

查找的 96 个番茄 MADS-box 基因以及之前报道的 35 个番茄 MADS-box 基因的详细分子特征见表 4-4，统计结果包括编码氨基酸的长度、理论分子量和等电点。由表 4-4 可知，这些 MADS-box 基因编码的氨基酸残基（从 54 到 417）、蛋白分子量（从 6 224. 26到 4 7275. 10 Da）及等电点（从 4. 41 到 11. 03）均存在差异，表明这些蛋白可能发挥不同功能。此外，这些番茄 MADS-box 蛋白分布于相同或不同的染色体上。

**表 4-4　番茄 MADS-box 基因查找、命名及分子特征概况**

| 序号 | 基因名称 | 基因标识 | 蛋白质 | | | 类别 |
|---|---|---|---|---|---|---|
| | | | 长度（aa） | 分子量（Da） | 等电点 | |
| 1 | *SlMBP1/SlGLO1/PI/LePI-B* | Solyc08g067230. 2. 1 | 210 | 24 740. 2 | 8. 69 | Ⅱ型 |
| 2 | *SlMBP2/SlGLO2/LePI/TPI* | Solyc06g059970. 2. 1 | 214 | 24 867. 4 | 9. 49 | Ⅱ型 |
| 3 | *SlMBP3* | Solyc06g064840. 3. 1 | 237 | 27 469. 6 | 9. 25 | Ⅱ型 |

（续表）

| 序号 | 基因名称 | 基因标识 | 蛋白质 | | | 类别 |
|---|---|---|---|---|---|---|
| | | | 长度（aa） | 分子量（Da） | 等电点 | |
| 4 | *SlMBP6/SlAGL6* | Solyc01g093960. 2. 1 | 252 | 28 608. 5 | 8. 37 | Ⅱ型 |
| 5 | *SlMBP7/LeFUL2* | Solyc03g114830. 2. 1 | 247 | 28 614. 3 | 9. 31 | Ⅱ型 |
| 6 | *SlMBP8* | Solyc12g087830. 1. 1 | 198 | 22 643. 3 | 8. 97 | Ⅱ型 |
| 7 | *SlMBP10* | Solyc02g065730. 1. 1 | 234 | 27 368. 1 | 10. 12 | Ⅱ型 |
| 8 | *SlMBP11* | Solyc01g087990. 2. 1 | 271 | 30 847 | 6. 01 | Ⅱ型 |
| 9 | *SlMBP13* | Solyc08g080100. 2. 1 | 224 | 25 839 | 9. 76 | Ⅱ型 |
| 10 | *SlMBP14* | Solyc12g056460. 1. 1 | 206 | 23 968. 4 | 6. 57 | Ⅱ型 |
| 11 | *SlMBP15* | Solyc12g087830. 2. 1 | 204 | 23 667. 2 | 8. 35 | Ⅱ型 |
| 12 | *SlMBP18/SlFYFL* | Solyc03g006830. 2. 1 | 222 | 25 369. 2 | 9. 46 | Ⅱ型 |
| 13 | *SlMBP19* | Solyc06g035570. 1. 1 | 54 | 6 224. 26 | 11. 29 | Ⅰ型 |
| 14 | *SlMBP20* | Solyc02g089210. 2. 1 | 250 | 28 589. 2 | 9. 87 | Ⅱ型 |
| 15 | *SlMBP21* | Solyc12g038510. 1. 1 | 250 | 28 442. 4 | 9. 26 | Ⅱ型 |
| 16 | *SlMBP22* | Solyc11g005120. 1. 1 | 238 | 27 791. 6 | 6. 96 | Ⅱ型 |
| 17 | *SlMBP23/TDR3* | Solyc10g017630. 2. 1 | 166 | 19 196. 3 | 9. 49 | Ⅱ型 |
| 18 | *SlMBP24* | Solyc04g076280. 3. 1 | 235 | 26 483. 6 | 7. 67 | Ⅰ型 |
| 19 | *SlMBP25* | Solyc05g015730. 1. 1 | 80 | 9 311. 97 | 11. 01 | Ⅱ型 |
| 20 | *TAG1* | Solyc02g071730. 2. 1 | 248 | 28 723. 6 | 9. 97 | Ⅱ型 |
| 21 | *TAGL1* | Solyc07g055920. 2. 1 | 267 | 29 940. 5 | 9. 56 | Ⅱ型 |
| 22 | *TAGL2* | Solyc05g015750. 2. 1 | 241 | 27 579. 3 | 9. 07 | Ⅱ型 |
| 23 | *TAGL11* | Solyc11g028020. 1. 1 | 223 | 26 051. 7 | 9. 76 | Ⅱ型 |
| 24 | *TAGL12* | Solyc11g032100. 1. 1 | 201 | 23 104. 8 | 6. 94 | Ⅱ型 |
| 25 | *TAP3/LeAP3/LeDEF* | Solyc04g081000. 2. 1 | 228 | 26 478. 2 | 9. 76 | Ⅱ型 |
| 26 | *MADS-RIN* | Solyc05g012020. 2. 1 | 242 | 27 968. 4 | 8. 00 | Ⅱ型 |
| 27 | *MADS-MC* | Solyc05g056620. 1. 1 | 244 | 28 660. 6 | 8. 44 | Ⅱ型 |
| 28 | *JOINTLESS* | Solyc11g010570. 1. 1 | 265 | 30 426. 3 | 7. 39 | Ⅱ型 |
| 29 | *LeAP1* | Solyc05g012020. 3. 1 | 213 | 25 077. 3 | 5. 47 | Ⅱ型 |
| 30 | *TM4/TDR4/LeFUL1* | Solyc06g069430. 2. 1 | 245 | 28 290 | 9. 57 | Ⅱ型 |
| 31 | *TM5/TDR5/LeSEP3* | Solyc05g015750. 3. 1 | 224 | 25 999. 3 | 9. 79 | Ⅱ型 |
| 32 | *TM6/TDR6* | Solyc02g084630. 2. 1 | 225 | 26 092. 7 | 9. 71 | Ⅱ型 |
| 33 | *TM8/TDR8* | Solyc03g019710. 2. 1 | 177 | 20 703. 9 | 10. 44 | Ⅱ型 |
| 34 | *TM29/MADS6/LeSEP1* | Solyc02g089200. 2. 1 | 246 | 28 481. 3 | 8. 29 | Ⅱ型 |
| 35 | *SlMADS1* | Solyc03g114840. 2. 1 | 246 | 28 398. 2 | 8. 88 | Ⅱ型 |

（续表）

| 序号 | 基因名称 | 基因标识 | 蛋白质 | | | 类别 |
|---|---|---|---|---|---|---|
| | | | 长度（aa） | 分子量（Da） | 等电点 | |
| 36 | *SlMADS2* | Solyc01g060300. 1. 1 | 211 | 23 122. 6 | 9. 36 | Ⅰ型 |
| 37 | *SlMADS3* | Solyc01g060310. 1. 1 | 139 | 15 117. 5 | 8. 99 | Ⅰ型 |
| 38 | *SlMADS4* | Solyc01g060284. 1. 1 | 197 | 21 565. 5 | 8. 63 | Ⅰ型 |
| 39 | *SlMADS5* | Solyc01g066500. 1. 1 | 309 | 34 544. 4 | 4. 75 | Ⅰ型 |
| 40 | *SlMADS7* | Solyc01g103870. 1. 1 | 125 | 14 435. 6 | 9. 54 | Ⅰ型 |
| 41 | *SlMADS8* | Solyc06g071300. 1. 1 | 130 | 15 009. 1 | 5. 14 | Ⅰ型 |
| 42 | *SlMADS9* | Solyc03g007020. 1. 1 | 215 | 24 702 | 9. 21 | Ⅰ型 |
| 43 | *SlMADS10* | Solyc04g064860. 1. 1 | 233 | 25 871. 3 | 7. 92 | Ⅰ型 |
| 44 | *SlMADS11* | Solyc04g054517. 1. 1 | 138 | 15 663. 1 | 7. 75 | Ⅰ型 |
| 45 | *SlMADS12* | Solyc04g056550. 1. 1 | 182 | 20 838. 7 | 5. 14 | Ⅰ型 |
| 46 | *SlMADS13* | Solyc04g056740. 1. 1 | 180 | 20 521. 5 | 7. 44 | Ⅰ型 |
| 47 | *SlMADS14* | Solyc06g054680. 1. 1 | 180 | 21 152. 8 | 7. 19 | Ⅰ型 |
| 48 | *SlMADS15* | Solyc06g059780. 1. 1 | 180 | 21 057. 6 | 6. 37 | Ⅰ型 |
| 49 | *SlMADS16* | Solyc10g050950. 1. 1 | 161 | 18 602. 2 | 6. 80 | Ⅰ型 |
| 50 | *SlMADS17* | Solyc10g050900. 1. 1 | 169 | 19 796. 5 | 7. 83 | Ⅰ型 |
| 51 | *SlMADS18* | Solyc10g050940. 1. 1 | 169 | 19 623. 3 | 7. 77 | Ⅰ型 |
| 52 | *SlMADS19* | Solyc01g097850. 1. 1 | 172 | 20 073. 9 | 7. 35 | Ⅰ型 |
| 53 | *SlMADS20* | Solyc03g034260. 1. 1 | 184 | 21 441 | 6. 29 | Ⅰ型 |
| 54 | *SlMADS21* | Solyc10g018070. 1. 1 | 119 | 13 063. 9 | 10. 14 | Ⅰ型 |
| 55 | *SlMADS22* | Solyc10g018080. 1. 1 | 151 | 17 218. 5 | 7. 04 | Ⅰ型 |
| 56 | *SlMADS23* | Solyc10g018110. 1. 1 | 184 | 20 762. 4 | 6. 55 | Ⅰ型 |
| 57 | *SlMADS24* | Solyc04g025970. 1. 1 | 117 | 13 333. 4 | 10. 16 | Ⅰ型 |
| 58 | *SlMADS25* | Solyc01g010300. 1. 1 | 88 | 10 052. 7 | 10. 79 | Ⅰ型 |
| 59 | *SlMADS26* | Solyc02g032000. 1. 1 | 97 | 10 944. 7 | 10. 32 | Ⅰ型 |
| 60 | *SlMADS27* | Solyc03g119680. 1. 1 | 177 | 20 293. 2 | 7. 26 | Ⅰ型 |
| 61 | *SlMADS28* | Solyc09g061950. 1. 1 | 173 | 20 138. 1 | 9. 33 | Ⅰ型 |
| 62 | *SlMADS29* | Solyc01g106710. 1. 1 | 221 | 25 105. 7 | 10. 23 | Ⅰ型 |
| 63 | *SlMADS30* | Solyc04g025030. 1. 1 | 135 | 15 411 | 10. 37 | Ⅰ型 |
| 64 | *SlMADS31* | Solyc04g025110. 1. 1 | 130 | 14 313. 7 | 10. 26 | Ⅰ型 |
| 65 | *SlMADS32* | Solyc01g106720. 1. 1 | 211 | 23 531. 2 | 10. 35 | Ⅰ型 |
| 66 | *SlMADS33* | Solyc01g106730. 1. 1 | 221 | 23 888. 6 | 10. 14 | Ⅰ型 |
| 67 | *SlMADS34* | Solyc04g047870. 1. 1 | 190 | 21 695. 2 | 10. 70 | Ⅰ型 |

（续表）

| 序号 | 基因名称 | 基因标识 | 蛋白质 | | | 类别 |
|---|---|---|---|---|---|---|
| | | | 长度（aa） | 分子量（Da） | 等电点 | |
| 68 | *SlMADS35* | Solyc10g012180. 1. 1 | 167 | 18 824. 5 | 5. 38 | Ⅰ型 |
| 69 | *SlMADS36* | Solyc10g012200. 1. 1 | 167 | 19 113. 1 | 8. 98 | Ⅰ型 |
| 70 | *SlMADS37* | Solyc11g067163. 1. 1 | 166 | 18 919. 9 | 7. 67 | Ⅰ型 |
| 71 | *SlMADS38* | Solyc01g066730. 2. 1 | 300 | 33 023. 4 | 5. 04 | Ⅰ型 |
| 72 | *SlMADS39* | Solyc01g098070. 1. 1 | 155 | 17 200. 8 | 10. 09 | Ⅰ型 |
| 73 | *SlMADS40* | Solyc01g098060. 1. 1 | 152 | 17 191. 5 | 9. 84 | Ⅰ型 |
| 74 | *SlMADS41* | Solyc03g062820. 1. 1 | 145 | 16 350. 8 | 9. 23 | Ⅰ型 |
| 75 | *SlMADS42* | Solyc01g098050. 1. 1 | 160 | 18 178 | 10. 45 | Ⅰ型 |
| 76 | *SlMADS43* | Solyc05g013370. 1. 1 | 232 | 26 476. 7 | 5. 46 | Ⅰ型 |
| 77 | *SlMADS44* | Solyc05g046345. 1. 1 | 250 | 28 489. 8 | 5. 47 | Ⅰ型 |
| 78 | *SlMADS45* | Solyc04g025050. 1. 1 | 56 | 6 259. 52 | 11. 07 | Ⅰ型 |
| 79 | *SlMADS46* | Solyc07g017343. 1. 1 | 226 | 26 532. 7 | 5. 2 | Ⅰ型 |
| 80 | *SlMADS47* | Solyc00g179240. 1. 1 | 55 | 6 310. 11 | 11. 16 | Ⅰ型 |
| 81 | *SlMADS48* | Solyc07g052707. 1. 1 | 195 | 21 878. 8 | 4. 86 | Ⅰ型 |
| 82 | *SlMADS49* | Solyc07g052700. 2. 1 | 190 | 21 334. 2 | 7. 41 | Ⅰ型 |
| 83 | *SlMADS50* | Solyc11g069770. 2. 1 | 175 | 20 171. 9 | 5. 45 | Ⅰ型 |
| 84 | *SlMADS51* | Solyc01g106700. 2. 1 | 213 | 24 279. 5 | 7. 35 | Ⅰ型 |
| 85 | *SlMADS52* | Solyc03g115910. 1. 1 | 417 | 47 275. 1 | 5. 82 | Ⅰ型 |
| 86 | *SlMADS53* | Solyc10g012380. 1. 1 | 149 | 17 086. 7 | 5. 29 | Ⅰ型 |
| 87 | *SlMADS54* | Solyc10g012390. 1. 1 | 149 | 17 086. 7 | 5. 29 | Ⅰ型 |
| 88 | *SlMADS55* | Solyc11g069770. 1. 1 | 181 | 20 857. 8 | 5. 20 | Ⅰ型 |
| 89 | *SlMADS56* | Solyc12g042967. 1. 1 | 225 | 25 552. 3 | 9. 05 | Ⅰ型 |
| 90 | *SlMADS57* | Solyc11g020620. 1. 1 | 342 | 38 747. 9 | 5. 42 | Ⅰ型 |
| 91 | *SlMADS58* | Solyc11g020660. 1. 1 | 312 | 35 558. 7 | 4. 61 | Ⅰ型 |
| 92 | *SlMADS59* | Solyc11g020320. 1. 1 | 275 | 31 757. 7 | 6. 68 | Ⅰ型 |
| 93 | *SlMADS60* | Solyc01g103550. 1. 1 | 311 | 35 839. 7 | 7. 87 | Ⅰ型 |
| 94 | *SlMADS61* | Solyc01g060310. 2. 1 | 136 | 15 230. 6 | 6. 16 | Ⅰ型 |
| 95 | *SlMADS62* | Solyc12g016170. 1. 1 | 219 | 25 087. 7 | 6. 57 | Ⅰ型 |
| 96 | *SlMADS63* | Solyc12g016180. 1. 1 | 219 | 25 207. 8 | 6. 57 | Ⅰ型 |
| 97 | *SlMADS64* | Solyc12g016150. 1. 1 | 154 | 17 645. 1 | 5. 38 | Ⅰ型 |
| 98 | *SlMADS65* | Solyc12g017300. 1. 1 | 154 | 17 740. 1 | 5. 11 | Ⅰ型 |
| 99 | *SlMADS66* | Solyc12g005210. 1. 1 | 88 | 9 985. 65 | 10. 41 | Ⅰ型 |

（续表）

| 序号 | 基因名称 | 基因标识 | 蛋白质 | | | 类别 |
|---|---|---|---|---|---|---|
| | | | 长度（aa） | 分子量（Da） | 等电点 | |
| 100 | *SlMADS67* | Solyc01g102260. 2. 1 | 249 | 27 882. 8 | 9. 66 | Ⅰ型 |
| 101 | *SlMADS68* | Solyc05g047712. 1. 1 | 156 | 18 199. 1 | 8. 89 | Ⅰ型 |
| 102 | *SlMADS69* | Solyc07g043080. 1. 1 | 215 | 24 384. 8 | 6. 86 | Ⅰ型 |
| 103 | *SlMADS70* | Solyc06g034317. 1. 1 | 153 | 16 949. 3 | 4. 41 | Ⅰ型 |
| 104 | *SlMADS71* | Solyc06g048380. 1. 1 | 176 | 20 038. 6 | 4. 90 | Ⅰ型 |
| 105 | *SlMADS72* | Solyc06g048380. 2. 1 | 132 | 15 027 | 4. 82 | Ⅰ型 |
| 106 | *SlMADS73* | Solyc06g033820. 1. 1 | 196 | 22 657. 4 | 7. 25 | Ⅰ型 |
| 107 | *SlMADS74* | Solyc06g033830. 1. 1 | 113 | 13 058. 8 | 8. 44 | Ⅰ型 |
| 108 | *SlMADS75* | Solyc07g052700. 3. 1 | 197 | 22 133. 2 | 8. 44 | Ⅰ型 |
| 109 | *SlMADS76* | Solyc03g115910. 2. 1 | 434 | 49 552. 6 | 5. 6 | Ⅰ型 |
| 110 | *SlMADS77* | Solyc12g087820. 1. 1 | 106 | 11 969. 2 | 11. 03 | Ⅰ型 |
| 111 | *SlMADS78* | Solyc05g051830. 2. 1 | 389 | 44 560 | 5. 91 | Ⅰ型 |
| 112 | *SlMADS79* | Solyc10g017640. 1. 1 | 61 | 7 032. 22 | 11. 24 | Ⅰ型 |
| 113 | *SlMADS80* | Solyc04g076680. 2. 1 | 63 | 70 492. 3 | 11. 03 | Ⅰ型 |
| 114 | *SlMADS81* | Solyc12g088080. 1. 1 | 97 | 11 295. 2 | 10. 59 | Ⅰ型 |
| 115 | *SlMADS82* | Solyc01g105800. 2. 1 | 279 | 32 104. 7 | 9. 11 | Ⅱ型 |
| 116 | *SlMADS83* | Solyc01g106170. 2. 1 | 148 | 17 032. 2 | 10. 98 | Ⅱ型 |
| 117 | *SlMADS84* | Solyc10g080030. 1. 1 | 229 | 25 791. 3 | 6. 37 | Ⅱ型 |
| 118 | *SlMADS85* | Solyc01g105810. 3. 1 | 215 | 24 518. 2 | 9. 22 | Ⅱ型 |
| 119 | *SlMADS86* | Solyc04g078300. 3. 1 | 145 | 16 547. 2 | 9. 9 | Ⅱ型 |
| 120 | *SlMADS87* | Solyc04g078300. 2. 1 | 334 | 38 130. 7 | 5. 96 | Ⅱ型 |
| 121 | *SlMADS88* | Solyc03g006830. 3. 1 | 209 | 24 310. 2 | 9. 43 | Ⅱ型 |
| 122 | *SlMADS89* | Solyc10g044967. 1. 1 | 226 | 26 172 | 6. 14 | Ⅱ型 |
| 123 | *SlMADS90* | Solyc11g032100. 2. 1 | 201 | 23 104. 8 | 6. 45 | Ⅱ型 |
| 124 | *SlMADS91* | Solyc05g015720. 2. 1 | 204 | 23 433. 5 | 5. 36 | Ⅱ型 |
| 125 | *SlMADS92* | Solyc01g093960. 3. 1 | 242 | 27 359. 1 | 8. 19 | Ⅱ型 |
| 126 | *SlMADS93* | Solyc02g091550. 2. 1 | 249 | 28 342. 2 | 9. 07 | Ⅱ型 |
| 127 | *SlMADS94* | Solyc02g091550. 1. 1 | 235 | 27 198. 1 | 9. 65 | Ⅱ型 |
| 128 | *SlMADS95* | Solyc04g076700. 3. 1 | 226 | 25 933. 3 | 8. 59 | Ⅱ型 |
| 129 | *SlMADS96* | Solyc03g019720. 3. 1 | 193 | 22 631. 1 | 9. 88 | Ⅱ型 |
| 130 | *SlMADS97* | Solyc12g088090. 2. 1 | 239 | 27 695. 8 | 9. 84 | Ⅱ型 |
| 131 | *SlMADS98* | Solyc04g005320. 2. 1 | 238 | 27 522. 1 | 8. 60 | Ⅱ型 |

## 4.2.3 番茄 MADS-box 蛋白的分类和进化分析

进一步对查找的 131 个番茄 MADS-box 蛋白进化关系分析，结果表明这些番茄 MADS-box 蛋白被划分为Ⅰ型和Ⅱ型两类，其中，Ⅰ型 MADS-box 蛋白包含 81 个，Ⅱ型 MADS-box 蛋白包含 50 个（表 4-4），它们的 MADS 结构域具有高度的保守性。基于它们的进化关系，Ⅰ型 MADS-box 基因被进一步分为 Mα、Mβ 和 Mγ 3 个亚家族（图 4-1A），Ⅱ型 MADS-box 蛋白被进一

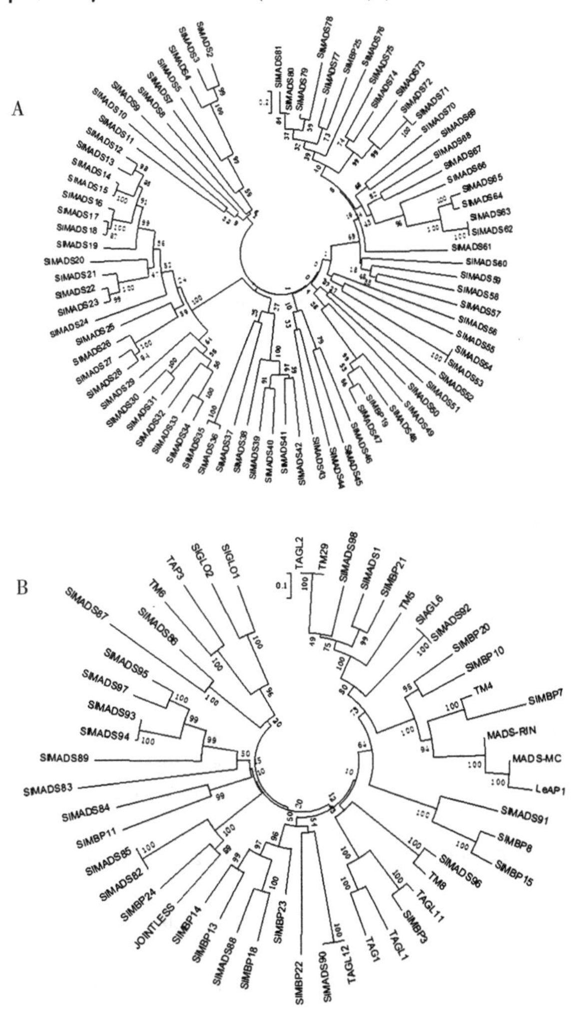


**图 4-1 Ⅰ型（A）和Ⅱ型（B）MADS-box 蛋白进化关系分析**

进化树由 MEGA 5.02 软件采用邻接法构建。

步分为 $MIKC^{C}$ 型和 $MIKC^{*}$ 型蛋白，$MIKC^{C}$ 型蛋白包含 AP3/PI、SVP、AGL15、SEPALLATA（SEP）、AGL6、AP1、FLOWERING LOCUS C（FLC）、SOC1、AGAMOUS（AG）、TM8、DEFICIENS（DEF）/GLOBOSA（GLO）等亚家族（图 4-1B），这与其他植物的 MADS-box 基因类似。

## 4.2.4 番茄 MIKC 型 MADS-box 基因表达谱分析

表达谱数据来自番茄基因芯片平台 Genevestigator（https://www.genevestigator.com/gv）。以番茄 MIKC 型 MADS-box 基因的核苷酸序列作为查询序列针对 Affymetrix Gene Chip（http://www.affymetrix.com）进行基因探针序列搜索，选择最同源的探针（表 4-5）在 Genevestigator 的 Affymetrix 番茄基因组微阵列平台执行搜索程序。结果表明这些基因在番茄生殖器官中的表达水平相对较高（比如花和果实）（图 4-2），由此推测该类型 MADS-box 基因可能在番茄的生殖生长阶段发挥重要功能。

表 4-5 番茄 MIKC 型 MADS-box 基因的同源探针

| 基因名称 | 探针 |
| --- | --- |
| *SlMBP11* | Les.2212.1.A1_at |
| *SlMBP23/TDR3* | Les.49.1.S1_at |
| *SlAGL6/SlMBP6* | LesAffx.65895.1.S1_at |
| *TAG1* | Les.3620.1.S1_at |
| *TM6/TDR6* | Les.47.1.S1_at |
| *TM29/MADS6/LeSEP1* | Les.4411.1.S1_s_at |
| *SlMBP20* | Les.5024.1.S1_at |
| *SlMBP18/SlFYFL* | Les.5147.1.S1_at |
| *TM8/TDR8* | Les.46.1.S1_at |
| *SlMBP7/LeFUL2* | Les.4339.1.S1_at |
| *SlMADS1* | Les.1182.1.S1_at |
| *TAP3/LeAP3/LeDEF* | Les.3758.1.S1_at |
| *MADS-RIN* | Les.4450.1.S1_at |
| *TAGL2* | Les.48.1.S1_at |
| *MADS-MC* | Les.4362.1.A1_at |
| *SlGLO2/SlMBP2/LePI/TPI* | Les.2902.1.S1_at |
| *TM4/TDR4/LeFUL1* | Les.4461.1.S1_s_at |
| *TAGL1* | Les.3780.1.S1_at |
| *JOINTLESS* | LesAffx.71484.1.S1_at |
| *TAGL11* | Les.3820.1.S1_at |
| *TAGL12* | Les.3833.1.S1_at |

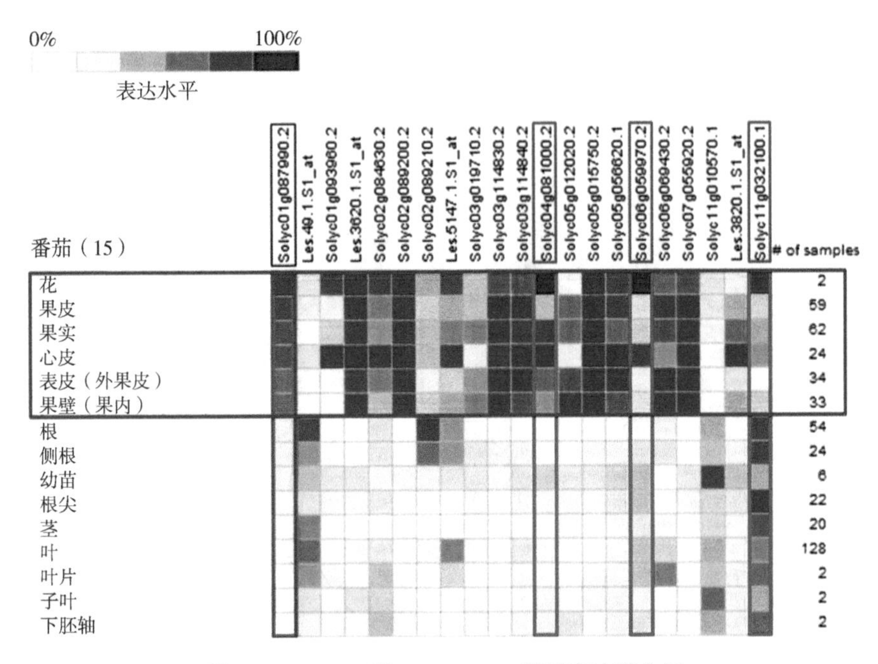


**图 4-2　MIKC 型 MADS-box 基因表达谱分析**

表达谱数据来自番茄基因芯片平台 Genevestigator（https://www.genevestigator.com/gv）。

## 4.2.5　番茄花器官特征基因的筛选与表达模式分析

通过与已报道的矮牵牛花器官特征基因的亲缘关系分析（图 4-3），在番茄中筛选出 15 个可能的番茄花器官特征基因（表 4-6）。其中，A 类基因 2 个（*MC*、*SlMBP20*），B 类基因 4 个（*AP3*、*TM6*、*TPI* 和 *SlGLO1*），C 类基因 2 个（*TAG1*、*TAGL1*），D 类基因 2 个（*SlMBP3*、*SlMBP22*），E 类基因 5 个（*TAGL2*、*TM5*、*SlMADS1*、*SlMBP21* 和 *SlAGL6*）。这些基因与矮牵牛花器官特征基因具有较高的同源性。

**表 4-6　番茄花器官特征基因的分类及其矮牵牛中同源基因**

| 基因类别 | 基因名称 | 同源基因 |
| --- | --- | --- |
| A 类 | *MC*、*SlMBP20* | *PFG*、*FBP26*、*FBP29* |
| B 类 | *TAP3*、*TM6*、*TPI*、*SlGLO1* | *TM6*、*PMADS1/GP*、*PMADS2*、*FBP1* |
| C 类 | *TAG1*、*TAGL1* | *PMADS3*、*FBP6*、*FBP24* |
| D 类 | *SlMBP3*、*SlMBP22* | *FBP11*、*FBP7* |
| E 类 | *TAGL2*、*TM5*、*SlMADS1*、*SlMBP21*、*SlAGL6* | *FBP2*、*FBP4*、*FBP5*、*FBP9*、*FBP23*、*PMADS4*、*PMADS12* |

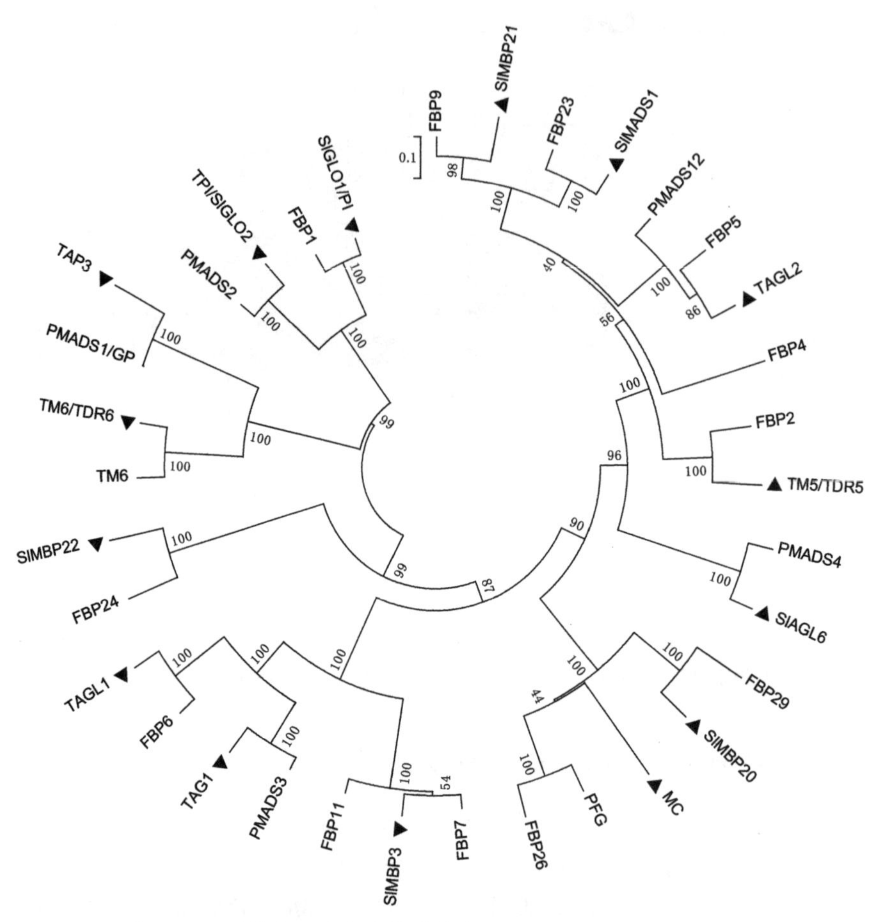


**图 4-3　番茄和矮牵牛中的花器官特征基因的亲缘关系分析**

黑色三角符号表示番茄中的花器官特征基因。其他蛋白登录号如下：PFG（AF176782）、FBP26（AF176783）、FBP29（AF335245）、TM6（AF230704）、PMADS1/GP（DQ539416）、PMADS2（X69947）、FBP1（M91190）、PMADS3（X72912）、FBP6（X68675）、FBP24（AF335242）、FBP11（X81852）、FBP7（X81651）、FBP2（M91666）、FBP4（AF335234）、FBP5（AF335235）、FBP9（AF335236）、FBP23（AF335241）、PMADS4（AB031035）、PMADS12（AY370527）。

基因的特异性表达表明这些基因可能在该组织器官的发育过程中发挥重要作用。为了研究番茄花器官特征基因在野生型番茄 AC$^{++}$ 中的特异性表达特征，本研究利用定量 RT-PCR 技术分析了它们在番茄四轮花器官中的表达情况。如图 4-4 所示，A 类基因 *MC* 和 *SlMBP20* 在萼片中高量表达，B 类

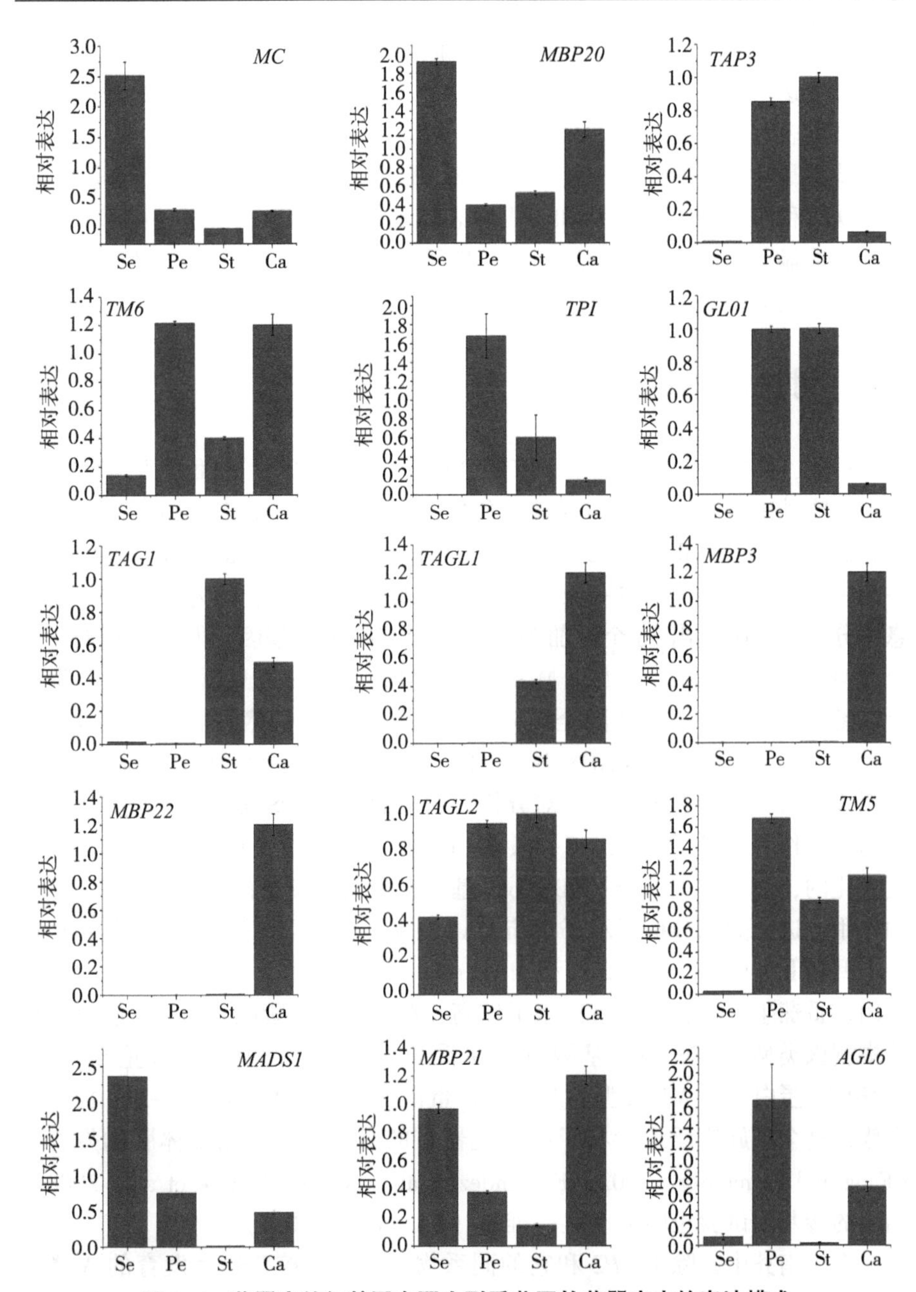


**图 4-4 花器官特征基因在野生型番茄四轮花器官中的表达模式**

Se，萼片；Pe，花瓣；St，雄蕊；Ca，心皮。每个数值代表 3 次试验平均值±SE。

基因 *TAP3*、*TPI* 和 *SlGLO1* 均在花瓣和雄蕊中高量表达，而 *TM6* 则在花瓣和心皮中表达量较高。C 类基因 *TAG1* 和 *TAGL1* 在第三轮和第四轮的雄蕊和心皮中高量表达。D 类基因 *SlMBP3* 和 *SlMBP22* 在第四轮心皮中特异表达。5 个 E 类基因中，*TAGL2* 和 *TM5* 在花瓣、雄蕊和心皮中表达显著高于萼片，*SlMADS1* 和 *SlMBP21* 在萼片和心皮中表达量较高，而 *SlAGL6* 在花瓣和心皮中的表达显著高于萼片和雄蕊。这些特异性表达的花器官特征基因各自发挥的不同功能值得进一步研究。

## 4.3 讨论与结论

目前，MADS-box 转录因子家族已在拟南芥、水稻、二穗短柄草和萝卜等植物物种中进行了系统的查找和分析（Par˘enicová et al.，2003；Arora et al.，2007；Wei et al.，2012；Li et al.，2016）。虽然 Hileman 等（2006）对番茄中的 $MIKC^{C}$ 型 MADS-box 转录因子家族成员进行了较为全面的生物信息学分析，并筛选出 36 个番茄 $MIKC^{C}$ 型 MADS-box 基因。但是，相对于整个 MADS-box 转录因子家族，$MIKC^{C}$ 型 MADS-box 成员只属于其中一部分，所以番茄中 MADS-box 基因全面系统的查找和确定仍然是需要的。本研究中，确定了 131 个番茄 MADS-box 蛋白，并对未知功能的 MADS-box 蛋白进行正式命名。蛋白多重序列比对分析表明它们的 MADS-box 结构域是高度保守的，而作为介导不同 MADS-box 蛋白发挥不同功能的 C-末端结构域是高度变化的，表明这 131 个 MADS-box 基因在番茄生长发育过程中发挥着不同的作用。进化关系分析揭示了番茄 MADS-box 转录因子家族成员同样可以分为Ⅰ型和Ⅱ型两类。对 MIKC 型 MADS-box 基因表达谱分析结果表明，这些基因在番茄生殖器官中的表达水平较高，在营养生长阶段表达水平较低，由此推测该类型 MADS-box 基因可能在番茄的生殖生长阶段发挥重要功能。SlMBP11 蛋白属于 MIKC 型 MADS-box 蛋白 AGL15（AGAMOUS-like 15）亚家族，这个家族广泛地参与了植物花器官的衰老、果实以及体胚的发育等（Fang and Fernandez，2002；Fernandez et al.，2000；Thakare et al.，2008）。随后的转基因试验也验证了这一推测（Guo et al.，2017）。

在拟南芥中，除了 *AP2* 和它的同系物，参与调控花器官发育的 A 类基因 *AP1* 和 *AP2*，B 类基因 *AP3* 和 *PI*，C 类基因 *AG*，D 类基因 *AGL11*，E 类基因 *SEP1*、*SEP2*、*SEP3* 和 *SEP4*（Pelaz et al.，2001）都是 MADS-box 基因（Theissen et al.，2000）。矮牵牛中调控花器官发育 A 类基因有 *PFG*、*FBP26*

和 *FBP29*，B 类基因有 *TM6*、*PMADS1/GP*、*PMADS2* 和 *FBP1*，C 类基因有 *PMADS3*、FBP6 和 *FBP24*，D 类基因有 *FBP11* 和 *FBP7*，E 类基因有 *FBP2*、*FBP4*、*FBP5*、*FBP9*、*FBP23*、*PMADS4* 和 *PMADS12*（Angenent et al.，1993；Angenent et al.，1995）。通过与模式植物拟南芥和矮牵牛花器官特征基因的亲缘关系分析和序列比对，本研究筛选出 15 个可能的番茄花器官特征基因。其中，A 类基因包括 *MC*、*SlMBP20*，B 类基因包括 *AP3*、*TM6*、*TPI* 和 *SlGLO1*，C 类基因包括 *TAG1*、*TAGL1*，D 类基因包括 *SlMBP3*、*SlMBP22*，E 类基因包括 *TAGL2*、*TM5*、*SlMADS1*、*SlMBP21* 和 *SlAGL6*。进一步研究了这些花器官特征基因在野生型番茄 $AC^{++}$ 四轮花器官中的表达水平，结果表明这些基因具有明显的组织特异性表达特征。其中，A 类基因 *MC* 和 *SlMBP20* 在萼片中高量表达，C 类基因 *TAG1* 和 *TAGL1* 在雄蕊和心皮中高量表达，尤其是 D 类基因 *SlMBP3* 和 *SlMBP22* 在心皮中特异高表达。此外，也发现 B 类基因 *SlGLO1* 在花瓣和雄蕊中特异高量表达，这表明 *SlGLO1* 基因可能参与了番茄花器官的发育。

## 4.4 小结

MADS-box 蛋白家族是一类广泛存在于真核生物中的庞大转录因子家族。在植物中，主要参与调控花器官的形成、开花时间、果实成熟等生殖生长过程。尽管在高等植物中已发现大量的 MADS-box 蛋白，例如，在拟南芥中发现 107 个、水稻中发现 75 个、二穗短柄草中发现 57 个、芜菁中发现 167 个、萝卜中发现 144 个，但是对于番茄全基因组 MADS-box 基因系统地查找和分析至今未见报道。最近，番茄全基因组测序的完成为研究番茄特定基因的功能提供了基础和便利。本研究在茄科数据库 Sol Genomics Network（SGN）中共查找到 131 个番茄 MADS-box 基因，其中Ⅰ型 81 个，Ⅱ型 50 个，分析了其分子特征，并对未知功能的番茄 MADS-box 基因进行了系统的命名。对番茄 MADS-box 蛋白家族全基因组查找、分析和命名为继续探索研究番茄中 MADS-box 基因的功能提供了便利和有价值的信息。$MIKC^C$ 类 MADS-box 基因表达谱分析表明这些基因在番茄生殖器官中表达量相对较高，说明它们可能在番茄生殖生长阶段扮演着重要角色。此外，本研究筛选出 15 个番茄花器官特征基因，其中，有 2 个 A 类基因，4 个 B 类基因，2 个 C 类基因，2 个 D 类基因，5 个 E 类基因。在番茄四轮花器官中的表达模式分析表明，这些花器官特征基因具有明显的组织特异性表达特征，说明这些花器官特征基因在调控番茄花器官发育上的不同功能。根据 MIKC$^{C}$ 型 MADS-box 基因数据表达谱和组织表达模式，本研究筛选出了 2 个 MADS-box 基因 *SlGLO1* 和 *SlMBP11*，其在生殖器官花和果实中高量表达，表明它们可能参与了番茄的生殖生长过程。本研究将通过目的基因沉默或超表达的转基因技术分析这 2 个 MADS-box 蛋白的功能。

## 参考文献

ANGENENT G C，FRANKEN J，BUSSCHER M，et al.，1993. Petal and stamen formation in petunia is regulated by the homeotic gene fbp1［J］. The Plant Journal，4：101.

ANGENENT G C，FRANKEN J，BUSSCHER M，et al.，1995. A novel class of MADS box genes is involved in ovule development in petunia［J］. The Plant Cell，7：1569-1582.

ARORA R，AGARWAL P，RAY S，et al.，2007. MADS-box gene family in rice：genome-wide identification，organization and expression profiling during reproductive development and stress［J］. BMC Genomics，8：242.

EXPÓSITO-RODRÍGUEZ M，BORGES A A，BORGES-PEREZ A，et al.，2008. Selection of internal control genes for quantitative real-time RT-PCR studies during tomato development process［J］. BMC Plant Biology，8：107-115.

FANG S C，FERNANDEZ D E，2002. Effect of regulated overexpression of the MADS domain factor AGL15 on flower senescence and fruit maturation［J］. Plant Physiology，130：78-89.

FERNANDEZ D E，HECK G R，PERRY S E，et al.，2000. The embryo MADS domain factor AGL15 acts postembryonically：Inhibition of perianth senescence and abscission via constitutive expression［J］. The Plant Cell，12：183-197.

GUO X H，CHEN G P，NAEEM M，et al.，2017. The mads-box gene，*SlMBP11*，regulates plant architecture and affects reproductive development in tomato plants［J］. Plant Science，258：90-101.

HILEMAN L C，SUNDSTROM J F，LITT A，et al.，2006. Molecular and

phylogenetic analyses of the MADS-box gene family in tomato [J]. Molecular Biology and Evolution, 23: 2245-2258.

LI C, WANG Y, XU L, et al., 2016. Genome-wide characterization of the MADS-Box gene family in Radish (*Raphanus sativus* L.) and assessment of its roles in flowering and floral organogenesis [J]. Frontiers in Plant Science, 7: 564-574.

LIVAK K J, SCHMITTGEN T D, 2001. Analysis of relative gene expression data using real-time quantitative PCR and the $2^{-\Delta\Delta C}T$ method [J]. Methods, 25: 402-408.

PAŘENICOVÁ L, DE FOLTER S, KIEFFER M, et al., 2003. Molecular and phylogenetic analyses of the complete MADS-box transcription factor family in Arabidopsis new openings to the MADS world [J]. The Plant Cell, 15: 1538-1551.

PELAZ S, TAPIA - LÓPEZ R, ALVAREZ - BUYLLA E R, et al., 2001. Conversion of leaves into petals in Arabidopsis [J]. Current Biology, 11: 182-184.

THAKARE D, TANG W, HILL K, et al., 2008. The MADS-domain transcriptional regulator AGAMOUS-LIKE15 promotes somatic embryo development in *Arabidopsis* and soybean [J]. Plant Physiology, 146: 1663-1672.

THEISSEN G, BECKER A, DI ROSA A, et al., 2000. A short history of MADS-box genes in plants [J]. Plant Molecular Biology, 42: 115-149.

WEI B, ZHANG R Z, GUO J J, et al., 2012. Genome-wide analysis of the MADS-box gene family in *Brachypodium distachyon* [J]. PloS ONE, 55: 245.

# 5　番茄 *SlGLO1* 基因的功能研究

## 5.1　材料与方法

### 5.1.1　试验材料

野生型番茄（*Solanum lycopersicon* L. cv Ailsa Craig），由作者实验室保存。

菌株：大肠杆菌 DH5α、大肠杆菌 Helper（HB101/pRK2013）、农杆菌 LBA4404，由作者实验室保存。

质粒：质粒 pHANNIBAL、双元载体 pBIN19 以及质粒 pBI21，由作者实验室保存，质粒结构如图 5-1 所示。

### 5.1.2　基因组 DNA 的提取

采用改进的 CTAB 法提取番茄基因组 DNA，具体步骤如下：

①收取番茄叶片或其他组织，在液氮中研磨；

②将研磨好的样品转移至 2 mL 离心管中，向离心管中加入 1 mL，经过 65 ℃水浴预热的 CTAB 溶液以及 20 μL β-巯基乙醇，颠倒混匀；

③65 ℃水浴 15 min，每 5 min 轻轻混匀 1 次；

④向离心管中加入 714 μL 24 : 1（V/V）的氯仿、异戊醇混合物，轻轻混匀；

⑤6 000 r/min，4 ℃离心 5 min，转移上清液至新的 2 mL 离心管；

⑥向离心管中加入与上清液同体积的异丙醇，轻轻颠倒混匀，冰浴 5 min；

⑦6 000 r/min，4 ℃离心 10 min，弃上清；

⑧用 75%的乙醇清洗 2 次，干燥，加入 100 μL 1×TE 和 1 μL 10 mg/mL Rnase A，溶解沉淀；

⑨1.0%的琼脂糖凝胶电泳检测，无误后-20 ℃保存备用。

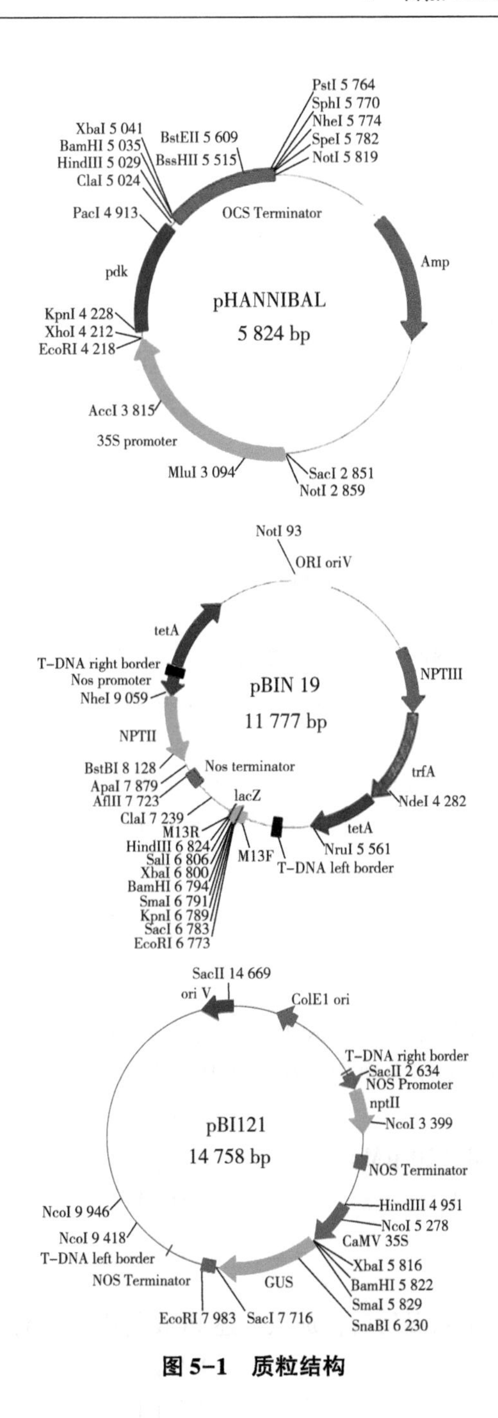
PstI 5 764
SphI 5 770
NheI 5 774
SpeI 5 782
NotI 5 819
XbaI 5 041
BamHI 5 035
HindIII 5 029
ClaI 5 024
BstEII 5 609
BssHII 5 515
PacI 4 913
OCS Terminator
Amp
pdk
pHANNIBAL
5 824 bp
KpnI 4 228
XhoI 4 212
EcoRI 4 218
AccI 3 815
35S promoter
MluI 3 094
SacI 2 851
NotI 2 859
NotI 93
ORI oriV
tetA
T-DNA right border
Nos promoter
NheI 9 059
pBIN 19
11 777 bp
NPTIII
NPTII
BstBI 8 128
Nos terminator
ApaI 7 879
AflII 7 723
lacZ
trfA
NdeI 4 282
ClaI 7 239
M13R
HindIII 6 824
SalI 6 806
XbaI 6 800
BamHI 6 794
SmaI 6 791
KpnI 6 789
SacI 6 783
EcoRI 6 773
M13F
T-DNA left border
tetA
NruI 5 561
SacII 14 669
ori V
ColE1 ori
T-DNA right border
SacII 2 634
NOS Promoter
nptII
NcoI 3 399
pBI121
14 758 bp
NOS Terminator
HindIII 4 951
NcoI 5 278
CaMV 35S
NcoI 9 946
NcoI 9 418
T-DNA left border
NOS Terminator
GUS
XbaI 5 816
BamHI 5 822
SmaI 5 829
SnaBI 6 230
EcoRI 7 983
SacI 7 716

**图 5-1　质粒结构**

### 5.1.3 总 RNA 的提取

番茄各组织器官总 RNA 的提取采用 TaKaRa 的 RNAiso plus 试剂盒。具体步骤如下：

①转移适量植物样品至液氮预冷的研钵中，不断加入液氮，直至将植物样品研磨成粉末状；

②取研磨好的样品（15~30 mg）移至 1.5 mL 离心管中，加入 1 mL RNAiso plus 溶液，剧烈振荡至充分透明状，室温静置 5 min；

③12 000 g，4 ℃离心 5 min，转移上清液至新的 Rnase-free 1.5 mL 离心管；

④加入 200 μL 氯仿，剧烈振荡 15 s，室温静置 5 min；

⑤12 000 g，4 ℃离心 15 min，此时，匀浆液分为 3 层，即无色的上清液、中间的白色蛋白层以及带有颜色的下层有机相。转移上清液 750 μL 至另一新的 1.5 mL 离心管；

⑥加入等体积异丙醇，轻轻颠倒混匀，15~30 ℃下静置 10 min；

⑦12 000 g，4 ℃离心 10 min，弃上清，缓慢沿离心管壁加入 1 mL 75%的乙醇清洗沉淀；

⑧12 000 g，4 ℃离心 5 min，弃乙醇，室温干燥；

⑨加入约 50 μL DEPC 处理水溶解沉淀，可用移液器轻轻吹打混匀；

⑩1.0%琼脂糖凝胶电泳，分光光度计测定 RNA 浓度，检测无误后 -80 ℃保存备用。

### 5.1.4 cDNA 的合成

采用 M-MLV 反转录酶（TaKaRa）进行 cDNA 的合成，具体步骤如下：

①取 1.0 μg RNA 作为模板，按以下体系加样：

| | |
|---|---|
| RNA | 1.0 μg |
| Oligo d（T）18（10 μM） | 2.0 μL |
| Rnase-free $ddH_2O$ | 9.0 μL |

②72 ℃，5 min；

③冰浴 5 min；

④将以下试剂配制混匀后，加入上述 PCR 管中，试剂配制如下：

| | |
|---|---|
| 5×M-MLV Buffer | 4.0 μL |
| 10 mM dNTPs | 2.0 μL |

Rnase-free $ddH_2O$ 2.0 μL
M-MLV（200 U/μL） 1.0 μL
⑤42 ℃，60 min；
⑥72 ℃ 10 min 灭活 M-MLV，-20 ℃保存备用。

## 5.1.5 *SlGLO1* 基因的生物信息学分析

利用DNAMAN 5.2.2 软件对SlGLO1 蛋白进行同源比对；使用MEGA 5.05 软件执行进化树分析；对目的基因编码蛋白的基本性质预测利用 ExPASy（http://www.expasy.org）、SMART、ScanProsite（http://prosite.expasy.org/scanprosite）在线软件；运用茄科基因组数据库 Sol Genomics Network（SGN）（https://solgenomics.net）、启动子分析网站 PLACE（http://www.Dna.Affrc.Go.jp/PLACE/signalscan.html）（Higo et al.，1999）和 plant CARE（http://bioinformatics.Psb.ugent.be/webtools/plantcare/html）进行启动子序列查找和顺式作用元件分析。

## 5.1.6 *SlGLO1* 基因的表达模式研究

### 5.1.6.1 材料的收集

收取番茄各组织新鲜材料，立即保存于液氮中。番茄各组织的取样方法及命名见表 5-1。

**表 5-1 番茄材料**

| 材料名称 | 英文全称 | 英文简写 | 备注 |
|---|---|---|---|
| 根 | Root | RT | 各时期混合样品 |
| 茎 | Stem | ST | 各时期混合样品 |
| 幼叶 | Young Leaf | YL | |
| 成熟叶 | Mature Leaf | ML | |
| 衰老叶 | Senescent Leaf | SL | |
| 花 | Flower | F | 整个花器官混合样 |
| 萼片 | Sepal | SE | 果实萼片混合样 |
| 破色期果实 | Breaker | B | |
| 破色期 4 d 后果实 | 4 Days after Breaker | B4 | |
| 破色期 7 d 后果实 | 7 Days after Breaker | B7 | |

（续表）

| 材料名称 | 英文全称 | 英文简写 | 备注 |
| --- | --- | --- | --- |
| 萼片 | Sepal | Se | 花期萼片混合样 |
| 花瓣 | Petal | Pe | 各时期混合样品 |
| 雄蕊 | Stamen | St | 各时期混合样品 |
| 雌蕊 | Pistil | Ca | 各时期混合样品 |

#### 5.1.6.2 *SlGLO1* 实时定量 PCR 引物设计和扩增条件摸索

（1）qRT-PCR 引物设计

因为 *SlCAC* 基因（SGN-U314153）在番茄各组织各时期都稳定表达（Expósito-Rodríguez et al.，2008），所以选用 *SlCAC* 作为实时定量 PCR 的内参基因，其引物序列如下：

SlCAC-Q-F：5′ CCTCCGTTGTGATGTAACTGG 3′

SlCAC-Q-R：5′ ATTGGTGGAAAGTAA CATCATCG 3′

根据内参基因的设计条件和 *SlGLO1* 基因序列，设计 *SlGLO1* 基因的荧光实时定量 PCR 的引物。其引物序列如下：

SlGLO1-Q-F：5′ GCTTACTGGAAGAAGATTGTGGG 3′

SlGLO1-Q-R：5′ CTCATTCTGTTTTTCACGGATACC 3′

（2）*SlGLO1* 及 *SlCAC* 定量引物最适温度的摸索

为了使定量实验数据更加准确，本研究利用温度梯度 PCR 对 *SlGLO1* 及 *SlCAC* 基因定量引物的最适扩增温度进行了检测。PCR 反应体系如下：

2×GoTaq® qPCR Master Mix　5.0 μL

引物混合物（10 μM）　0.5 μL

cDNA　1.0 μL

$ddH_2O$　3.5 μL

用于引物最适退火温度摸索的定量 PCR 程序（两步法）如下：

融解曲线如图 5-2 所示。

选取融解曲线单一并且尖锐的温度为最适温度。

（3）标准曲线的绘制

将混合 cDNA 稀释 1 倍、10 倍、100 倍、1 000 倍、10 000 倍，并以其为模板在最适扩增温度进行 PCR 扩增，绘制标准曲线，3 次重复。

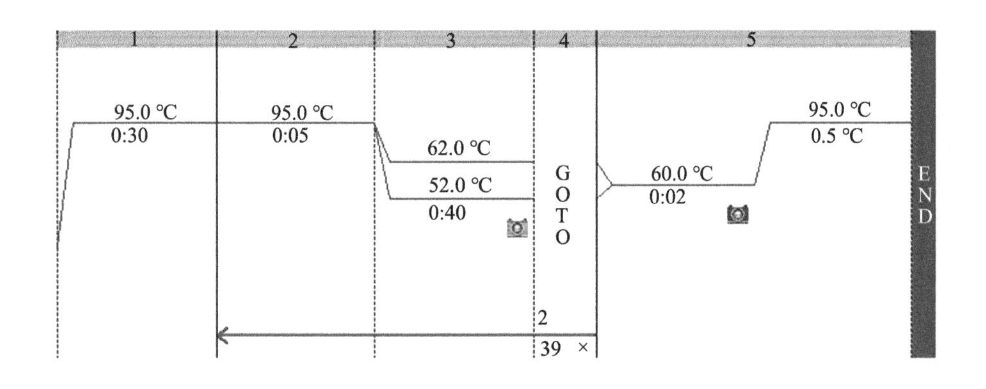


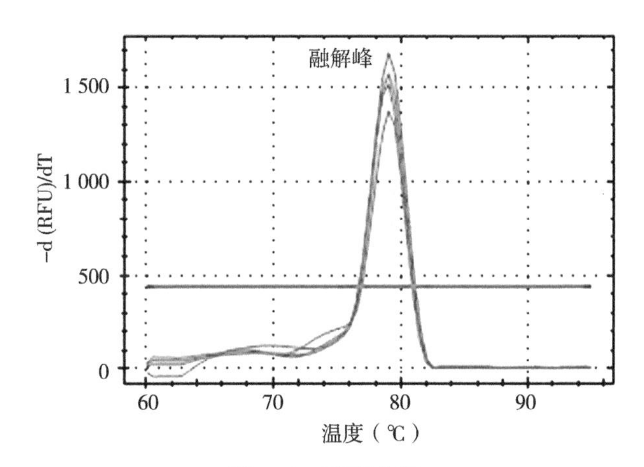


**图 5-2 融解曲线**

### 5.1.6.3 *SlGLO1* 基因的表达模式分析

利用实时定量 PCR 技术在最适温度对 *SlGLO1* 基因在番茄各组织器官中的表达水平进行分析。执行 3 次生物重复，并设立 NTC（no template control）对照和 NRT（no reverse transcription control）对照。利用 Bio-Rad CFX Manager（Ver. 1.6）软件，依照 $2^{-\Delta\Delta C}T$ 法进行数据处理。PCR 反应体系如下：

| | |
|---|---|
| 2×GoTaq® qPCR Master Mix | 5.0 μL |
| 引物的混合物（10 μM） | 0.5 μL |
| cDNA | 1.0 μL |
| $ddH_2O$ | 10.0 μL |

PCR 程序如下：

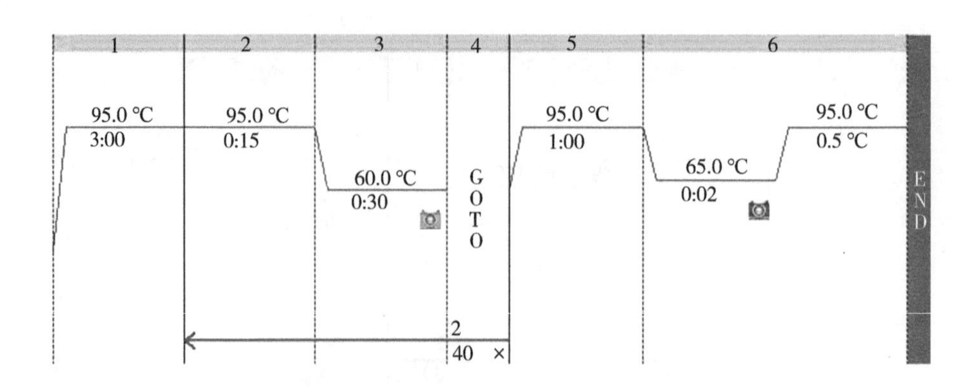


## 5.1.7 *SlGLO1* 沉默载体的构建

以 pHANNIBAL 质粒为原始载体构建 *SlGLO1* 的沉默载体，通过 PCR 扩增以及酶切重组，以 pBIN19 载体为骨架构建 CaMV 35S 启动子驱动下的包含 CaMV 35S 启动子-*SlGLO1* 反向片段-pdk 内含子-*SlGLO1* 正向片段-OCS 终止子等元件的双元载体。该载体可以在 CaMV 35S 启动子的驱动下形成 *SlGLO1* 发卡结构。具体结构如图 5-3 所示。

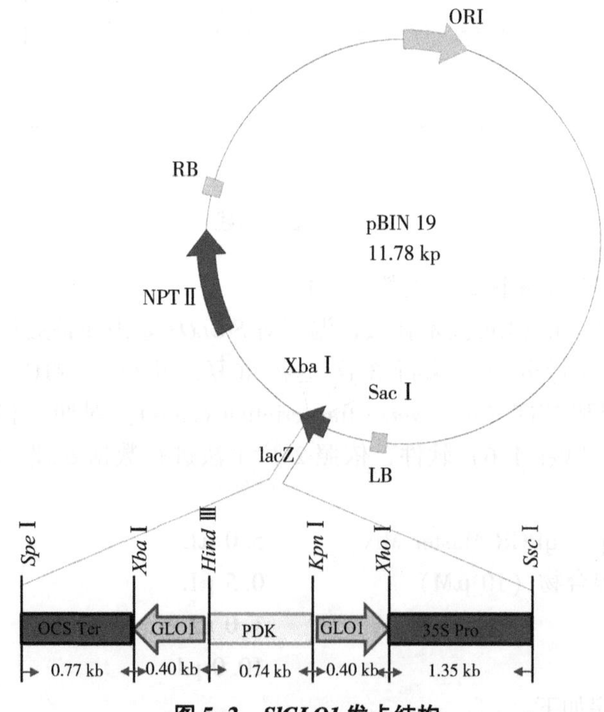


图 5-3 *SlGLO1* 发卡结构

#### 5.1.7.1　沉默片段的克隆

根据 NCBI 的 *SlGLO1* 基因序列（XM_004245154），利用 Primer Premier 5 软件，设计特异引物 SlGLO1i-F 和 SlGLO1i-R。提取番茄花器官的 RNA，并反转录成 cDNA。以合成的 cDNA 为模板，利用引物 SlGLO1i-F 和 SlGLO1i-R，扩增 *SlGLO1* 的沉默片段。其中引物 SlGLO1i-F 和 SlGLO1i-R 的 5′端分别引入了酶点 *Kpn* I and *Hind* Ⅲ和 *Xho* I and *Xba* Ⅰ（如下所示）：

SlGLO1i-F：5′*CGG*GGTACCAAGCTTAAATAGGGGAAGTGTTTGAGC　3′

SlGLO1i-R：5′*CCG*CTCGAGTCTAGAGAACCAAACCACATCACAAGA　3′

波浪线为 *Kpn* Ⅰ酶切位点；下划线为 *Hind* Ⅲ酶切位点；虚横线为 *Xho* Ⅰ酶切位点；双下划线为 *Xba* Ⅰ为酶切位点；斜体为保护碱基。PCR 反应体系如下：

| | |
|---|---|
| 10×Buffer | 2.5 μL |
| dNTPs | 0.5 μL |
| SlGLO1i-F | 1.0 μL |
| SlGLO1i-R | 1.0 μL |
| cDNA | 1.0 μL |
| r-Taq 酶 | 0.2 μL |
| $ddH_2O$ | 25.0 μL |

PCR 程序：94 ℃，预变性 5min→（94 ℃，变性 30 s→56 ℃，退火 30 s→72 ℃，延伸 40 s）$_{×34循环}$→72 ℃，延伸 10 min→4 ℃，保存。

PCR 产物检测：取 5 μL PCR 产物，用浓度为 1.0%的琼脂糖凝胶电泳检测，无误后，剩余 PCR 产物经纯化后用分光光度计测定其浓度，-20 ℃储存备用。

#### 5.1.7.2　*SlGLO1* 基因沉默片段 PCR 产物纯化

采用 Omega DNA 纯化试剂盒纯化目的条带的 PCR 产物，具体操作步骤如下：①将 PCR 产物转移至无菌 1.5 mL 离心管；②向离心管中加入 4~5 倍 PCR 产物体积的 Buffer CP，混合均匀；③将混合液转移至纯化柱中，12 000 r/min，室温离心 1min；④弃掉离心管中的液体，将纯化柱再次放入离心管中，向其中加入 700 μL wash buffer，12 000 r/min，室温离心 1min；⑤再次弃掉离心管中的液体，将纯化柱放入离心管中，向其中加入 500 μL wash buffer，12 000 r/min，室温离心 1 min；⑥弃掉离心管中的液体，将纯化柱再次放入离心管中，12 000 r/min，室温离心 2 min，将其中残留的 wash buffer 离心干净；⑦将离心柱放入新的 1.5 mL 离心管中，根据需要的浓度向其中加入 30~60 μL 双蒸水或 TE 缓冲液，12 000 r/min，室温离心 1 min，洗脱纯化后的 DNA，可-20 ℃保存备用。

**5.1.7.3　pMD19-T::*SlGLO1* 载体的获得**

（1）*SlGLO1* 基因 PCR 产物与 T 载体的连接

使用 DNA Ligation Kit Ver. 2.0 试剂盒（TaKaRa）对上述获得的纯化 *SlGLO1* 基因沉默片段的 PCR 产物及 pMD19-T 载体进行连接，体系如下：

| | |
|---|---|
| *SlGLO1* 沉默片段的 PCR 纯化产物 | 4.5 μL |
| pMD19-T | 0.5 μL |
| Solution I | 5.0 μL |

16 ℃连接过夜。

（2）连接产物转化大肠杆菌

大肠杆菌感受态的制备：将冻存的大肠杆菌 DH5α 于 LB 固体培养基上划线，37 ℃，倒置培养 16 h；挑取上述 LB 培养基上的单菌落于 10 mL 液体 LB 培养基中，37 ℃，250 r/min 振荡培养 16 h；取 1 mL 上述菌液，接种于 100 mL 液体 LB 培养基中，37 ℃，250 r/min 振荡培养至 $OD_{600}$ = 0.3~0.4；将上述菌液 4 ℃，4 000 r/min 离心 8 min，弃上清；用 10 mL 预冷的 0.1 M $CaCl_2$ 于冰水中将菌体轻轻重悬；充分重悬后，4 ℃，4 000 r/min 离心 8 min，弃上清；加入 2 mL 预冷的 0.1 M $CaCl_2$ 于冰水中将菌体轻轻重悬；加入甘油，甘油终浓度在 15%~20%；用 1.5 mL 离心管分装，每管 100 μL；液氮冷冻，-80 ℃保存备用。

转化：将上述连接产物加入 100 μL DH5α 感受态中，轻轻混匀，冰上静置 30 min；42 ℃热激 1 min 30 s；冰上静置 2 min；向感受态-连接物中加入 700 μL 液体 LB 培养基，37 ℃，150 r/min 振荡培养 40~60 min；常温，700 r/min 离心 3 min；留取 100 μL 液体，倒掉多余上清；将菌体轻轻混匀后，涂于含有 50 μg/mL Amp 的固体 LB 培养基上，37 ℃倒置培养至菌落长出。

菌落 PCR 验证：挑取上述培养皿上的菌落于 10 μL 无菌水中，取 1 μL 为模板做 PCR，剩余 9 μL，4 ℃保存备用。PCR 体系如下：

| | |
|---|---|
| 10×Buffer | 2.5 μL |
| dNTPs | 0.5 μL |
| M13-F | 1.0 μL |
| M13-R | 1.0 μL |
| 菌液 | 1.0 μL |

r-Taq 酶　　0.2 μL

$ddH_2O$　　25.0 μL

PCR 程序：94 ℃，预变性 5 min→（94 ℃，变性 30 s→56 ℃，退火 30 s→72 ℃，延伸 40 s）$_{\times35循环}$→72 ℃，延伸 10 min→4 ℃，保存。

PCR 产物检测：取上述 PCR 产物 5 μL 进行琼脂糖凝胶电泳检测，凝胶浓度为 1.0%。

（3）pMD19-T：：SlGLO1 质粒的提取和鉴定

将上述菌落 PCR 验证正确的剩余菌液接种于 30 mL 含有 50 μg/mL Amp 的液体 LB 培养基中，37 ℃，250 r/min 振荡培养 16 h。在提取质粒之前，收集两管菌液，加入终浓度为 15%～20%的甘油，液氮速冻，-80 ℃保存备用。质粒的提取采用碱裂解法，具体步骤如下：收集 3 mL 菌液于 1.5 mL 离心管中，4 ℃，13 000 r/min 离心 1 min；弃上清，加入 250 μL Buffer A，充分混匀；加入 250 μL Buffer B，颠倒混匀，室温静置 5 min；加入 350 μL Buffer C，轻柔混匀，冰上静置 10 min；4 ℃，13 000 r/min 离心 15 min，收集上清于一新的 1.5 mL 离心管中；加入与上清同体积的冰异丙醇，轻轻混匀，冰上放置 30 min；4 ℃，13 000 r/min 离心 15 min，弃上清；用 70%乙醇洗 2 次，充分晾干后加入 50 μL $ddH_2O$ 溶解；取 1 μL 电泳验证；电泳验证无误后，将对应的菌液送六合华大科技有限公司（北京）测序，将测序正确的质粒于-20 ℃保存备用。

#### 5.1.7.4 *SlGLO1* 正向片段的插入

（1）*SlGLO1* 沉默片段及 pHANNIBAL 的酶切

将上述获得的 *SlGLO1* 沉默片段及 pHANNIBAL 原始载体用限制性内切酶 *Hind* Ⅲ和 *Xba* Ⅰ酶切，酶切体系如下所示：

*SlGLO1* 沉默片段/pHANNIBAL　　2.0 μg μL

*Hind* Ⅲ（8 U/μL）　　1.0 μLL

*Xba* Ⅰ（8 U/μL）　　1.0 μL

10×M Buffer　　5.0 μL

$ddH_2O$　　50.0 μLL

37 ℃酶切 8 h，取 7 μL 酶切产物进行琼脂糖凝胶（浓度 1.5%）电泳检测，无误后，用 DNA 纯化试剂盒纯化剩余酶切产物，-20 ℃保存备用。

（2）酶切产物的连接

使用 DNA Ligation Kit Ver. 2.0 试剂盒（TaKaRa）对上述获得的纯化 *Sl-GLO1* 沉默片段及 pHANNIBAL 的酶切产物进行连接，体系如下：

| | |
|---|---|
| *SlGLO1* 沉默片段酶切产物 | 500 ng |
| pHANNIBAL 酶切产物 | 50 ng |
| Solution I | 5 μL |
| $ddH_2O$ | 10 μL |

16 ℃连接过夜。

(3) 连接产物转化大肠杆菌 DH5α

具体方法见 5. 1. 7. 3 (2)

(4) pHANNIBAL-SlGLO1 (1) 质粒的提取

具体方法见 5. 1. 7. 3 (3)。电泳验证无误后，将对应的菌液送六合华大科技有限公司（北京）测序，最后将测序正确的转化子命名为 pHANNIBAL-SlGLO1 (1)，保存于-20 ℃备用。

#### 5. 1. 7. 5 *SlGLO1* 反向片段的插入

用限制性内切酶 *Kpn* I 和 *Xho* I 对 pHANNIBAL-SlGLO1 (1) 质粒和上述获得的 *SlGLO1* 沉默片段进行酶切，酶切体系如 5. 1. 7. 4 (1) 所示。酶切验证无误后，将酶切产物按照 5. 1. 7. 4 (2) 所示进行连接。连接产物转化大肠杆菌 DH5α，转化过程及质粒提取见 5. 1. 7. 3。经菌落 PCR 及质粒酶切验证正确后，送六合华大科技有限公司（北京）测序。获得的阳性克隆命名为 pHANNIBAL-SlGLO1 (2)，质粒于-20 ℃保存，菌液于-80 ℃保存备用。

#### 5. 1. 7. 6 *SlGLO1*-RNAi 终载体的构建

利用 *Spe* I 和 *Xba* I 的同尾酶特性，对 pHANNIBAL-SlGLO1 (2) 质粒和 pBIN19 空载体进行酶切、连接，体系如 5. 1. 7. 4 所示。连接产物转化大肠杆菌 DH5α，转化过程见 5. 1. 7. 3 (2)。菌落 PCR 筛选阳性克隆并提取质粒，方法依 5. 1. 7. 3 (3) 所述。筛选出的阳性克隆进行酶切验证，质粒酶切验证无误后，将对应的菌液送至六合华大科技有限公司（北京）测序，测序正确的质粒保存于-20 ℃，菌液于-80 ℃保存备用。

### 5. 1. 8 pBIN19-*SlGLO1* 质粒转化农杆菌

采用依赖于大肠杆菌 Helper 的结合转移技术，将 *SlGLO1* 沉默载体 pBIN19-*SlGLO1* 转入农杆菌 LBA4404。具体步骤如下：

①将农杆菌 LBA4404 在加入了 50 μg/L 利福平、500 μg/L 硫酸链霉素的 YEB 固体培养基上划线，28 ℃黑暗、倒置培养 2~3 d；

②将大肠杆菌 Helper 和包含目标质粒的大肠杆菌 DH5α 在加入了 50 μg/L卡那霉素的固体 LB 培养基上划线，37 ℃培养 16 h；

③挑取以上活化的 3 种菌的单菌落于固体 LB 培养基上涂布混匀（约 1 $cm^2$），28 ℃黑暗、倒置培养 24 h；

④挑取以上共培养的菌落，在含有 50 mg/L 利福平、500 mg/L 硫酸链霉素、50 mg/L 卡那霉素的 YEB 固体培养基上划线，28 ℃黑暗、倒置培养 2~3 d；

⑤挑取以上培养基上的单菌落加入含有 50 mg/L 利福平、500 mg/L 硫酸链霉素、50 mg/L 卡那霉素的液体 YEB 培养基中，28 ℃，200 r/min 振荡培养 1.5 d，提取质粒，进行 PCR 和酶切验证。

### 5.1.9 *SlGLO1* 沉默转基因番茄株系培育

转基因番茄的培育方法参考 Chen 等（2004）的报道，具体方法如下。

#### 5.1.9.1 农杆菌菌液的制备

将上述获得的包含目的质粒的农杆菌 LBA4404，在含有 50 mg/L 利福平、500 mg/L 硫酸链霉素、50 mg/L 卡那霉素的固体 YEB 培养基中划线，28 ℃，黑暗倒置培养 2~3 d；挑取活化的单菌落于 30 mL 含有 50 mg/L 利福平、500 mg/L 硫酸链霉素、50 mg/L 卡那霉素的液体 YEB 培养基中，28 ℃，黑暗，200 r/min 振荡培养 36 h；吸取 1 mL 菌液接种于 100 mL 含有 50 mg/L 利福平、500 mg/L 硫酸链霉素、50 mg/L 卡那霉素的液体 YEB 培养基中，28 ℃，黑暗，200 r/min 振荡培养至 $OD_{600}$ 为 1.8~2.0，获得包含目的质粒的农杆菌菌液。

#### 5.1.9.2 番茄外植体的获得

将野生型番茄种子于 75% 的酒精中浸泡 2 min，无菌 $ddH_2O$ 清洗 3 次；在无菌的饱和磷酸钠溶液中浸泡 20 min，无菌 $ddH_2O$ 清洗 3 次；次氯酸钠（有效氯为 1%）浸泡 10 min，无菌 $ddH_2O$ 冲清洗 3 次；将种子倒入无菌水中，25 ℃，80~100 r/min，振荡培养 48 h；在固体 MS 培养基上播种，28 ℃（16 h 光照）/18 ℃（8 h 黑暗）光照培养箱培养至子叶展开；切下子叶在液体 MS 培养基中浸泡 40~60 min，用滤纸吸干子叶上残留的液体，并将其平铺于含有 1 μg/L IAA、1.75 μg/L ZT 的固体 MS 培养基上，28 ℃（16 h 光照）/18 ℃（8 h 黑暗）预培养 24 h。

#### 5.1.9.3 农杆菌浸染番茄外植体及转基因苗的获得

将以上获得的农杆菌菌液室温，6 000 r/min，离心 8 min，弃上清；YEB 液体培养基重悬菌体，室温，6 000 r/min，离心 8 min，弃上清；用 100 mL MS 盐培养基重悬菌体；将预培养的番茄子叶置于 MS 盐培养基重悬的农杆菌菌液中浸泡 8～15 min，用滤纸吸去多余菌液，放回原来的 MS 固体培养基上，28 ℃ /18 ℃黑暗培养 48 h；共培养 48 h 后，将子叶转移到含有 1 mg/L 吲哚乙酸、1. 75 mg/L 玉米素、75 mg/L 卡那霉素、500 mg/L 羧苄青霉素的固体 MS 培养基上，28 ℃（16 h 光照）/18 ℃（8 h 黑暗）培养至长出愈伤组织；将愈伤组织切成小块，置于含有 1 mg/L 吲哚乙酸、1. 75 mg/L 玉米素、50 mg/L 卡那霉素、500 mg/L 羧苄青霉素的固体 MS 培养基上，28 ℃（16 h 光照）/18 ℃（8 h 黑暗）光照培养，诱导出苗；将幼苗切下，转移到含有 50 mg/L 卡那霉素、250 mg/L 羧苄青霉素的固体 MS 培养基上，28 ℃（16 h 光照）/18 ℃（8 h 黑暗）光照培养，进行生根筛选。

### 5. 1. 10 *SlGLO1* 沉默阳性转基因番茄株系的筛选

根据双元载体 pBIN19 载体上的 *NPT* Ⅱ（*Neomycin Phosphotransferase* Ⅱ）序列设计了引物 NPTII-F 和 NPTII-R，用于 PCR 检测阳性转基因番茄株系，引物序列如下所示：

NPTII-F：5′ GACAATCGGCTGCTCTGA 3′

NPTII-R：5′ AACTCCAGCATGAGATCC 3′

以野生型及 *SlGLO1* 沉默转基因番茄的基因组 DNA 为模板，利用 DNA-PCR 技术筛选阳性转基因番茄株系，PCR 反应体系如下：

| | |
|---|---|
| 10×Buffer | 2. 5 μL |
| dNTPs（10 mM） | 0. 5 μL |
| NPTII-F（10 μM） | 1. 0 μL |
| NPTII-R（10 μM） | 1. 0 μL |
| 基因组 DNA（50 ng/μL） | 1. 0 μL |
| r-Taq 酶（5 U/μL） | 0. 2 μL |
| $ddH_2O$ | 25. 0 μL |

PCR 程序：94 ℃，预变性 5 min→（94 ℃，变性 30 s→54 ℃，退火 30 s→72 ℃，延伸 60 s）$_{\times 35循环}$→72 ℃，延伸 10 min→4 ℃，保存。

取 6 μL PCR 产物进行电泳检测，琼脂糖凝胶为 1. 5%，6 V/cm，电泳 15 min。

### 5. 1. 11 扫描电镜及显微镜分析

先用 70% 乙醇/乙酸/甲醛（18∶1∶1，V/V；FAA）固定开花期野生型和转基因番茄的花瓣和雄蕊，随后乙醇梯度脱水。参考先前报道的方法

（Irish and Sussex，1990），解剖后，材料被干燥、喷金，准备扫描电镜观察。

### 5.1.12 花瓣和雄蕊叶绿素的提取和定量

先称取 0.5 g 新鲜花瓣，在液氮中研磨成粉，再用 5 mL 80%丙酮避光萃取 24 h，4 ℃，5 000 r/min 离心 15 min。采用 PerkinElmer Lambda 900 UV/VIS/NIR 分光光度计测量上清液在 645 nm 和 663 nm 处的吸光度，80%丙酮作为空白对照。总叶绿素含量用如下公式计算：Chl（$mg\ g^{-1}$）= 20.29A645+8.02A663（Arnon，1949）。每个样品 3 次重复，雄蕊叶绿素含量的测定采用相同的方法。

### 5.1.13 花瓣长度统计

在本研究中，发现转基因番茄的花瓣似乎较短，因此测量了完全开放的花的花瓣长度，每个株系至少 10 朵花。

### 5.1.14 花粉收集、处理和萌发

按照 Karapanos 等（2006）的方法，花粉在花朵被收集的 1~2 h 内被提取。花粉附着在含有硅胶的试管中，4 ℃ 保存 1 周。番茄花粉培养的液体培养基由 120 g/L 蔗糖、120 mg/L 硼酸、4 mg/L 赤霉素和 0.5 mg/L 硫胺素组成（Wang et al.，2008）。黑暗条件下（25±1）℃ 孵育 5 h，取 2 μL 花粉培养液放置在光学显微镜（Olympus BX 40，Olympus Corp.，东京，日本）下观察拍照。当花粉管等于或大于花粉粒直径（25~30 μm）时被认为萌发（Dafni and Firmage，2000；Nepi and Franchi，2000）。实验重复 3 次。

### 5.1.15 杂交试验

用医用镊子把沉默株系未打开的花芽（大约长度为 1 cm）纵向剥开并去雄，把野生型番茄成熟的花粉用刷子转移到沉默株系花的柱头上。授粉的花被标签标记并套袋。

### 5.1.16 叶绿素合成、花器官特征以及花粉特异基因的表达

提取 *SlGLO1* 沉默株系及野生型番茄花瓣、雄蕊和花粉 RNA，并反转录合成 cDNA。以该 cDNA 为模板，利用实时定量 PCR 技术检测叶绿素合成基因、花器官特征基因及花粉特异基因在野生型及转基因番茄中的表达。其中

叶绿素合成基因包括 *DCL*、*GLK1* 和 *GLK2*，花器官特征基因包括 *MC*、*TAP3*、*TPI*、*TM6*、*TAG1*、*TM5* 和 *TAGL2*，花粉特异基因包括 *CRK1*、*PMEI*、*PRK3*、*PRALF* 和 *LAT52*）。引物序列见表 5-2。

**表 5-2 实时定量 PCR 引物序列**

| 引物名称 | 引物序列（5′ → 3′） |
|---|---|
| SlGLO1-Q-F | GCTTACTGGAAGAAGATTGTGGG |
| SlGLO1-Q-R | CTCATTCTGTTTTTCACGGATACC |
| SlDCL-Q-F | CCGCAAGGATGGTGAAACA |
| SlDCL-Q-R | TCCGCTTCCGAAAATGCC |
| SlGLK1-Q-F | GAATTTTCCGTAAGCAGTGGTG |
| SlGLK1-Q-R | CTTCTCCTTGATTTAGGCTCGT |
| SlGLK2-Q-F | ACAATCGGAGGCGGAGGA |
| SlGLK2-Q-R | CAAGGAGTGCCTGGTACAAGAG |
| MC-Q-F | AAGTAGCAGAAGCAAGGAGGA |
| MC-Q-R | CAAGCGATTAGCAAAGAGTGA |
| TAP3-Q-F | TATAAGTCCCTCAATCACGACCA |
| TAP3-Q-R | GATCATTTAGGCTTTCTCCCATC |
| TPI-Q-F | TCTGGGAGGAGACTATGGGATG |
| TPI-Q-R | TCAGACTGCTTGGCACTGATACTA |
| TM6-Q-F | CTACAACCATTGCACCCCAAT |
| TM6-Q-R | CAGGAGAGACGTAGATCACGAGAA |
| TAG1-Q-F | ATGAACTTGATGCCAGGGAGT |
| TAG1-Q-R | GGGGTTGGTCTTGTCTAGGGTA |
| TM5-Q-F | CTTTGTGATGCTGAGGTTGCTC |
| TM5-Q-R | TTTCCAGTGCTTCTCGTGTTG |
| TAGL2-Q-F | CAGCAGCAACATCCTCAATCTC |
| TAGL2-Q-R | CACAGCATCCAACCAGGTATCA |
| SlCRK1-Q-F | AAAGGGATTCTTCCTGATGGC |
| SlCRK1-Q-R | TCTCGGGTCCTTCTATGCTACA |
| SlPMEI-Q-F | AAACTCCTATCATTCCAAAACCC |
| SlPMEI-Q-R | CAATTGCATCTTCATACACCTCTT |
| LePRK3-Q-F | TGTCTGTCGTGGTGAAGAGGTT |

（续表）

| 引物名称 | 引物序列（5′ → 3′） |
|---|---|
| LePRK3-Q-R | AGCTGAGCATGTGCTGTCCC |
| SlPRALF-Q-F | CTTCCTTCTTCAACGACCCTG |
| SlPRALF-Q-R | CATCGCCCTGTAACTAATGTGG |
| LAT52-Q-F | TAATGGAGACCACGAGAACGA |
| LAT52-Q-R | GGGAATAAACCCAACTCATCAAG |

## 5.2 结果与分析

### 5.2.1 *SlGLO1* 基因的克隆与分子特征

为了研究番茄 MADS-box 基因在生殖器官发育过程中的潜在功能，基于 cDNA 克隆（GenBank 登录号：XM_004245154），本研究从野生型番茄花器官中分离了同源异型蛋白基因 *SlGLO1*（*FBP1-like*）。核苷酸序列分析表明 *SlGLO1* 和 cDNA 克隆是一致的，包含 633 个核苷酸的开放阅读框（ORF），编码 210 个氨基酸残基，估算的分子量为 24.74 kDa。保守结构域搜索结果表明 SlGLO1 蛋白具有典型的 MADS 结构域，理论等电点为 8.4。DNAMAN 5.2.2 软件序列比对结果表明在氨基酸水平上番茄 SlGLO1 与矮牵牛蛋白 PhFBP1（Q03488.1）具有 90.5% 相似性。进化关系分析表明 SlGLO1 与矮牵牛 PhFBP1（即 PhGLO1）和烟草 NbGLO1 蛋白是高度同源的（图 5-4A），并且属于非常保守的 MADS-box 转录因子家族（图 5-4B）。

### 5.2.2 *SlGLO1* 基因在野生型番茄中的表达模式分析

为了阐明 *SlGLO1* 基因在番茄生长发育过程中扮演的角色，本研究探讨了它在番茄各组织器官中的表达模式，包括根、茎、幼叶、成熟叶、衰老叶、萼片、花瓣、雄蕊、心皮和不同发育时期的果实。定量 PCR 技术被用来分析 *SlGLO1* 基因的相对转录水平。结果表明 *SlGLO1* 在花器官中的转录水平显著高于其他组织（图 5-5A）。进一步检测了其在四轮花器官中的表达，结果表明 *SlGLO1* 在花瓣和雄蕊中的转录水平较高（图 5-5B），这与 Geuten 和 Irish（2010）的研究结果是一致的。基于以上结果推测 *SlGLO1* 可能特异地参与花器官的发育过程。

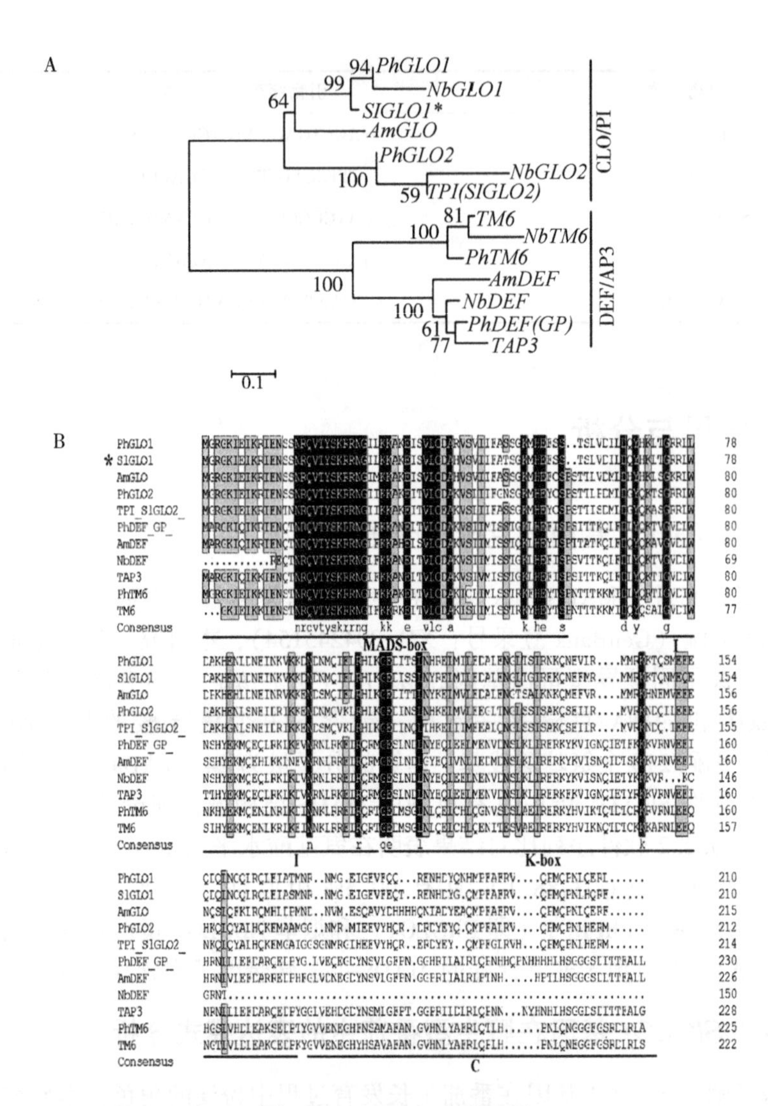


图 5-4 SlGLO1 序列分析

（A）SlGLO1 和其他 MADS-Box 蛋白的进化关系，星号表示 SlGLO1。其他蛋白的登录号如下：PhGLO1（Q03488.1）、NbGLO1（HQ005417）、AmGLO（Q03378.1）、PhGLO2（CAA49568.1）、NbGLO2（HQ005418）、TPI（DQ674531）、TM6（X60759）、NbTM6（AY577817）、PhTM6（AAS46017.1）、AmDEF（CAA44629.1）、NbDEF（DQ437635）、PhDEF（Q07472）、TAP3（DQ674532）。（B）SlGLO1 与其他 MADS-Box 蛋白的多序列比对。星号表示 SlGLO1，相同氨基酸用黑色阴影表示，相似氨基酸用灰色阴影表示。

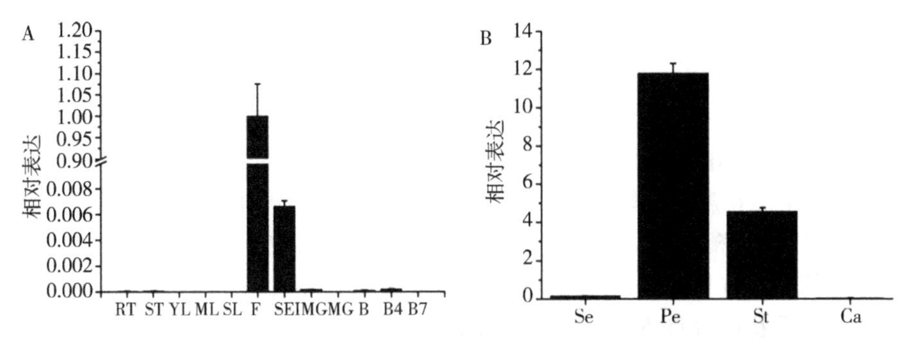


**图 5-5　*SlGLO1* 基因在野生型番茄中的表达模式**

（A）*SlGLO1* 在野生型番茄中的相对表达模式。RT，根；ST，茎；YL，幼叶；ML，成熟叶；SL，衰老叶；F，花；SE，授粉时期花的萼片；IMG，青熟果；MG，绿熟果；B，破色期果实；B4，破色期后第 4d 的果实；B7，破色期后第 7d 的果实。（B）*SlGLO1* 在野生型番茄四轮花器官中的表达模式。Se，萼片；Pe，花瓣；St，雄蕊；Ca，心皮。每个数值代表 3 次试验平均值±SE。

## 5.2.3　*SlGLO1* 转基因番茄株系的 PCR 阳性筛选

图 5-6 是 10 株 *SlGLO1* 沉默转基因番茄 *NPT* Ⅱ基因的 PCR 结果，其中 9 个株系为 *NPT* Ⅱ阳性。这表明 pBIN19：：*SlGLO1* 载体的 T-DNA 区已经成功整合到再生苗的基因组 DNA 中。

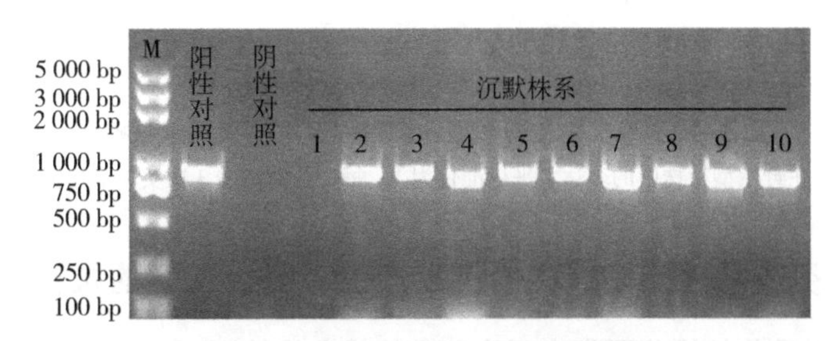


**图 5-6　转基因番茄 PCR 阳性筛选**

M：DL2000 plus marker；1～10：pBIN19：：*SlGLO1* 独立转基因番茄株系。

## 5.2.4　番茄基因 *SlGLO1* 的沉默产生了绿色较小的花瓣

为了深入研究 *SlGLO1* 基因的生物学功能，本研究通过 RNA 干扰技术（RNAi）获得了 10 个独立的 *SlGLO1* 沉默株系。为了确认转基因株系的沉默效率，本研究提取了野生型和转基因番茄花器官中的总 RNA。定量 PCR 结果表明，与野生型相比 *SlGLO1* 在 10 个独立转基因株系中的转录水平显著降低。其中株系 3 和株系 10 中 *SlGLO1* 的转录水平降低到大约野生型水平的 2%~10%（图 5-7）。因此，转基因株系 3 和株系 10 被选作进一步研究的材料。野生型番茄的花通常表现为绿色的萼片，黄色的花瓣和雄蕊（图 5-8A）。野生型花瓣的近轴表面具有稀少的毛状体（图 5-8B），花瓣表皮细胞较小且排列紧密（图 5-8C）。与野生型相比，*SlGLO1* 沉默株系的花瓣呈现出绿色的表型（图 5-8D）。扫描电镜结果表明，*SlGLO1* 沉默株系的花瓣具有较多的毛状体（图 5-8E），且近轴表皮细胞排列疏松（图 5-8F）。此外，转基因花瓣的长度也受到了影响（图 5-8G）。与野生型花瓣相比，转基因株系的花瓣变短变小（图 5-8H）。这些结果表明 *SlGLO1* 沉默株系的花瓣表现出 B 类 MADS-box 基因典型的功能缺失表型，即花瓣向萼片状结构的部分转化。

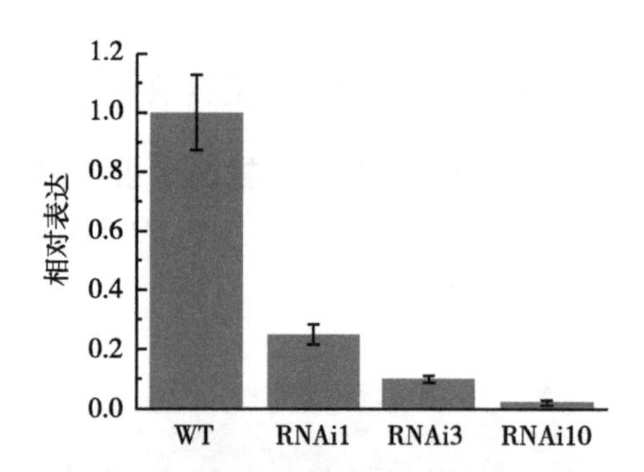


**图 5-7　*SlGLO1* 在野生型和沉默株系中的表达水平检测**

在野生型植株中的表达水平标准化为 1。每个数值代表 3 次实验平均值±SE。

## 5.2.5　番茄基因 *SlGLO1* 的沉默产生了绿色畸形的雄蕊

野生型番茄的雄蕊通常表现为黄色的雄蕊锥体（图 5-9A，B）。在野生型番茄雄蕊的近轴表面，花药的邻近区域表皮细胞是细长型的（图 5-9C），然而在雄蕊末端区域的表皮细胞是不规则的（图 5-9D），相比之下，*SlGLO1* 沉默的雄蕊是绿色扭曲的（图 5-9E），这表明转基因的部分雄蕊向心皮转化。此外，由于近侧区交织侧附属丝的缺失，转基因雄蕊不能闭合（图 5-9F）。偶尔第三轮花器官雄蕊是展开的且完全转化为心皮化的雄蕊，

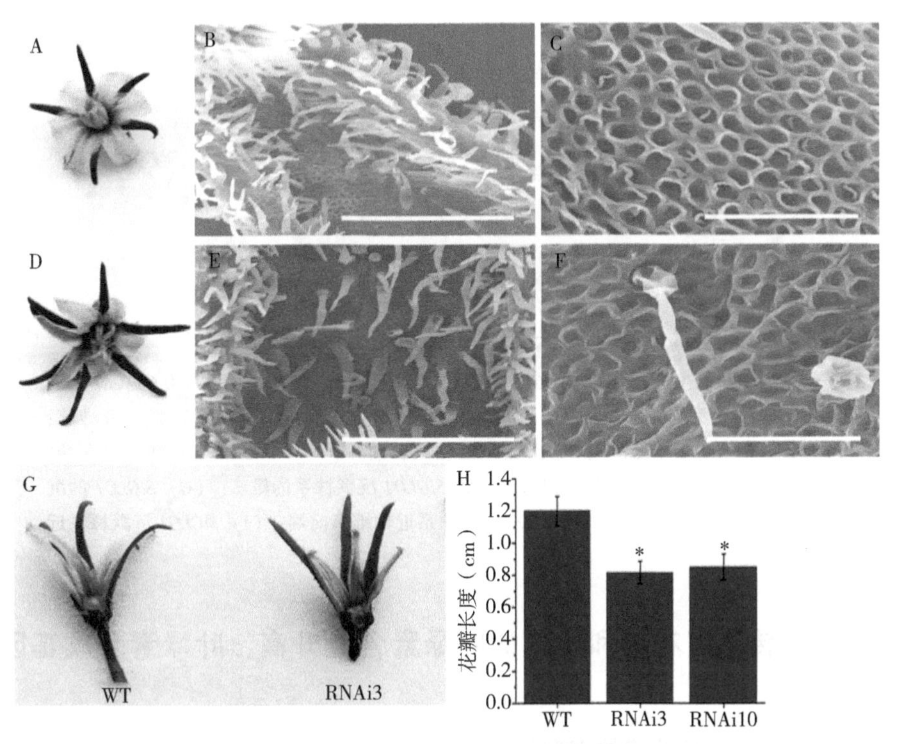


**图 5-8　*SlGLO1* 沉默株系花瓣的表型**

（A~C）野生型；（D~F）*SlGLO1* 沉默株系。（B、E）的标尺为 300 μm，（C、F）的标尺为 60 μm。（G）为数码照片，（B、C、E、F）为扫描电镜照片。（A）打开的野生型的花；（B、C）野生型近轴花瓣表面；（D）*SlGLO1* 沉默株系的花；（E、F）*SlGLO1* 沉默株系近轴花瓣表面；（G）*SlGLO1* 沉默导致番茄花瓣变小；（H）野生型和沉默株系花瓣的长度。每个数值代表为多次试验平均值±SE（$n=10$）。星号表示野生型和沉默株系花瓣长度差异的显著分析（$P<0.05$）。

而不是形成像野生型那样的雄蕊锥（图 5-9G）。在转基因雄蕊的近轴表面，花药邻近区域的表皮细胞是圆形凸起的（图 5-9H），然而在雄蕊末端区域的表皮细胞是凹陷的（图 5-9I）。这些结果表明 *SlGLO1* 沉默株系的雄蕊呈现出 B 类 MADS-box 基因典型的功能缺失表型，即雄蕊向心皮状结构的部分或完全转化。然而转基因株系的萼片、雌蕊和营养器官没有受到影响。

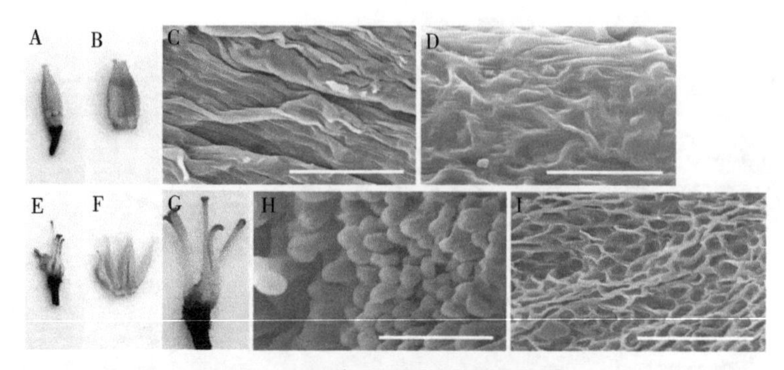


**图 5-9 *SlGLO1* 沉默株系雄蕊的表型**

（A~D）野生型；（E~I）*SlGLO1* 沉默株系。（C、D、H、I）的标尺为 60 μm。（A、B、E、F、G）为数码照片，（C、D、H、I）为扫描电镜照片。（A）野生型雄蕊；（B）剖开的野生型雄蕊；（C）野生型近轴雄蕊前端；（D）野生型近轴雄蕊末端；（E）*SlGLO1* 沉默株系的雄蕊；（F）剖开的 *SlGLO1* 沉默株系的雄蕊；（G）*SlGLO1* 的沉默导致了心皮化的雄蕊；（H）*SlGLO1* 沉默株系近轴雄蕊前端；（I）*SlGLO1* 沉默株系近轴雄蕊末端。

## 5.2.6 转基因花瓣和雄蕊的叶绿素含量升高、叶绿素合成基因上调

为了确定绿色花瓣的表型是否与总叶绿素含量的变化有关，野生型和转基因株系花瓣的总叶绿素含量被测定。与野生型相比，转基因株系花瓣的总叶绿素含量增加了大约 3~4 倍（图 5-10A），解释了转基因株系绿色花瓣形成的原因。本研究进一步在野生型和转基因株系花瓣中检测了叶绿素合成途径正调控子的表达，例如，叶肉中控制叶绿体发育和栅栏细胞形态发生的 *DEFECTIVE CHLOROPLASTS AND LEAVES*（*SlDCL*）（GenBank：U55219）（Keddie et al.，1996），在子叶、萼片和叶片中表达的 *Golden2-like1*（*SlGLK1*）（GenBank：JQ316460）以及 *Golden2-like2*（*SlGLK2*）（GenBank：JQ316459）（Powell et al.，2012）。结果表明在转基因株系花瓣中这 3 个叶绿素合成相关基因被显著地上调（图 5-10B~D）。其中，*SlGLK1* 和 *SlGLK2* 基因大约上调了 6 倍。

同样测定了野生型和转基因株系雄蕊的总叶绿素含量，发现沉默株系雄蕊的总叶绿素含量显著增加（图 5-11A）。本研究进一步检测了叶绿素合成基因（*SlDCL*、*SlGLK1* 和 *SlGLK2*）在野生型和 *SlGLO1* 沉默株系雄蕊中的表达。数据表明这 3 个基因在转基因雄蕊中的表达水平大约增加了 3~8 倍

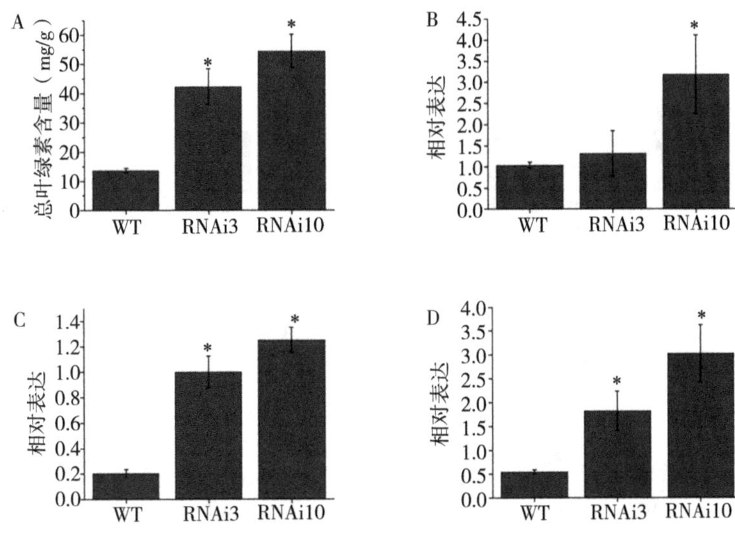


**图 5-10　野生型和 *SlGLO1* 沉默株系花瓣中总叶绿素含量及叶绿素合成基因的表达检测**

（A）野生型和 *SlGLO1* 沉默株系花瓣中总叶绿素含量；（B～D）分别为 *SlDCL*、*SlGLK1* 和 *SlGLK2* 在野生型和 *SlGLO1* 沉默株系花瓣中的表达分析。每个数值代表为 3 次试验平均值±SE。星号表示野生型和沉默株系花瓣中总叶绿素含量和叶绿素合成基因表达水平差异的显著分析（$P<0.05$）。

（图 5-11B～D）。这些结果表明叶绿素合成基因表达水平的增加可能影响叶绿素的合成，因此在转基因株系中形成了绿色的花瓣和雄蕊。

### 5.2.7　转基因株系中番茄花器官特征基因转录分析

基于 *SlGLO1* 基因在野生型花瓣和雄蕊中的高量表达以及沉默株系绿色花瓣、畸形心皮化雄蕊的表型，本研究在野生型和两个沉默株系中检测了 3 个已知的番茄 B 类 MADS-box 基因（*TAP3*、*TPI* 和 *TM6*）的表达。在野生型番茄花器官中，对于 *TAP3* 和 *TPI* 基因，它们在第一轮萼片中的表达几乎是缺失的，在第二轮花瓣和第三轮雄蕊中强烈表达。*TM6* 基因在成熟番茄萼片和雄蕊中微弱表达，而在花瓣和心皮中强烈表达（图 5-12A～C）。相比之下，在 *SlGLO1* 沉默株系的花瓣中，*TPI* 的表达水平降低，而 *TAP3* 在花瓣和雄蕊中的表达轻微上调，*TM6* 的表达在花瓣中是降低的，在雄蕊和心皮中的表达是增加的。这些结果表明，*SlGLO1* 可能直接或间接地调控这 3 个 B 类 MADS-box 基因（图 5-12A～C）。

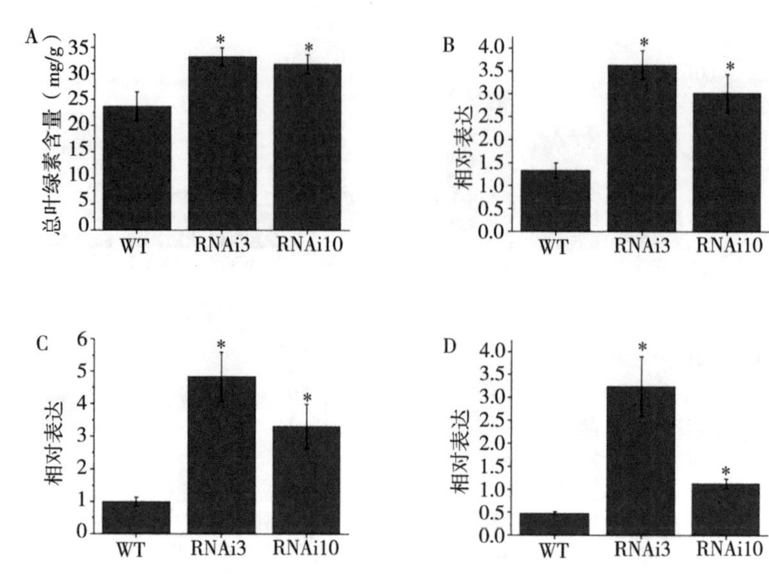


**图 5-11　野生型和 *SlGLO1* 沉默株系雄蕊中总叶绿素含量及叶绿素合成基因的表达检测**

（A）野生型和 *SlGLO1* 沉默株系雄蕊中总叶绿素含量；（B～D）分别为 *SlDCL*、*SlGLK1* 和 *SlGLK2* 在野生型和 *SlGLO1* 沉默株系雄蕊中的表达分析。每个数值代表为 3 次试验平均值±SE。星号表示野生型和沉默株系雄蕊中总叶绿素含量和叶绿素合成基因表达水平差异的显著分析（$P<0.05$）。

为了从分子水平进一步研究 *SlGLO1* 在花器官发育中的潜在功能，本研究在野生型和转基因株系花器官中检测了一组番茄花器官特征基因的表达。结果表明参与萼片发育（Vrebalov et al.，2002）的 A 类基因 *MC* 在沉默株系的花瓣中出现明显的上调（图 5-12D）。*SlGLO1* 的沉默显著提高了控制雄蕊和心皮发育（Pnueli et al.，1994）的 C 类基因 *TAG1* 的转录水平（图 5-12E）。此外，2 个 E 类基因 *TM5*（Pnueli et al.，1994）和 *TAGL2*（Ampomah-Dwamena et al.，2002；Busi et al.，2003）在 *SlGLO1* 沉默株系中也出现了不同程度的上调（图 5-12F、G）。

## 5.2.8　*SlGLO1* 基因的沉默导致番茄植株雄性不育

花粉的发育和功能对多数植物的生殖过程是至关重要的。在本研究中，*SlGLO1* 沉默株系不能坐果（图 5-13A）。为了检测转基因株系的花粉是否能够正常萌发，本研究进行了野生型和转基因株系花粉萌发试验。结果表明大多数转基因株系的花粉是畸形的不膨胀的，而且不能正常萌发（图 5-

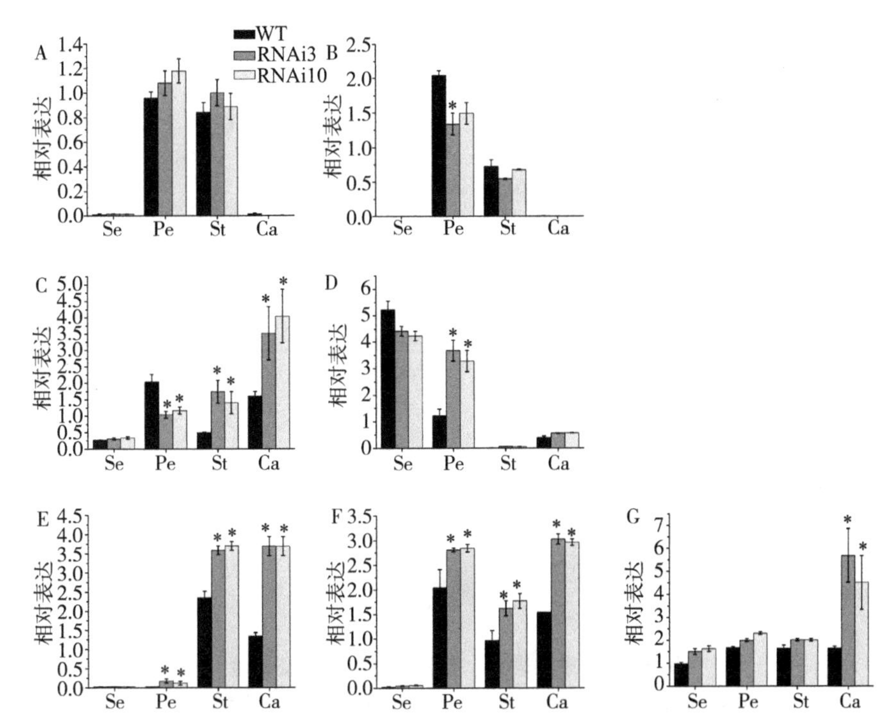


**图 5-12　花器官特征基因在野生型和 *SlGLO1* 沉默株系四轮花器官中的表达模式**

（A～C）分别表示 B 类基因 *TAP3*、*TPI* 和 *TM6* 在野生型和 *SlGLO1* 沉默株系四轮花器官中的表达；（D～G）分别表示 A 类基因 *MC*、C 类基因 *TAG1*、E 类基因 *TM5* 和 *TAGL2* 在野生型和 *SlGLO1* 沉默株系四轮花器官中的表达。每个数值代表为 3 次试验平均值±SE。星号表示野生型和沉默株系花器官特征基因表达水平差异的显著分析（$P<0.05$）。

13B），这表明 *SlGLO1* 的沉默显著影响了花粉的发育。转基因株系的花与野生型番茄花粉进行人工杂交，则能够产生正常发育的果实和种子（图 5-13C）。这一现象表明转基因株系的胚珠是发育正常的。

本研究进一步对番茄花粉发育特异基因在野生型和 *SlGLO1* 沉默株系中进行转录分析。半胖氨酸富集受体激酶 SlCRK 在病原体防御和程序性细胞死亡上发挥重要作用（Kim et al.，2014）；果胶甲脂酶抑制子 *SlPMEI* 是果胶甲脂酶（PME）的关键调控子（Bom et al.，2013）；花粉特异受体激酶基因 *LePRK3* 可能参与感知花粉管生长期间胞外信号（Covey et al.，2010）；外源快速碱化因子 SlPRALF 在一个特定的发育窗口担当花粉管伸长的负调控子（Kim et al.，2002），*LAT52* 可能在花粉萌发和早期花粉管生长上扮演重要角色（Twell et al.，1989）。定量 PCR 结果表明所有这些基因在 *SlGLO1* 沉默株系下调90%以上（图5-14），这说明 *SlGLO1* 基因的沉默抑制了这些基因的表达，从而导致花粉败育。

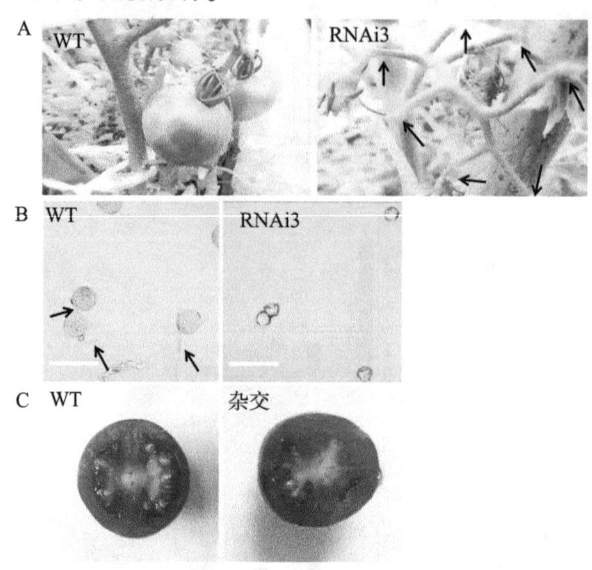


**图5-13　果实表型、花粉萌发以及杂交试验**

（A）*SlGLO1* 沉默株系是雄性不育的；（B）野生型和 *SlGLO1* 沉默株系花粉萌发情况；（C）*SlGLO1* 沉默株系通过与野生型番茄花粉人工杂交可以正常地产生果实和种子。

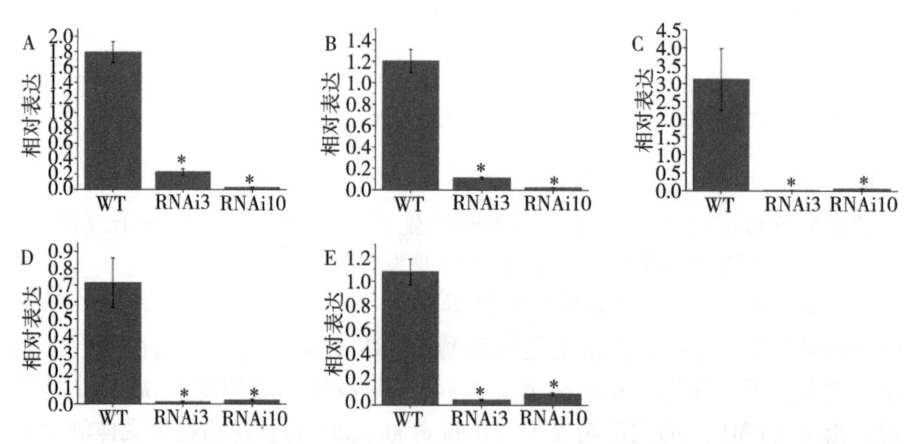


**图5-14　番茄花粉特异基因在野生型和 *SlGLO1* 沉默株系花粉中的表达分析**

（A~E）分别表示花粉特异基因 *SlCRK*、*SlPMEI*、*LePRK3*、*SlPRALF* 和 *LAT52* 在野生型和 *SlGLO1* 沉默株系花粉中的表达水平。每个数值代表为3次试验平均值±SE。星号表示野生型和沉默株系花粉特异基因表达水平差异的显著分析（$P<0.05$）。

## 5.2.9 *SlGLO1* 基因启动子顺式作用元件分析

很多顺式作用元件在决定植物基因的组织特异性表达上扮演关键的角色（Faktor et al.，1996；Annadana et al.，2002）。为了确定顺式作用元件，本研究利用 2 个公共数据库的信息（http：//www. dna. affrc. go. jp/PLACE 和 http：//intra. psb. ugent. be：8080/Plant CARE）分析了 *SlGLO1* 基因起始密码子上游 1 534 bp 的区域。统计分析表明 9 个花粉特异激活相关元件 POLLEN1LELAT52（Lat52，AGAAA）（Yu et al.，2001）和 8 个后期花粉基因 g10 相关元件（G10，GTGA）（Rogers et al.，2001）富集在 *SlGLO1* 基因启动子上，这些元件可能对于花粉的发育至关重要（图 5-15）。

```
-1 534  AATTAGTTATATAGAGTTTAATTATTTCTAACATTTGCACCTTTTATTAGTAATATATATTGTTCTAATTTGT
-1 461  GCTTTTTAACAAAATTTGGTGTGTAATATGACCAATACTCATCTCTACTCTATGCTTAAAGTCAAAAAATAA
-1 389  TTTATGAGTGAACAAGATCCAATATATAATATTTTGAAATATTAAAAAAAAACTATCATTTTGTACCTGTAG
          G10
-1 317  GGTATATTTGAACAACTTTTGTAACGATGAGGGGTATATATGTGCTGATTTTGTAATGGTAAGTACATATA
-1 246  TGAGCCATTTTTATAACGAATGAGATGTCGCTCTAAATGATAAAATTGAAGGGAATATTAGGACATTTCCC
-1 175  CTATATTATTTAACTAATGATTTACTTTTCATTTCATACAAGTTAGTTCTTTGAAGTCCTATTATATAGTCAAT
-1 101  TCAATGCACTTACTCTTAAATCCTGTGAAGACATATCATCATACCGTTTTGGAAGTATATGTGTTTGGACGT
          G10
-1 029  GTGATTTTATCGCAATATAAAATTATAAAAAAAAAATAATGTTTGGATATGTGATATTACGTTAATTTCATCT
          G10  G10
-957    CATAATTTTATAGCATGAGATAAAATCTCAAATTTTTCCCAAAAAAAAATCATGATTTGGGAATCTCAAATCA
-885    TGATATGAGATTTTTTATAATATAAAAATTGACCCACAAGTTTATATTTTATAAACAGAAAATTCCACATTT
          Lat52
-813    ATATCTACTAACCATTTATTTAATATGTAAAATAATTCATATCATTACTTGTTTATACTCATAACGATTATTCT
-739    CACCAACATAAAATTTATTATTACTTCAAGTTAATTCTACTTTATCATTTATATCCACCAAGTTCTTTATTTTT
-665    AATTAAATTTATTTACCAACAAATGGCTCAAAGTAACAACGATGGTTCATGATCTTCTTGGTCATTCAACGT
          G10
-593    GAGAAAACTGATCTTTCTATGTTGAAGGATTATATTAAAGACTAGTACACTATAACTTATGTTCAATTTATT
          Lat52
-521    TTTTTATTAAATTAATGCTTGATCAATAAATGTTGTATTTTTTTTTTTTTTAAGAATAGTTTTGTGATAGTATAT
          G10
-447    TATGTGATTTTATAAACTTTTGCTTATTTGGTAAAATTGAATAAAGAATTGGGACAATTCTAATAGTTTTAC
          G10
-375    AACTTATGAGATTTTATATATATATATATATAGATATACAACATAAGAAATTCAAATTGCACGTACGAACA
          Lat52
-304    AAACTTTTATACTTAAATCTTATTATGATTTCAAATTACTTTCAACTTCTTAATAAGTGAGAAATGAAGTTG
          G10 Lat52
-232    GAGAAAAACCAAAGGATAAGAAGATGCAAGAAAGGGTTTAAAAGAAGTGGTAAGTTACAAGTAAAGAG
          Lat52  Lat52
-164    CATTATGAAATGCCTTAAAAAATACAAACTTTTTCTGCTACTTAAGAAAGTTGATAGTCTGTCAATCCCTTA
          Lat52
-92     ATAGACACTCCCATTCATTTCTTCTTCTTATTTATATACTTACTTACATCTAAAAGGTAAAAACAACACAAGA
-19     AAAAGAAAAAAAAAAAGAAAATGGGAAGAGGAAAGATAGAGATAAAGAGAATAGAAAACTCAAGCAATA
          Lat52  Lat52
```

Lat52: Pollen specific activation

G10: Homologue of the tomato gene *lat56*

**图 5-15 *SlGLO1* 启动子分析示意图**

下划线标注表示预测的顺势作用元件序列。顺势作用元件的预测使用 PLACE 和 plant CARE 数据库，每个顺势作用元件在下面被注释。

## 5.3 讨论与结论

迄今已被证实5类MADS-box基因（A、B、C、D和E类）参与调控花器官的发育（Coen and Meyerowitz，1991；Theissen and Saedler，2001）。在花发育ABCDE模型中，B类MADS-box基因决定花瓣和雄蕊的发育。其参与花器官发育调控的功能在很多模式植物中曾被报道，比如拟南芥（Jack et al.，1992；Goto and Meyerowitz，1994）、金鱼草（Schwarz-Sommer et al.，1992；Tröbner et al.，1992）、矮牵牛（Angenent et al.，1993；Zhang et al.，2015）、烟草（Geuten and Irish，2010）和番茄（Gemma et al.，2006；Leseberg et al.，2008；Geuten and Irish，2010）。矮牵牛 *PhFBP1*（即 *PhGLO1*）的转基因株系表现出花瓣向萼片，雄蕊向心皮的同源异型转化（Angenent et al.，1993）。在矮牵牛中，*GREENPETALS*（*GP*，即 *PhDEF*）的功能缺失影响了花瓣的发育，然而 *TM6* 对于雄蕊的发育是必需的（Tsuchimoto et al.，2000；Zhang et al.，2015）。在烟草中，*DEF* 沉默株系表现出明显的花瓣向萼片，雄蕊向心皮的转化（Liu et al.，2004）。病毒介导的 *NbGLO1* 基因沉默产生了萼片状的花瓣和心皮化的雄蕊（Geuten and Irish，2010）。本章通过RNA干扰介导的基因沉默研究了番茄 *SlGLO1* 基因的功能。该功能类似于先前在烟草和矮牵牛中的研究（Angenent et al.，1993；Geuten and Irish，2010），番茄 *SlGLO1* 基因的沉默产生了花器官畸形的表型，包括绿色较小的花瓣、绿色心皮化的雄蕊和缺陷的花粉发育，这表明 *SlGLO1* 基因在多种发育过程中扮演着重要角色。

类似于矮牵牛 *PhGLO1*（即 *PhFBP1*）基因的抑制表达产生了绿色的花瓣尖端（Angenent et al.，1993），番茄 *SlGLO1* 基因的沉默也导致绿色花瓣的表型。在矮牵牛 *phglo1* 突变体中也观察到类似的花瓣着色上的变化：花瓣中脉变得较宽较绿，特别是朝着花瓣远轴面花冠的边缘（Michiel et al.，2004）。此外，本章比较了野生型和转基因株系花瓣的总叶绿素含量，发现转基因株系花瓣叶绿素含量显著增加，而野生型则保持较低水平。与野生型相比，转基因株系花瓣中叶绿素合成基因 *SlDCL*、*SlGLK1* 和 *SlGLK2* 的表达显著上调。这些结果表明 *SlGLO1* 沉默导致了花瓣叶绿素合成的激活，从而形成绿色花瓣。因此，*SlGLO1* 基因可能参与花瓣叶绿素合成调控。此外，*SlGLO1* 沉默株系花瓣变小。在矮牵牛 *PhGLO1*（即 *PhFBP1*）转基因株系（Angenent et al.，1993），番茄 *TM6* RNAi 株系（Gemma et al.，2006）和烟

草 *NbGLO1* 病毒介导的沉默株系（Geuten and Irish，2010）也发现了类似的表型。然而先前的研究表明在微型番茄中（一种矮化的番茄栽培品种），*Sl-GLO1* 基因的沉默并没有明显影响花瓣的发育（Geuten and Irish，2010）。为了观赏的目的，微型番茄来源于 Florida Basket 和 Ohio 4013-3 栽培品种的杂交，表现为一个非常矮小的表型，并产生较小的红色成熟的果实。基于它的进化关系，微型番茄的表型是由于至少 3 个基因的突变而成，即 *self-pruning*（*sp*）、*dwarf*（*d*）和 *miniature*（*putative mnt*）（Pnueli et al.，1998；Meissner et al.，1997）。其中，*putative mnt* 的功能至今未被阐明。最近的研究表明黑暗中微型番茄的幼苗表现出一个较弱的光敏形态建成的表型（即倒钩和子叶打开的消失）（Marti et al.，2006）。因此，本研究推测突变的微型番茄导致一个较弱的光敏形态发生，进而一些参与光信号传导途径的基因可能发生变异。在本研究中，选取了研究常用的番茄栽培品种 Ailsa Craig 作为研究材料，与微型番茄相比，它具有正常的番茄株高。这可能解释了与先前研究的表型之间的差异。

在本研究中，发现 *SlGLO1* 基因也影响了雄蕊的发育。*SlGLO1* 的沉默株系产生了绿色的雄蕊。转基因雄蕊总叶绿素含量显著增加，而野生型雄蕊叶绿素积累较少。与野生型相比，转基因雄蕊中叶绿素合成调控基因 *SlDCL*、*SlGLK1* 和 *SlGLK2* 的表达水平显著上调。此外，转基因雄蕊不能闭合。然而这些表型在 Geuten 和 Irish（2010）研究的微型番茄中并没有被发现。在转基因株系中也观察到畸形心皮化的雄蕊。这些结果表明 *SlGLO1* 基因的沉默株系表现出一个典型 B 类 MADS-box 基因功能缺失的表型，即雄蕊向心皮部分或完全地转化。

*SlGLO1* 基因的沉默是否会影响其他花器官特征基因的表达。本研究定量分析了这些基因在野生型和转基因花器官中的表达，包括 *TM6*（即 *TDR6*）（Pnueli et al.，1991；Busi et al.，2003）、*TPI*（即 *SlGLO*）（de Martino et al.，2006；Bey et al.，2004）和 *TAP3* 基因（即 *SlDEF*、*LeAP3*）（de Martino et al.，2006；Quinet et al.，2014）。结果发现，*SlGLO1* 的沉默分别增加和减少了 *TAP3* 和 *TPI* 基因在花瓣和雄蕊中的表达，这与 Geuten 和 Irish（2010）的研究结果是一致的。在 Geuten 和 Irish（2010）的研究中，*SlGLO1* 基因的敲除导致了 *SlGLO2/TPI* 在花瓣中表达的减少，而 *SlGLO2/TPI* 的敲除引起了 *SlGLO1* 表达的减少，这表明在花瓣中 *SlGLO2/TPI* 和 *SlGLO1* 是互相激活的。此外，*SlGLO1* 的沉默下调了 *TM6* 在花瓣中的表达。因此，这些结果表明 *SlGLO1* 基因可能直接或间接地调控这 3 个 B 类 MADS-box 基

因。*SlGLO1* 的沉默改变了 *TAP3*、*TPI* 和 *TM6* 在花器官中的表达模式，这表明 *SlGLO1* 转基因花器官的表型可能是由于 *TAP3*、*TPI* 和 *TM6* 协同误调控的结果。为了进一步研究 *SlGLO1* 基因在花器官发育中潜在的分子调控机制，本研究在野生型和转基因株系成熟的花器官中检测了其他花器官特征基因的表达。结果表明，*SlGLO1* 的沉默显著增加了 A 类 *MC*、C 类 *TAG1*、E 类 *TM5* 和 *TAGL2* 基因的转录水平，表明 *SlGLO1* 可能参与这些基因的表达抑制。总之，这些结果表明番茄 *SlGLO1* 基因可能通过调控其他花器官特征基因的表达来影响花器官的发育。

B 类 MADS-box 基因也参与了花粉的发育。例如，灯笼草基因 *PFGLO2* 和（或）*PFTM6* 的沉默表现出成熟花粉的减少（Zhang et al.，2015）。本研究进行了花粉萌发实验，结果表明转基因株系的大多数花粉是畸形的、不能正常萌发的，这说明 *SlGLO1* 基因的沉默严重影响了番茄花粉发育，形成了缺陷的花粉粒。另外，转基因株系的雄蕊是扭曲的，似乎变得相对较短。这些雄蕊和花粉上的变化严重影响了番茄的授粉作用。因此，*SlGLO1* 沉默株系是雄性不育的。然而，通过人工杂交实验证明转基因株系的胚珠是可以正常发挥功能的。对于 2 个花粉特异基因 *SlCRK1* 和 *SlPMEI* 的研究表明它们的启动子区域富集了很多花粉特异顺式作用元件。例如，花粉特异激活相关元件 POLLEN1LELAT52（Lat52，AGAAA）和后期花粉基因 g10 相关元件（G10，GTGA）（Bom et al.，2013；Kim et al.，2014）。最近的研究也证实在纯合的转基因番茄植株 *SlCRK1* 和 *SlPMEI* 的启动子有较强的花粉特异活性（Bom et al.，2013；Kim et al.，2014）。同样地，本研究分析了 *SlGLO1* 基因启动子上可能的顺式作用元件。结果表明 9 个花粉特异激活相关元件 POLLEN1LELAT52（Lat52，AGAAA）和 8 个后期花粉基因 g10 相关元件（G10、GTGA）富集在 *SlGLO1* 基因启动子上，这些元件可能对于花粉的发育至关重要，这进一步证实了 *SlGLO1* 基因可能参与花粉的发育。此外，转基因株系中番茄花粉特异基因的表达分析表明，*SlGLO1* 可能通过结合这些基因的启动子或者与其他转录因子互作直接或间接地调控这些花粉特异基因。

## 5.4 小结

MADS-box 转录因子在植物的生长和发育特别是在决定花器官属性上扮演着重要的角色。在本章研究中，一个花器官同源异型蛋白基因 *SlGLO1* 被克隆。表达模式分析表明 *SlGLO1* 基因在番茄花器官中表达量较高，进一步地分析表明该基因在花器官中的花瓣和雄蕊中高量表达。*SlGLO1* 基因的沉默导致了异常的花器官表型，包括绿色较小的花瓣和畸形心皮化的雄蕊。研究表明，*SlGLO1* 沉默株系的花瓣和雄蕊中总叶绿素含量增加，叶绿素合成基因显著上调。番茄 B 类 MADS-box 基因 *TAP3* 在沉默株系的花瓣和雄蕊中表达上调，*TPI* 表达下调，而 *TM6* 基因在沉默株系的花瓣中表达量减少，在沉默株系的雄蕊和心皮中表达量增加。此外，*SlGLO1* 沉默株系是雄性不育的。沉默株系的花粉畸形，不能正常萌发。番茄花粉特异基因在沉默株系中的表达被显著抑制。这些结果表明番茄 *SlGLO1* 是典型的 B 类 MADS-box 基因，在调控花器官形成和花粉发育方面发挥着重要作用。*SlGLO1* 基因功能的研究不仅能够拓展本研究对 B 类 MADS-box 基因生物学功能的认识，而且加深了本研究对于 *SlGLO1* 基因在调控花器官和花粉发育上的理解。

然而，SlGLO1 转录因子的作用目标位点尚未确定，可以通过染色体免疫共沉淀技术以及 Gel shift 技术来确定 SlGLO1 转录因子的结合位点以及可能的靶基因，如 SlGLO1 转录因子是如何调控叶绿素合成相关基因表达的，是否存在 SlGLO1 蛋白与 *DCL*、*GLK1* 及 *GLK2* 基因启动子相结合从而调控其表达的可能性？作者认为后续研究工作可以从上述方面开展。

## 参考文献


AMPOMAH-DWAMENA C，MORRIS B A，SUTHERLAND P，et al.，2002. Down-regulation of *TM29*，a tomato SEPALLATA homolog，causes parthenocarpic fruit development and floral reversion [J]. Plant Physiology，130：605-617.

ANGENENT G C，FRANKEN J，BUSSCHER M，et al.，1993. Petal and stamen formation in petunia is regulated by the homeotic gene fbp1 [J]. The Plant Journal，4：101.

ANNADANA S，BEEKWILDER M J，KUIPERS G，et al.，2002. Cloning of the chrysanthemum *UEP1* promoter and comparative expression in florets and leaves of *Dendranthema grandiflora* [J]. Transgenic Research，11：437-445.

BEY M，STÜBER K，FELLENBERG K，et al.，2004. Characterization of antirrhinum petal development and identification of target genes of the class

B MADS box gene DEFICIENS [J]. Plant Cell, 16: 3197-3215.

BOM K W, JU L C, JANGHYUN A, et al., 2013. *SlPMEI*, a pollen-specific gene in tomato [J]. Canadian Journal of Plant Science, 94: 73-83.

BUSI M V, BUSTAMANTE C, D'ANGELO C, et al., 2003. MADS-box genes expressed during tomato seed and fruit development [J]. Plant Molecular Biology, 52: 801-815.

CHEN G P, HACKETT R, WALKER D, et al., 2004. Identification of a specific isoform of tomato lipoxygenase (TomloxC) involved in the generation of fatty acid-derived flavor compounds [J]. Plant Physiology, 136: 2641-2651.

COEN E S, MEYEROWITZ E M, 1991. The war of the whorls: genetic interactions controlling flower development [J]. Nature, 353: 31-37.

COVEY P A, SUBBAIAH C C, PARSONS R L, et al., 2010. A pollen-specific RALF from tomato that regulates pollen tube elongation [J]. Plant Physiology, 153: 703-715.

DAFNI A, FIRMAGE D, 2000. Pollen viability and longevity: practical, ecological and evolutionary implications [J]. Plant Systematics and Evolution, 222: 113-132.

DE MARTINO G, PAN I, EMMANUEL E, et al., 2006. Functional analyses of two tomato APETALA3 genes demonstrate diversification in their roles in regulating floral development [J]. The Plant Cell, 18: 1833-1845.

FAKTOR O, KOOTER J M, DIXON R A, et al., 1996. Functional dissection of a bean chalcone synthase gene promoter in transgenic tobacco plants reveals sequence motifs essential for floral expression [J]. Plant Molecular Biology, 32: 849-859.

GEMMA D M, IRVIN P, EYAL E, et al., 2006. Functional analyses of two tomato APETALA3 genes demonstrate diversification in their roles in regulating floral development [J]. The Plant Cell, 18: 1833-1845.

GEUTEN K, IRISH V, 2010. Hidden variability of floral homeotic B genes in solanaceae provides amolecular basis for the evolution of novel functions [J]. The Plant Cell, 22: 2562-2578.

GOTO K, MEYEROWITZ E M, 1994. Function and regulation of the *Arabi-*

*dopsis* floral homeotic gene *PISTILLATA* [J]. Genes and Development, 8: 1548-1560.

IRISH V F, SUSSEX I M, 1990. Function of the *Apetala-1* gene during *Arabidopsis* floral development [J]. The Plant Cell, 2: 741-753.

JACK T, BROCKMAN L L, MEYEROWITZ E M, 1992. The homeotic gene *APETALA3* of *Arabidopsis thaliana* encodes a MADS box and is expressed in petals and stamens [J]. Cell, 68: 683-697.

KARAPANOS I C, FASSEAS C, OLYMPIOS C M, et al., 2006. Factors affecting the efficacy of agar-based substrates for the study of tomato pollen germination [J]. Journal of Horticultural Science and Biotechnology, 81: 631-638.

KEDDIE J S, CARROLL B, JONES J D G, et al., 1996. The *DCL* gene of tomato is required for chloroplast development and palisade cell morphogenesis in leaves [J]. Embo Journal, 15: 4208-4217.

KIM H U, COTTER R, JOHNSON S, et al., 2002. New pollen-specific receptor kinases identified in tomato, maize and *Arabidopsis*: the tomato kinases show overlapping but distinct localization patterns on pollen tubes [J]. Plant Molecular Biology, 50: 1-16.

KIM W B, YI S Y, OH S K, et al., 2014. Identification of a pollen-specific gene, *SlCRK1* (*RFK2*) in tomato [J]. Genes and Genomics, 36: 303-311.

LESEBERG C H, EISSLER C L, WANG X, et al., 2008. Interaction study of MADS-domain proteins in tomato [J]. Journal of Experimental Botany, 59: 2253-2265.

LIU Y, NAKAYAMA N, SCHIFF M, et al., 2004. Virus induced gene silencing of a *DEFICIENS* ortholog in *Nicotiana benthamiana* [J]. Plant Molecular Biology, 54: 701-711.

MARTI E, GISBERT C, BISHOP G J, et al., 2006. Genetic and physiological characterization of tomato cv. Micro-Tom [J]. Journal of Experimental Botany, 57: 2037-2047.

MEISSNER R, JACOBSON Y, MELAMED S, et al., 1997. A new model system for tomato genetics [J]. The Plant Journal, 12: 1465-1472.

MICHIEL V, JAN Z, STEFAN R, et al., 2004. The duplicated B-class heterodimer model: whorl-specific effects and complex genetic interactions in *Petunia hybrida* flower development [J]. The Plant Cell, 16: 741-754.

NEPI M, FRANCHI G G, 2000. Cytochemistry of mature angiosperm pollen [J]. Plant Systematics and Evolution, 222: 45-62.

PNUELI L, ABU-ABEID M, ZAMIR D, et al., 1991. The MADS box gene family in tomato: temporal expression during floral development, conserved secondary structures and homology with homeotic genes from *Antirrhinum* and *Arabidopsis* [J]. The Plant Journal, 1: 255-266.

PNUELI L, CARMEL-GOREN L, HAREVEN D, et al., 1998. The *SELF-PRUNING* gene of tomato regulates vegetative to reproductive switching of sympodial meristems and is the ortholog of *CEN* and *TFL1* [J]. Development, 125: 1979-1989.

PNUELI L, HAREVEN D, ROUNSLEY S D, et al., 1994. Isolation of the tomato AGAMOUS gene *TAG1* and analysis of its homeotic role in transgenic plants [J]. The Plant Cell, 6: 163-173.

POWELL A L T, NGUYEN C V, HILL T, et al., 2012. Uniform ripening encodes a Golden 2-like transcriptionfactor regulating tomato fruit chloroplast development [J]. Science, 336: 1711-1715.

QUINET M, BATAILLE G, DOBREV P I, et al., 2014. Transcriptional and hormonal regulation of petal and stamen development by *STAMENLESS*, the tomato (*Solanum lycopersicum* L.) orthologue to the B-class *APETALA3* gene [J]. Journal of Experimental Botany, 65: 2243-2256.

ROGERS H J, BATE N, COMBE J, et al., 2001. Functional analysis of cis-regulatory elements within the promoter of the tobacco late pollen gene *g10* [J]. Plant Molecular Biology, 45: 577-585.

SCHWARZ-SOMMER Z, HUE I, HUIJSER P, et al., 1992. Characterization of the *Antirrhinum* floral homeotic MADS-box gene deficiens: evidence for DNA binding and autoregulation of its persistent expression throughout flower development [J]. EMBO Journal, 11: 251-263.

THEISSEN G, SAEDLER H, 2001. Plant biology. Floral quartets [J]. Nature, 409: 469-471.

TRÖBNER W, RAMIREZ L, MOTTE P, et al., 1992. *GLOBOSA*: a homeotic gene which interacts with *DEFICIENS* in the control of *Antirrhinum* floral organogenesis [J]. Embo Journal, 11: 4693-4704.

TSUCHIMOTO S, MAYAMA T, VAN DER KROL A, et al., 2000. The whorl-specific action of a petunia class B floral homeotic gene [J]. Genes Cells, 5: 89-99.

TWELL D, WING R, YAMAGUCHI J, et al., 1989. Isolation and expression of an anther-specific gene from tomato [J]. Molecular Genetics and Genomics, 217: 240-245.

VREBALOV J, RUEZINSKY D, PADMANABHAN V, et al., 2002. A MADS-box gene necessary for fruit ripening at the tomato ripening-inhibitor (rin) locus [J]. Science, 296: 343-346.

WANG F, WEN L L, QIN G W, et al., 2008. Screening of the optimal liquid culture medium for tomato pollen germination [J]. Northern Horticulture, 11: 562-570.

YU D, CHEN C, CHEN Z, 2001. Evidence for an important role of WRKY DNA binding proteins in the regulation of *NPR1* gene expression [J]. The Plant Cell, 13: 1527-1540.

ZHANG S H, ZHANG J S, ZHAO J, et al., 2015. Distinct subfunctionalization and neofunctionalization of the B-class MADS-box genes in *Physalis floridana* [J]. Planta, 241: 387-402.

# 6 番茄 *SlMBP11* 基因的功能研究

## 6.1 材料与方法

### 6.1.1 材料

野生型番茄（*Solanum lycopersicon* L. cv Ailsa Craig），由作者实验室保存。

菌株：大肠杆菌 DH5α、大肠杆菌 Helper（HB101/pRK2013）、农杆菌 LBA4404，由作者实验室保存。

质粒：质粒 pHANNIBAL、双元载体 pBIN19 以及质粒 pBI21，由作者实验室保存。

### 6.1.2 基因组 DNA 的提取

采用改进的 CTAB 法提取番茄基因组 DNA，具体步骤如下：

①收取番茄叶片或其他组织，在液氮中研磨；

②将研磨好的样品转移至 2 mL 离心管中，向离心管中加入 1 mL 经过 65 ℃水浴预热的 CTAB 溶液以及 20 μL β-巯基乙醇，颠倒混匀；

③65 ℃水浴 15 min，每 5 min 轻轻混匀 1 次；

④向离心管中加入 714 μL 24：1（V/V）的氯仿、异戊醇混合物，轻轻混匀；

⑤6 000 r/min，4 ℃离心 5 min，转移上清液至新的 2 mL 离心管；

⑥向离心管中加入与上清液同体积的异丙醇，轻轻颠倒混匀，冰浴 5 min；

⑦6 000 r/min，4 ℃离心 10 min，弃上清；

⑧用 75%的乙醇清洗 2 次，干燥，加入 100 μL 1×TE 和 1 μL 10 mg/mL Rnase A，溶解沉淀；

⑨1.0%的琼脂糖凝胶电泳检测，无误后于-20 ℃保存备用。

## 6.1.3 *SlMBP11* 基因的生物信息学分析

利用 DNAMAN 5.2.2 软件对 *SlMBP11* 蛋白进行同源比对；使用 MEGA 5.05 软件执行进化树分析；对目的基因编码蛋白的基本性质预测利用 ExPASy（http：//www.expasy.org）、SMART、ScanProsite（http：//prosite.expasy.org/scanprosite）在线软件；运用茄科基因组数据库 Sol Genomics Network（SGN）（https：//solgenomics.net）、启动子分析网站 PLACE（http：//www.Dna.Affrc.Go.jp/PLACE/signalscan.html）（Higo et al.，1999）进行启动子序列查找和顺式作用元件分析。

## 6.1.4 *SlMBP11* 基因的表达模式研究

### 6.1.4.1 材料的收集

收取新鲜的番茄 AC$^{++}$ 各组织样品，取样后立即在液氮中冻存。番茄各组织的取样方法及命名如表 6-1 所示。

**表 6-1 番茄材料**

| 材料名称 | 英文全称 | 英文简写 | 备注 |
|---|---|---|---|
| 根 | Root | RT | 各时期混合样品 |
| 茎 | Stem | ST | 各时期混合样品 |
| 幼叶 | Young Leaf | YL | |
| 成熟叶 | Mature Leaf | ML | |
| 花 | Flower | F | 整个花器官混合样 |
| 萼片 | Sepal | SE | 果实萼片混合样 |
| 破色期果实 | Breaker | B | |
| 破色期 4 d 后果实 | 4 Days after Breaker | B4 | |
| 破色期 7 d 后果实 | 7 Days after Breaker | B7 | |
| 花瓣 | Petal | Pe | 各时期混合样品 |
| 雄蕊 | Stamen | St | 各时期混合样品 |
| 雌蕊 | Pistil | Ca | 各时期混合样品 |

#### 6.1.4.2 实时定量 PCR 条件的摸索

（1）*SlMBP11* 及 *SlCAC* 定量引物最适温度的摸索

选用在番茄各组织和发育时期都稳定表达的基因 *SlCAC* 为内参，对 *SlMBP11* 基因在番茄各组织的表达进行分析。利用温度梯度 PCR 对 *SlCAC* 及 *SlMBP11* 基因定量引物的最适扩增温度进行了摸索。引物序列如下：

SlCAC-Q-F：5′　CCTCCGTTGTGATGTAACTGG　3′

SlCAC-Q-R：5′　ATTGGTGGAAAGTAA CATCATCG　3′

SlMBP11-Q-F：5′　GTGCTAGTTTACCGCCACCTT　3′

SlMBP11-Q-R：5′　TGGAAGCCCCAATTGCAAAG 3′

PCR 反应体系如下：

| | |
|---|---|
| 2×GoTaq® qPCR Master Mix | 5.0 μL |
| 引物的混合物（10 μM） | 0.5 μL |
| cDNA | 1.0 μL |
| 加 $ddH_2O$ 至 | 10.0 μL |

PCR 程序如下：

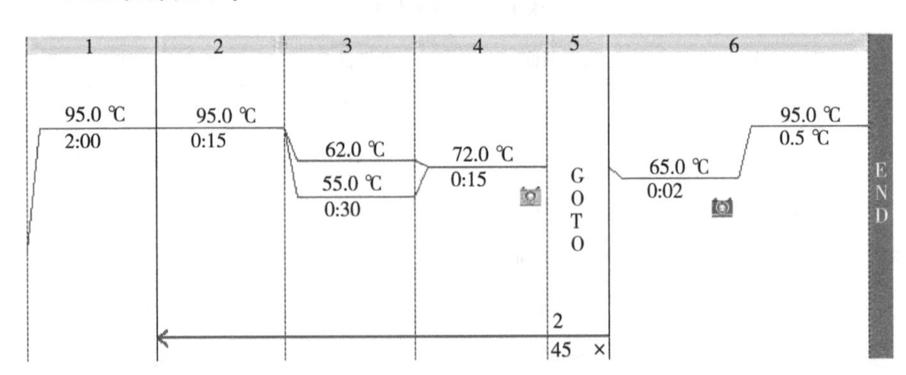


融解曲线如图 6-1 所示。

选取融解曲线单一并且尖锐的温度为最适温度。

（2）标准曲线的绘制

将混合 cDNA 稀释 1 倍、10 倍、100 倍、1 000倍、10 000倍，并以其为模板在最适扩增温度进行 PCR 扩增，绘制标准曲线，进行 3 次技术重复。

#### 6.1.4.3 *SlMBP11* 基因的表达模式分析

利用实时定量 PCR 技术在最适温度对 *SlMBP11* 基因在番茄各组织的表达水平进行分析。

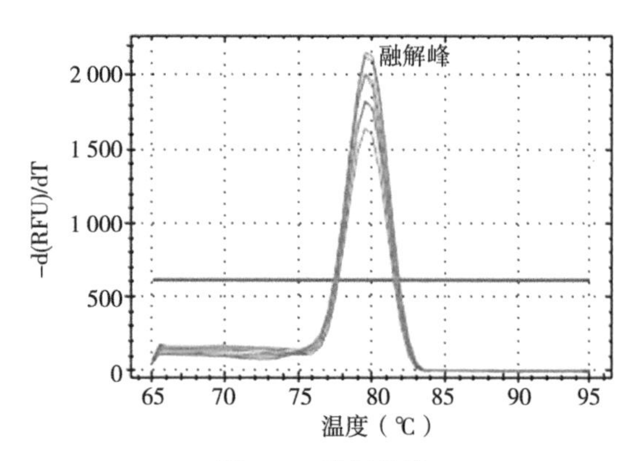


**图 6-1 融解曲线**

PCR 反应体系如下：

| | |
|---|---|
| 2×GoTaq® qPCR Master Mix | 5.0 μL |
| 引物的混合物（10 μM） | 0.5 μL |
| cDNA | 1.0 μL |
| 加 $ddH_2O$ 至 | 10.0 μL |

PCR 程序如下：

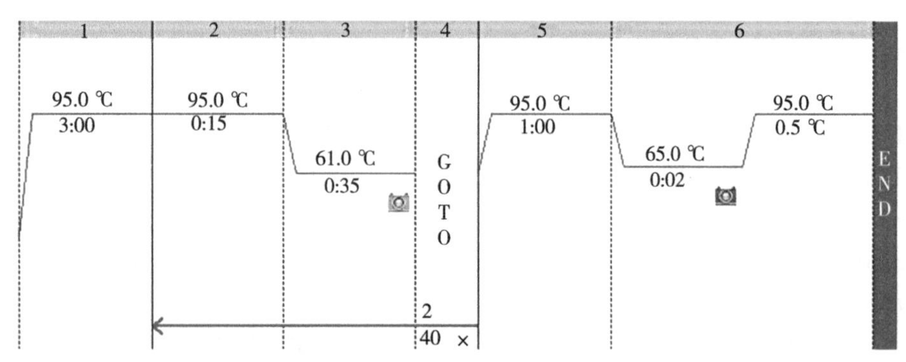


## 6.1.5 *SlMBP11* 沉默载体的构建

以 pBIN19 为骨架构建的 *SlMBP11* 沉默载体包含 CaMV 35S 启动子-*SlMBP11* 反向片段-pdk 内含子-*SlMADS1* 正向片段-NOS 终止子等元件的双元载体。该载体能够在 CaMV 35S 启动子的驱动下形成 *SlMBP11* 发卡沉默结构。具体结构如图 6-2 所示。

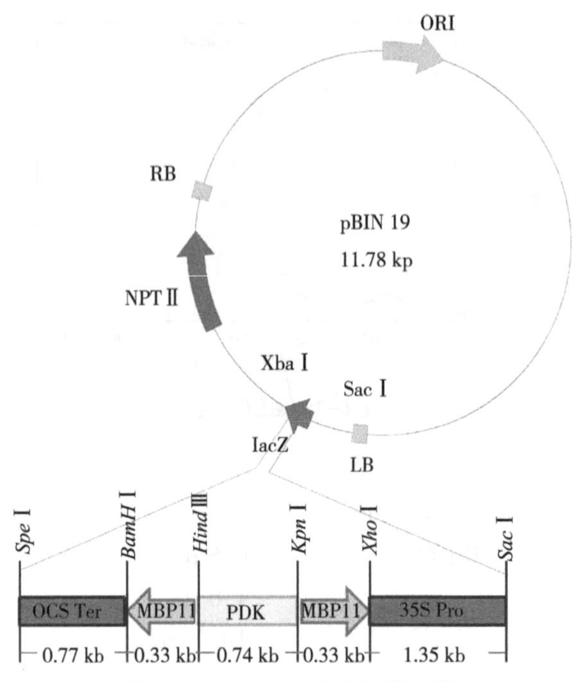


**图 6-2 *SlMBP11* 发卡沉默结构**

### 6.1.5.1 沉默片段的克隆

根据 NCBI 的 *SlMBP11* 基因序列（XM_004229626），利用 Primer Premier 5 软件，设计特异引物 SlMBP11i-F 和 SlMBP11i-R。提取番茄花器官的 RNA，并反转录成 cDNA。以合成的 cDNA 为模板，利用引物 SlMBP11i-F 和 SlMBP11i-R，扩增 *SlMBP11* 的沉默片段。其中，引物 SlMBP11i-F 和 SlMBP11i-R 的 5′端分别加入酶点 *Kpn* Ⅰ和 *Hind* Ⅲ及 *Xho* Ⅰ和 *BamH* Ⅰ，如下所示：

SlMBP11i-F：5′*CGG*GGTACCAAGCTTGCCCATTGGAAAAGAAGTATT　3′

SlMBP11i-R：5′*CCG*CTCGAGGGATCCCCATCTAAGTCCCTGACAAAA　3′

下划波浪线为 *Kpn* Ⅰ酶切位点；下划直线为 *Hind* Ⅲ酶切位点；下划虚线为 *Xho* Ⅰ酶切位点；下划双线为 *BamH* Ⅰ为酶切位点；斜体为保护碱基。

PCR 反应体系（25 μL）如下：

| | |
|---|---|
| 10×Buffer | 2.5 μL |
| dNTPs | 0.5 μL |
| SlMBP11i-F | 1.0 μL |

SlMBP11i-R　　1.0 μL

cDNA　　1.0 μL

r-Taq 酶　　0.2 μL

$ddH_2O$　　18.8 μL

PCR 程序：94 ℃，预变性 5 min→（94 ℃，变性 30 s→56 ℃，退火 30 s→72 ℃，延伸 40 s）$_{\times 35循环}$→72 ℃，延伸 10 min→4 ℃，保存。

PCR 产物检测：取 5 μL PCR 产物用于琼脂糖凝胶电泳检测，凝胶浓度为 1.0%，6 V/cm，电泳 15 min。无误后，剩余 PCR 产物经纯化后用分光光度计测定其浓度，于-20 ℃保存备用。

**6.1.5.2 pMD19-T：：*SlMBP11* 载体的获得**

为方便测序及后续实验，将以上获得的 *SlMBP11* 基因 PCR 产物克隆载体 pMD19-T 中。具体方法如下：

（1）*SlMBP11* 基因 PCR 产物与 T 载体的连接

使用 DNA Ligation Kit Ver. 2.0 试剂盒（TaKaRa）对上述获得的纯化 *SlMBP11* PCR 产物及 pMD19-T 载体进行连接，体系如下：

*SlMBP11* PCR 片段　　4.5 μL

pMD19-T　　0.5 μL

Solution I　　5.0 μL

16 ℃连接过夜。

（2）连接产物转化大肠杆菌 DH5α

具体方法见 5.1.7.3（2）。

（3）pMD18-T：：SlMBP11 质粒的提取

具体方法见 5.1.7.3（3）。

质粒 PCR 电泳验证无误后，送至六合华大科技有限公司（北京）测序，将测序正确的质粒于-20 ℃保存备用。

**6.1.5.3 *SlMBP11* 正向片段的插入**

（1）*SlMBP11* 沉默片段及 pHANNIBAL 的酶切

将上述获得的 *SlMBP11* 沉默片段和 pHANNIBAL 原始载体用限制性内切酶 *Hind* Ⅲ和 *Xba* Ⅰ酶切，酶切体系如下：

*SlMBP11* 沉默片段/pHANNIBAL　　2 μg

*Hind*Ⅲ（8 U/μL）　　1 μL

*BamH* Ⅰ（8 U/μL）　　1 μL

10×M Buffer　　5 μL

加 $ddH_2O$ 至　　　　　　　　50 μL

37 ℃酶切 8 h 后，取 6 μL 酶切产物进行电泳验证，琼脂糖凝胶浓度为 1.5%，6 V/cm，电泳 15 min。电泳验证无误后，剩余酶切产物用 DNA 纯化试剂盒纯化，于-20 ℃储存备用。

（2）酶切产物的连接

使用 DNA Ligation Kit Ver. 2.0 试剂盒（TaKaRa）对上述获得的纯化 *SlMBP11* 沉默片段及 pHANNIBAL 的酶切产物进行连接，体系如下：

*SlMBP11* 沉默片段酶切产物　　　　500 ng

pHANNIBAL 酶切产物　　　　50 ng

Solution Ⅰ　　　　5 μL

加 $ddH_2O$ 至　　　　10 μL

16 ℃连接过夜。

（3）连接产物转化大肠杆菌 DH5α

具体方法见 5.1.7.3（2）。

（4）pHANNIBAL-SlMBP11（1）质粒的提取

具体方法见 5.1.7.3（3）。电泳验证无误后，将对应的菌液送六合华大科技有限公司（北京）测序，最后将测序无误的转化子命名为 pHANNIBAL-SlMBP11（1），于-20 ℃保存备用。

**6.1.5.4　*SlMB11* 反向片段的插入**

用限制性内切酶 *Kpn* Ⅰ和 *Xho* Ⅰ对 pHANNIBAL-SlMBP11（1）质粒和上述获得的 *SlMBP11* 沉默片段进行酶切，酶切体系如 5.1.7.4（1）所示。酶切验证无误后，将酶切产物按照 5.1.7.4（2）所示进行连接。连接产物转化大肠杆菌 DH5α，转化过程及质粒提取见 5.1.7.3。经菌落 PCR 及质粒酶切验证正确后，送六合华大科技有限公司（北京）测序。获得的阳性克隆命名为 pHANNIBAL-SlMBP11（2），质粒于-20 ℃保存，菌液于-80 ℃保存备用。

**6.1.5.5　*SlMBP11* RNAi 终载体的构建**

利用 *Spe* Ⅰ和 *Xba* Ⅰ的同尾酶特性，对 pHANNIBAL-SlMBP11（2）质粒和 pBIN19 空载体进行酶切、连接，体系如 5.1.7.4 所示。连接产物转化大肠杆菌 DH5α，转化过程见 5.1.7.3（2）。菌落 PCR 筛选阳性克隆并提取质粒，方法依 5.1.7.3（3）所述。筛选出的阳性克隆进行酶切验证，质粒酶切验证无误后，将对应的菌液送至六合华大科技有限公司（北京）测序，测序正确的质粒于-20 ℃保存备用。

### 6.1.6 *SlMBP11* 超表达载体的构建

*SlMBP11* 超表达载体的构建是以植物双元载体 pBI121 为骨架构建的包含 CaMV 35S 启动子-*SlMBP11* 基因-NOS 终止子等元件的双元载体。该载体能够在 CaMV 35S 启动子的驱动下启动 *SlMBP11* 基因的表达。具体结构如下：

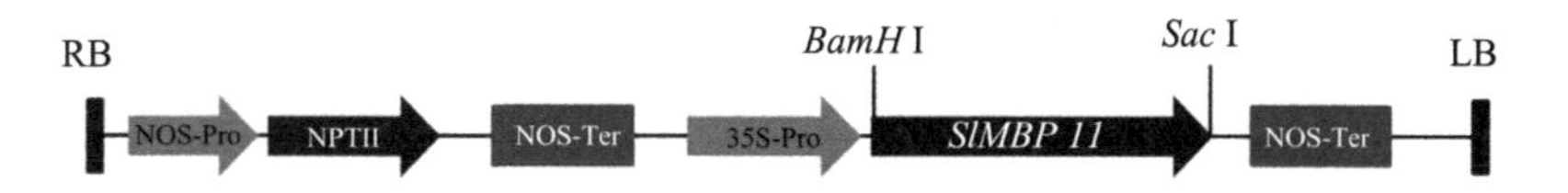


#### 6.1.6.1 *SlMBP11* 超表达片段的克隆

以 pMD19－T：：SlMBP11 载体为模板，利用引物 SlMBP11oe－F 和 SlMBP11oe－R 扩增 *SlMBP11* 的超表达片段。其中引物 SlMBP11oe－F 和 SlMBP11oe－R 的 5′端分别加入酶点 *BamH* I 和 *Sac* I （如下所示）：

SlMBP11oe-F：5′ *CGC*GGATCC GGGGACTTCACGTCTCTCTATC 3′

SlMBP11oe-R：5′ *GC*GAGCTCTGAAACCAGCATCTTTATCTTACTTA 3′

下划直线为 *BamH* I 酶切位点；下划波浪线为 *Sac* I 酶切位点；斜体为保护碱基。

利用具有高保真性的 PrimeSTAR® （TaKaRa）进行 PCR 扩增，PCR 反应体系如下：

| | |
|---|---|
| 2×PrimeSTAR mix | 25 μL |
| SlMBP11oe-F （10 μM） | 2 μL |
| SlMBP11oe-R （10 μM） | 2 μL |
| cDNA | 2 μL |
| 加 $ddH_2O$ 至 | 50 μL |

PCR 程序：98 ℃，预变性 2 min→（98 ℃，变性 10 s→56 ℃，退火 15 s→72 ℃，延伸 1.5 min）$_{×35循环}$→72 ℃，延伸 10 min→4 ℃，保存。

PCR 产物检测：取 5 μL PCR 产物用于琼脂糖凝胶电泳检测，凝胶浓度为 1.5%，6 V/cm，电泳 15 min。电泳检测无误后，剩余 PCR 产物纯化后，于-20 ℃保存备用。

#### 6.1.6.2 纯化的 PCR 产物和 pBI121 载体的 *BamH* I 和 *Sac* I 双酶切

将上述获得的 *SlMBP11* 基因超表达片段和 pBI121 原始载体用限制性内切酶 *Xba* I 和 *Sac* I 双酶切，酶切体系如下：

| | |
|---|---|
| 纯化的 PCR 产物或质粒 | 10 μg |
| 10×M Buffer | 2.5 μL |
| *Sac* Ⅰ（8 U/μL） | 1 μL |
| *BamH* Ⅰ（8 U/μL） | 1 μL |
| 加 $ddH_2O$ 至 | 50 μL |

37 ℃酶切约 8 h 后，取 5 μL 于 1.0%琼脂糖凝胶电泳检验，电泳验证后，剩余 PCR 产物经纯化于-20 ℃保存备用。

#### 6.1.6.3　酶切产物的连接与转化

连接体系和方法如 5.1.7.4 中所述（但转化步骤中抗生素为 Kan）。

#### 6.1.6.4　阳性克隆子的菌落 PCR 和酶切验证

阳性克隆子的菌落 PCR 验证方法如 5.1.7.1（2）中所述（相应的菌落 PCR 引物则为 M13-F 和 SlMBP11oe-F）。将筛选的阳性克隆子振荡培养后如 5.1.7.3（2）所述提取阳性菌落的质粒，质粒 PCR 验证无误后，阳性菌株送六合华大科技有限公司（北京）测序验证。阳性菌液在液氮冻存备用，质粒于-20 ℃保存备用。

### 6.1.7　pBIN19-SlMBP11i 及 pBI121-SlMBP11oe 质粒转化农杆菌

为将 *SlMBP11* 的沉默及超表达终载体 pBIN19-SlMBP11i 和 pBI121-SlMBP11oe 转入农杆菌 LBA4404，本研究采用了依赖于大肠杆菌 Helper 的结合转移技术。具体实验步骤见 5.1.8。

### 6.1.8　*SlMBP11* 沉默及超表达转基因番茄的培育

具体方法见 5.1.9。

### 6.1.9　*SlMBP11* 沉默和超表达阳性转基因番茄株系的 PCR 筛选

以野生型及转基因番茄的基因组 DNA 为模板，利用 DNA-PCR 技术筛选阳性转基因株系，NPTII 引物和 PCR 反应体系如下：

NPTII-F：5′　GACAATCGGCTGCTCTGA　3′

NPTII-R：5′　AACTCCAGCATGAGATCC　3′

| | |
|---|---|
| 10×PCR buffer | 2.5 μL |
| dNTPs（10 mM） | 0.5 μL |
| NPTII-F（10 μM） | 1.0 μL |

NPTII-R（10 μM） 1.0 μL
基因组 DNA（50 ng/μL） 1.0 μL
r-Taq 酶（5 U/μL） 0.2 μL
加 $ddH_2O$ 至 25.0 μL

PCR 程序：94 ℃，预变性 5 min→（94 ℃，变性 30 s→52 ℃，退火 30 s→72 ℃，延伸 1 min）$_{×35循环}$→72 ℃，延伸 10 min→20 ℃，保存。

取 5 μL 反应产物电泳检测，琼脂糖凝胶浓度为 1.5%，6 V/cm，电泳 15 min。

### 6.1.10 *SlMBP11* 在沉默及超表转基因株系中的表达检测

提取野生型番茄以及转基因番茄花器官总 RNA，并反转录合成 cDNA。以 cDNA 为模板，利用实时定量 PCR 技术对 *SlMBP11* 在沉默及超表转基因株系中的表达情况进行检测，定量 PCR 方法及体系如 4.1.8 所述。

### 6.1.11 *SlMBP11* 基因的表达谱分析

表达谱数据来自番茄基因芯片平台 Genevestigator（https：// www. genevestigator. com/gv）。以 *SlMBP11* 的核苷酸序列作为查询序列针对 Affymetrix Gene Chip（http：//www. affymetrix. com）进行基因探针序列搜索，选择最同源的探针（Les. 2212. 1. A1_at）在 Genevestigator 的 Affymetrix 番茄基因组微阵列平台执行搜索程序。

### 6.1.12 番茄植株形态参数的测量

为了了解野生型和转基因番茄之间的形态差异，本研究测量了它们的株高、节长、叶长、叶宽、叶面积及叶片形状指数，并对节数、叶片数和分枝数进行计数。每个株系测定至少 9 个样本。叶片的数码照片来自扫描仪。叶片的长度、宽度和面积由图片分析程序 IMAGE J（http：//rsb. info. nih. gov/ij）计算获得。叶片形状指数是指叶片的长宽比。植株高度和叶片数目在种子萌发 7 d 后，每隔 7 d 测量和计数 1 次。第一到第四花序的花数和坐果率也被统计。

### 6.1.13 扫描电镜分析

样品取自野生型和转基因株系授粉后 2 d 的花。先用 70%乙醇/醋酸/甲醛（18∶1∶1，体积比；FAA）固定，后用乙醇梯度脱水。样品解剖后被干燥、喷金准备为扫描电镜分析（Hitachi S-3000N，日本）。

### 6.1.14 茎的解剖和细胞学分析

样品取自种子萌发后 40 d 的野生型和转基因株系的茎，茎的解剖分析依据下面描述的方法进行。简单地说先用 70%乙醇/醋酸/甲醛（18：1：1，体积比；FAA）立即固定样品，接着依次脱水、固定、解剖和脱蜡。沿着茎的中部纵切，利用显微镜（OLYMPUS IX71）对茎细胞进行观察和拍照。细胞面积通过 IMAGE J 软件（http：//rsbweb. nih. gov/ij）进行估算。

### 6.1.15 叶片总叶绿素含量的测定

具体方法见 5. 1. 12。

### 6.1.16 赤霉素合成、响应和细胞伸长基因、番茄独脚金内酯合成和侧芽发育相关基因、乙烯合成和响应基因以及光合作用相关基因的表达

本研究分别提取 *SlMBP11* 超表达株系、沉默转基因株系及野生型番茄茎、侧芽和花被器官的总 RNA，并反转录合成 cDNA。以该 cDNA 为模板，利用定量 PCR 技术检测赤霉素合成、响应和细胞伸长基因、番茄独脚金内酯合成和侧芽发育相关基因、乙烯合成和响应基因以及光合作用相关基因在野生型及转基因番茄植株中的表达。其中赤霉素合成、响应和细胞伸长基因包括 *GA20ox3*、*GA3ox1*、*GAI*，*PRE1*、*PRE2* 和 *PRE3*，番茄独脚金内酯合成和侧芽发育相关基因包括 *CCD7*、*CCD8*、*Ls*、*BL* 和 *BRC1b*，另外，还包括乙烯合成基因 *ACO1*、*ACO3*、*ACS2* 和 *ACS4*、响应基因 *RAV1* 以及光合作用相关基因 *SlrbcS3B*。引物序列见表 6-2。

**表 6-2 实时定量 PCR 引物序列**

| 引物 | 引物序列（5′→ 3′） |
| --- | --- |
| SlMBP11-Q-F | GTGCTAGTTTACCGCCACCTT |
| SlMBP11-Q-R | TGGAAGCCCCAATTGCAAAG |
| GA20ox3-Q-F | AGCCAAATTATGCTAGTGTTAC |
| GA20ox3-Q-R | TTTTATGAGATTTGTGTCAACC |
| GA3ox1-Q-F | ATAGGCACCCACCCTTGTATA |
| GA3ox1-Q-R | GGATGAAAGTGCCTTGTCAAAAT |
| GAI-Q-F | CCAGCACTTGTCATTCTTACCC |
| GAI-Q-R | AAAGCTCATCCATTCCAGCA |
| PRE1-Q-F | CGAAAGAACGAAAAGAGAGACATT |
| PRE1-Q-R | GCTAGAGCGACGATTGCGAA |

（续表）

| 引物 | 引物序列（5′→3′） |
|---|---|
| PRE2-Q-F | TATGTCTGGGAGAAGGTCAAGGA |
| PRE2-Q-R | CGACGATTACGAATTTCAGGAAG |
| PRE3-Q-F | TTCACACTCTCCATAGCAACACAT |
| PRE3-Q-R | TCCTCACTTATCCTTGATCCTCC |
| CCD7-Q-F | AGCCAAGAATTCGAGATCCC |
| CCD7-Q-R | GGAGAAAGCCCACATACTGC |
| CCD8-Q-F | CCAATTGCCTGTAATAGTTCC |
| CCD8-Q-R | GCCTTCAACGACGAGTTCTC |
| Ls-Q-F | TGTTTTCTACCTCCACCGCCT |
| Ls-Q-R | ATGATTTGCTTCCTTCTCCGC |
| BL-Q-F | GGAAGATTTGATAGTTGTGTTG |
| BL-Q-R | CAAAAATAGAGCTACACAAAACC |
| BRC1b-Q-F | AGAAGGCCGAGGCGAAAA |
| BRC1b-Q-R | GACCACGAGCGGTGTTGATC |
| ACO1-Q-F | ACAAACAGACGGGACACGAA |
| ACO1-Q-R | CTCTTTGGCTTCAAACTTGA |
| ACO3-Q-F | CAAGCAAGTTTATCCGAAAT |
| ACO3-Q-R | CATTAGCTTCCATAGCCTTC |
| ACS2-Q-F | GAAAGAGTTGTTATGGCTGGTG |
| ACS2-Q-R | GCTGGGTAGTATGGTGAAGGT |
| ACS4-Q-F | GCTCGGAGGTAGGATGGTTTC |
| ACS4-Q-R | GTTCCTCTTCCATTGTGCTTGT |
| RAV1-Q-F | ACAGAATAATACGAGGCGAACAA |
| RAV1-Q-R | TGCTACACTCAAATGCCAACAAC |
| RbcS3B-Q-F | TGCTCAGCGAAATTGAGTACCTAT |
| RbcS3B-Q-R | AACTTCCACATGGTCCAGTATCTG |

## 6.2 结果与分析

### 6.2.1 *SlMBP11* 基因的克隆和分子特征

基于 cDNA 克隆本研究从野生型番茄的叶片中分离了一个 agamous-like MADS-box 蛋白 *AGL15-like* 基因（即 *SlMBP11*）。序列分析表明 *SlMBP11* 包含一个 816 bp 的开放阅读框（ORF）和一个 581 bp 3′ 端非翻译区。SlMBP11 蛋白具有 271 个氨基酸，在 N 端有一个典型的 MADS 结构域（图 6-3A），估算的分子量为 30.85 kDa。此外，从番茄基因组 DNA（GenBank accession No. HG975513）中扩增了 *SlMBP11*；基因组 DNA 和 cDNA 的比对

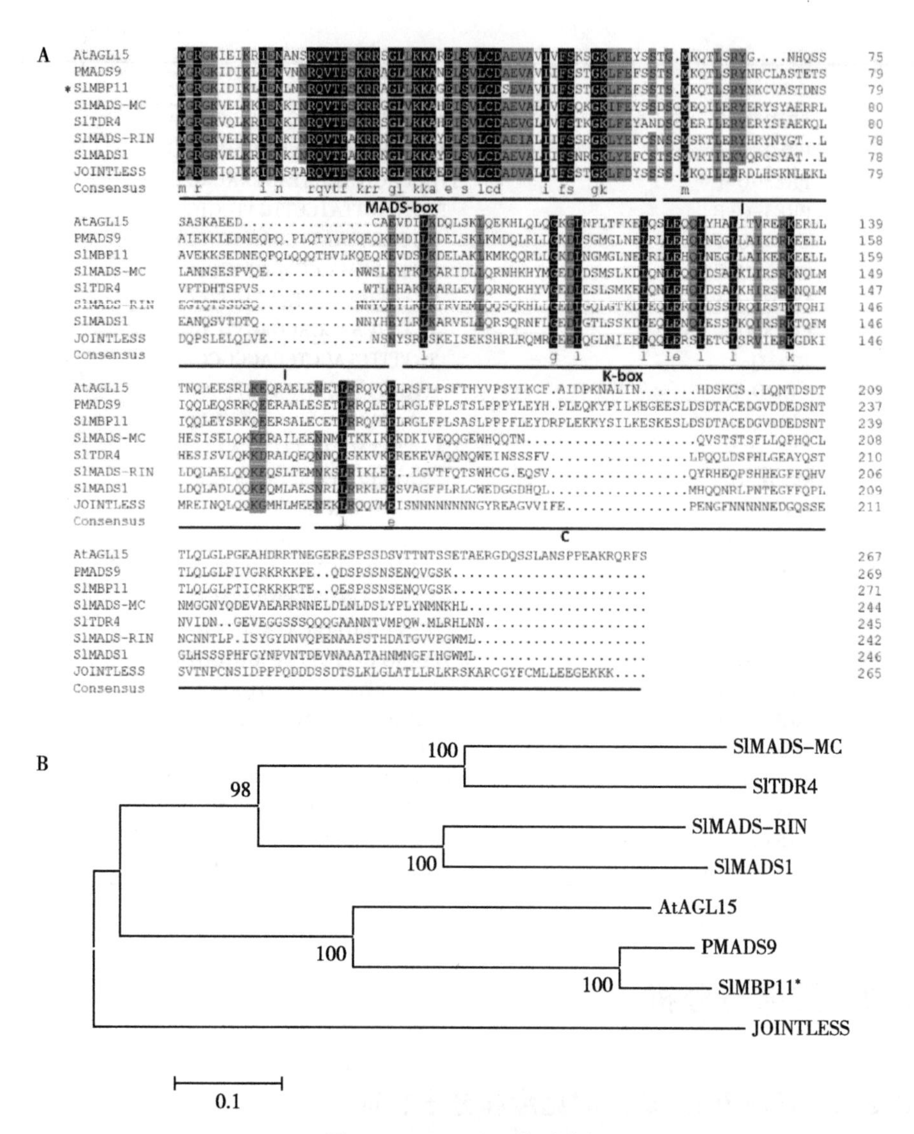


**图 6-3 SlMBP11 序列分析**

（A）SlMBP11 与其他 MADS-Box 蛋白的序列比对。型号表示 SlMBP11，相同氨基酸用黑色阴影表示，相似氨基酸用灰色阴影表示；（B）SlMBP11 与其他蛋白的进化关系分析。其他蛋白的登录号如下：SlMADS-MC（NP_001234665）、SlTDR4（FUL1）（NM_001247244）、SlMADS-RIN（NM_001247741.1）、SlMADS1（NP_001234380）、AtAGL15（NP_196883）、PMADS9（AY370526）、JOINTLESS（AAG09811）。

结果表明 *SlMBP11* 含有 8 个外显子和 7 个内含子。DNAMAN 5.2.2 软件序列比对结果表明，在氨基酸水平上番茄 SlMBP11 与矮牵牛 PMADS9（AY370526）蛋白具有 85.24%同源性。进化关系与氨基酸同源性分析表明 SlMBP11 与 PMADS9 和 AtAGL15 蛋白具有较高的同源性（图 6-3B），且同属于非常保守的 MADS-box 转录因子家族。

## 6.2.2 *SlMBP11* 基因在野生型番茄中的表达模式

为了研究 *SlMBP11* 在番茄发育过程中的功能，通过实时定量 PCR（qRT-PCR）技术检测它在番茄各个组织和器官中的转录模式。图 6-4A 表

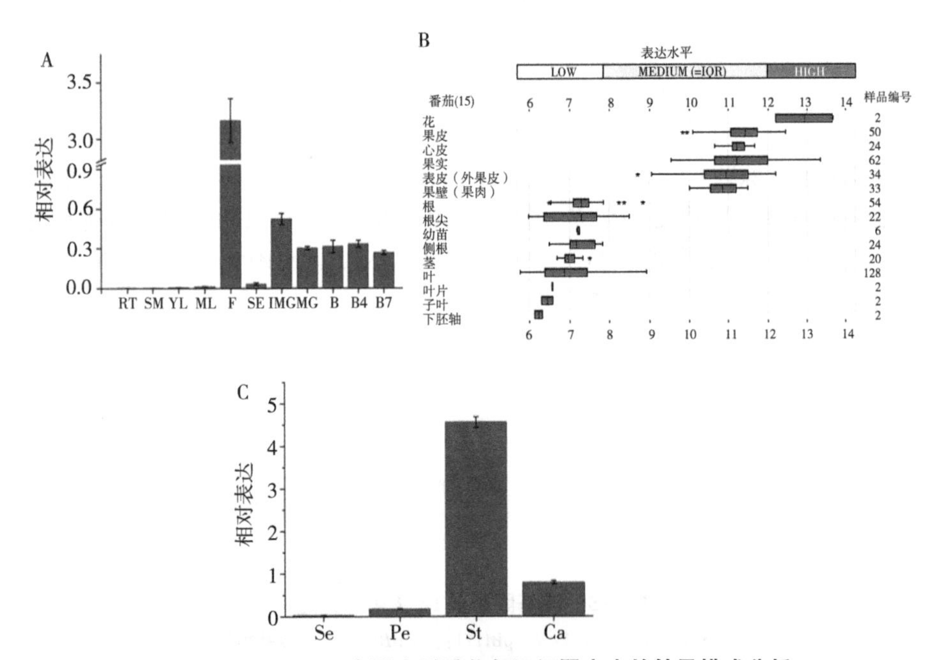


**图 6-4 *SlMBP11* 在野生型番茄各组织器官中的转录模式分析**

（A）*SlMBP11* 在野生型番茄中的表达模式分析。RT，根；ST，茎；YL，幼叶；ML，成熟叶；F，花；SE，果实的萼片；IMG，青熟果；MG，绿熟果；B，破色期果实；B4，破色期后第 4 天的果实；B7，破色期后第 7 天的果实；（B）*SlMBP11* 基因表达谱分析。表达谱数据由番茄基因芯片平台 Genevestigator（https：// www. genevestigator. com/gv）获得。以 *SlMBP11* 的核苷酸序列作为查询序列针对 Affymetrix Gene Chip（http：//www. affymetrix. com）进行基因探针序列搜索，选择最同源的探针（Les. 2212. 1. A1_at）在 Genevestigator 的 Affymetrix 番茄基因组微阵列平台执行搜索程序；（C）*SlMBP11* 在野生型四轮花器官中的表达模式。Se，萼片；Pe，花瓣；St，雄蕊；Ca，心皮。每个数值代表 3 次试验平均值±SE。

明 *SlMBP11* 在被检测的所有组织中均有表达。其中，*SlMBP11* 在番茄营养器官或组织（根、茎、幼叶和成熟叶）中的转录水平较低，而其在生殖器官或组织中的转录水平较高，如花、萼片和不同发育时期的果实，这与 Genevestigator 番茄基因芯片平台（https：//www. genevestigator. com/gv）的基因芯片表达数据（图 6-4B）是一致的。本研究进一步分析了 *SlMBP11* 在番茄四轮花器官（萼片、花瓣、雄蕊和心皮）中的表达，并且发现 *SlMBP11* 在雄蕊和心皮中的转录水平较高（图 6-4C）。总之，这些结果表明 *SlMBP11* 可能在番茄花器官和果实发育过程中扮演重要角色。

## 6.2.3 *SlMBP11* 转基因番茄苗系的培育与筛选

在本研究中，针对 *SlMBP11* 基因，构建了 *SlMBP11* 的超表达载体和 *SlMBP11* RNA 干扰（RNAi）载体。通过农杆菌介导的转化将构建的载体转入野生型番茄，并获得了 7 株独立转基因型的超表达 pBI121：：*SlMBP11* 番茄再生株系和 7 株独立转基因型的沉默 pBIN19：：*SlMBP11* 番茄再生株系。图 6-5 是这 14 株转基因番茄 *NPT Ⅱ* 基因的 PCR 结果，除株系 1 和 2 外，其他均为 *NPT Ⅱ* 阳性。这表明 pBI121：：*SlMBP11* 和 pBIN19：：*SlMBP11* 载体的 T-DNA 区已经成功整合到再生苗的基因组 DNA 中。

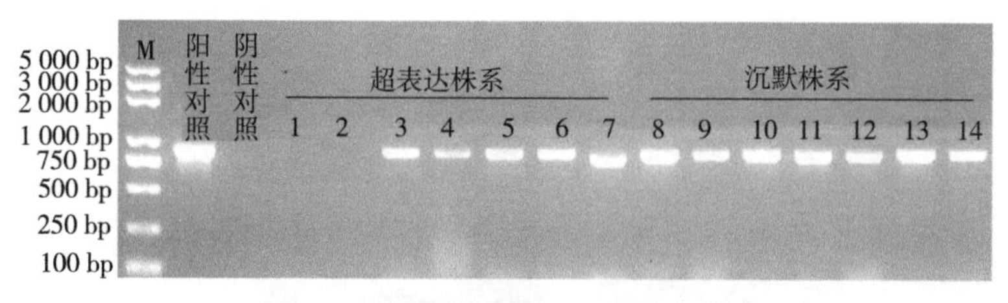


**图 6-5 转基因番茄 PCR 阳性筛选**

M：DL2000 plus marker；1~7：pBI121：：*SlMBP11* 独立转基因番茄；8~14：*pBIN*19：：SlMBP*11* 独立转基因番茄。

## 6.2.4 转基因番茄株系的 *SlMBP11* 基因表达水平检测

因为 T-DNA 插入的位点和拷贝数可能不同，各转基因株系的沉默或超表达水平也可能不同。所以通过定量 PCR 检测 *SlMBP11* 在转基因株系中的表达水平。*SlMBP11* 在超表达株系的转录水平高于野生型 175 倍左右（图 6-6A），而在沉默株系中的表达减少到大约野生型的 10%（图 6-6B）。基

于 *SlMBP11* 在这些转基因株系中的表达水平，本研究选择了 3 个超表达株系（OE4、OE10 和 OE11）和 3 个沉默株系（RNAi4、RNAi7 和 RNAi9）作为进一步研究的材料。然而，由于后期沉默株系的生长发育与野生型相比没有表现出明显的差异，因此，后期的转基因分析没有涉及沉默的转基因株系。

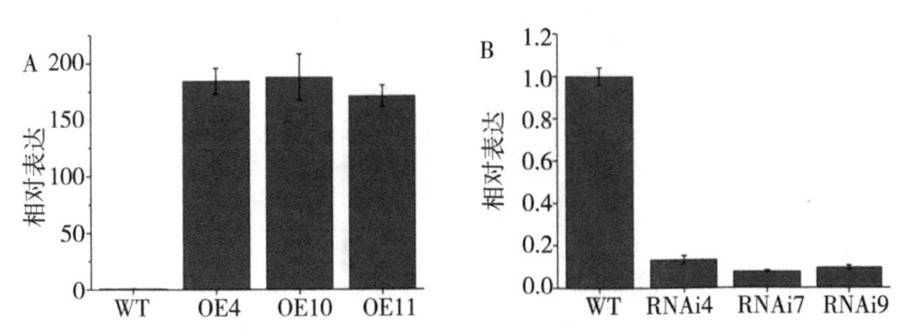


**图 6-6　*SlMBP11* 在其超表达（A）和沉默（B）株系中的表达检测**

每个数值表示 3 个生物重复的平均值±SE。

## 6.2.5　*SlMBP11* 基因的超表达改变了番茄幼苗的植株形态

为了深入研究 *SlMBP11* 基因的功能，本研究构建了包含全长 *SlMBP11* cDNA 和花椰菜花叶病毒（CaMV）35S 启动子的超表达载体，并产生了多个已被基因组 PCR 证实的超表达株系。通过实时定量 PCR 技术检测了 *SlMBP11* 基因在超表达株系中的表达水平。*SlMBP11* 在超表达株系中的表达比野生型中高出 175 倍之多。基于 *SlMBP11* 在转基因株系中的表达水平，本研究选择了超表达株系 OE4、OE10 和 OE11 用来进一步的表型和分子水平分析。

在种子萌发后几天内，*SlMBP11* 超表达的转基因幼苗就可以从野生型中区分出来（图 6-7A）。与野生型相比，3 个超表达株系（OE4、OE10 和 OE11）幼苗表现出减小的植株高度和复叶大小（图 6-7B～D）。本研究对萌发后 40 d 植株的第一片真叶进行量化分析发现超表达株系的叶面积减少了 91%（图 6-8D），这是因为超表达株系叶长（图 6-8A）和叶宽（图 6-8B）的减小。然而，该研究也发现野生型和超表达株系的叶片形状指数（叶片长宽比）是没有显著差异的（图 6-8C）。

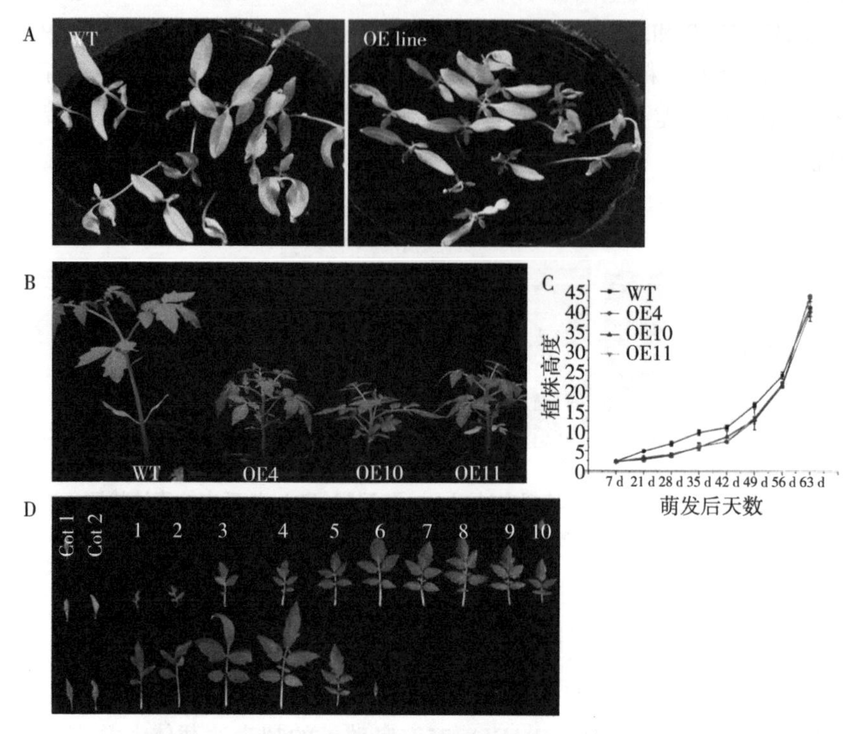


**图 6-7 *SlMBP11* 的超表达在番茄幼苗植株形态上的响应**

（A）萌发后 8 d 的野生型和 *SlMBP11* 超表达株系的幼苗；（B）*SlMBP11* 超表达植株变矮变小；（C）野生型和 *SlMBP11* 超表达株系植株高度。植株高度的测量从种子萌发后 21 d 开始，每 7 d 测量 1 次，直到第 63 d 结束；（D）野生型（下行）和 *SlMBP11* 超表达株系（上行）的叶片。每行叶片从左到右按照向顶的顺序分别为子叶和真叶。收集完全打开的叶片。照片在种子萌发后 40 d 拍摄。

## 6.2.6 超表达株系茎的细胞变小

在幼苗生长阶段超表达株系的茎比野生型的茎较短。为了阐明这个缺陷是否伴随着细胞大小的变化，本研究进行了野生型和超表达株系幼苗茎的解剖分析。结果发现超表达株系茎的细胞大小和数目与野生型显著不同（图 6-9A～D）。在相同发育阶段超表达株系茎的细胞变小，这证实了 *SlMBP11* 的超表达引起了植株发育早期细胞面积的减小（图 6-9C）。超表达株系茎的平均细胞数目显著较大，这维持着整个茎的大小（图 6-9D），表明 *SlMBP11* 的超表达也改变了茎的细胞数目。总之，这些结果表明 *SlMBP11*

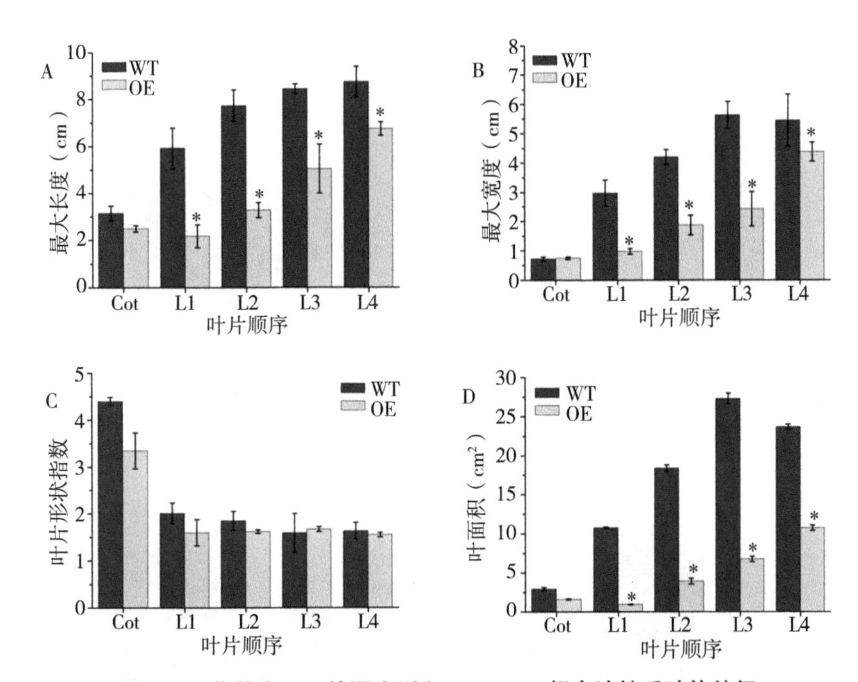


**图 6-8　苗龄为 40d 的野生型和 *SlMBP11* 超表达株系叶片特征**

（A～D）分别表示野生型和 *SlMBP11* 超表达株系叶片的长度、宽度、形状指数和叶面积。每个数值表示为 3 次试验平均值±SE（$n=9$）。星号表示野生型和超表达株系叶片数量形态特征差异的显著分析（$P<0.05$）。

的超表达通过控制细胞的发育抑制了早期植株的生长。

## 6.2.7　赤霉素合成、响应和细胞伸长相关基因的转录分析

赤霉素是四环双萜类生长因子，它是植物茎的伸长和其他发育过程的重要调控子（Hooley，1994；Swain and Olszewski，1996）。赤霉素合成酶 GA20oxs 在许多植物中决定赤霉素浓度，而 GA3oxs 则催化产生具有生物活性 GAs（如 $GA_1$、$GA_3$、$GA_4$和 $GA_7$）的最后步骤（Yamaguchi，2008）。在超表达株系幼苗的茎中，*GA20ox3* 和 *GA3ox1* 是显著下调的（图 6-10A～B），这可能会导致超表达株系中赤霉素含量降低。此外，还检测了赤霉素响应抑制子 *GAI*（Peng et al.，1997）的转录水平，发现它在超表达株系中显著地上调（图 6-10C）。螺旋环螺旋（HLH）蛋白 PRE（PACLOBUTRAZOLE RESISTANCE）家族一直以正向调控细胞伸长的为特征（Lee et al.，2006；Zhang et al.，2009）。本研究检测了番茄中 3 个可能存在的 PRE 基因 *PRE1*、

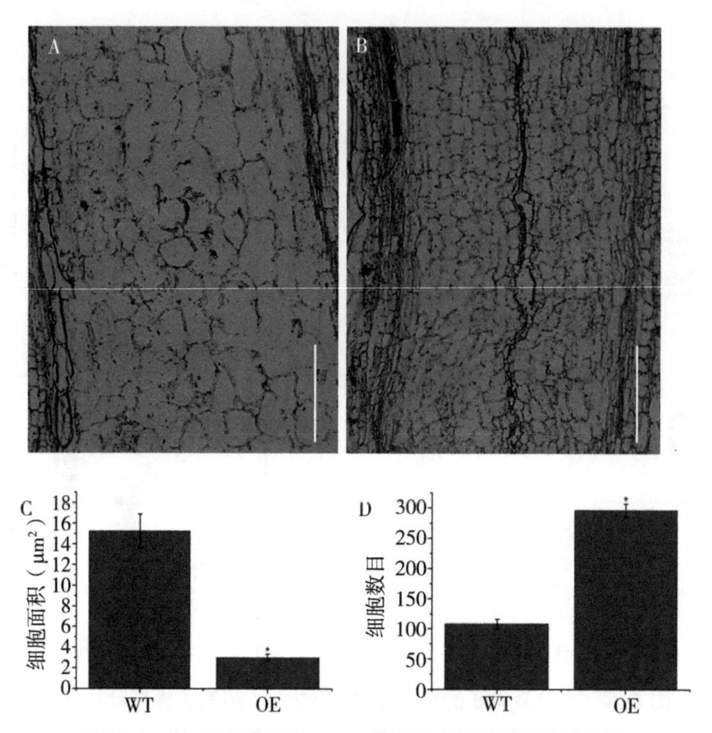


**图 6-9　野生型和 *SlMBP11* 超表达株系茎的解剖分析**

野生型（A）和超表达株系（B）茎的纵切。标尺为 9 μm。（C）估测的细胞面积。（D）细胞数目。样品取自苗龄为 42 d 的植株。数据表示为平均值± SE。

*PRE2* 和 *PRE3* 的表达，结果表明在超表达株系中这 3 个 PRE 基因被显著地下调（图 6-10D～E）。

## 6.2.8　*SlMBP11* 的超表达导致番茄植株侧芽增加

随着植株的生长，研究发现超表达株系的叶柄长度大幅度地减小，整个植株变得较瘦（图 6-11A）。*SlMBP1* 超表达株系具有明显较长较多的侧芽（图 6-11A～C），形成密集的芽簇（图 6-11D）。与野生型相比，超表达株系的侧芽和节数表现出 2 倍的增加（图 6-11E～F）。尽管转基因植株顶端和中间位置节间长度有所减小，但是节间长度上严重的减小发生在植株的基部（图 6-11G）。节间长度的减小导致了幼苗阶段植株矮小和被压缩。此外，超表达株系的叶片数目显著增加，表明 *SlMBP11* 超表达加速了茎尖叶片的启动速率（图 6-11H）。

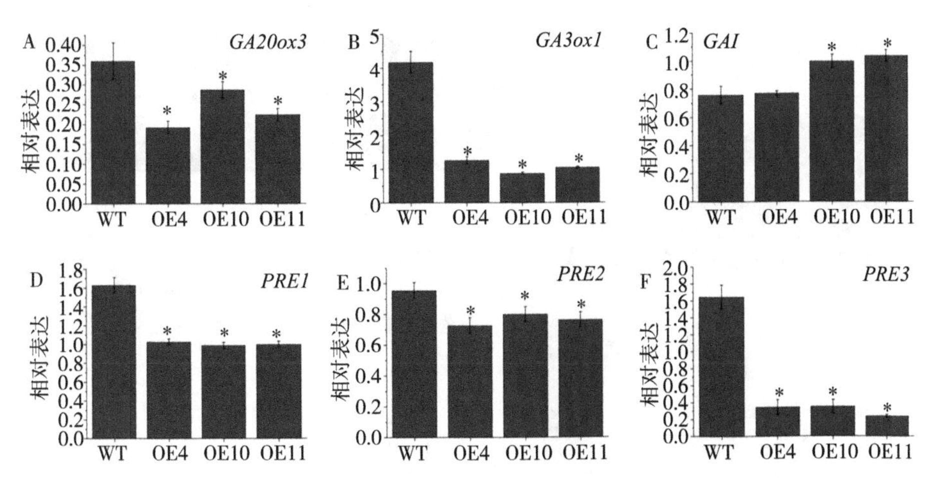


**图 6-10 参与赤霉素合成、响应和细胞伸长相关的基因在野生型和 *SlMBP11* 超表达株系茎中的转录水平**

（A~C）分别表示 *GA20ox3*、*GA3ox1* 和 *GAI* 在野生型和 *SlMBP11* 超表达株系茎中的表达水平。（D~F）分别表示 *PRE1*、*PRE2* 和 *PRE3* 在野生型和 *SlMBP11* 超表达株系茎中的表达水平。每个数值表示为 3 次试验平均值±SE（$n=9$）。星号表示在野生型和超表达株系基因表达的显著分析（$P<0.05$）。

## 6.2.9 番茄独脚金内酯合成和侧芽发育相关基因的表达分析

基于 *SlMBP11* 超表达株系多侧芽的表型，本研究在野生型和超表达株系的侧芽中检测了番茄独脚金内酯合成基因的表达。例如，参与番茄独脚金内酯合成的类胡萝卜素解离双加氧酶 7（*Solanum lycopersicum* carotenoid cleavage dioxygenase 7，*SlCCD7*）和类胡萝卜素解离双加氧酶 8（*Solanum lycopersicum* carotenoid cleavage dioxygenase 8，*SlCCD8*），它们对于植物地上和地下部分的形态建成是必需的（Kohlen et al.，2012；Vogel et al.，2010）。结果表明，这 2 个独脚金内酯合成基因在超表达植株的侧芽中显著地下调（图 6-12A、B）。此外，还检测了 3 个已知的番茄侧芽发育相关的基因表达，包括（*Ls*）（Schumacher et al.，1999）、*Blind*（*BL*）（Schmitz et al.，2002）和 *BRC1b/TCP8*（Martin-Trillo et al.，2011）。其中，编码 VHIID 蛋白家族新成员之一的 *Lateral suppressor*（*Ls*）在超表达株系中的转录水平与野生型相比没有明显差异（图 6-12C）。番茄 *Blind*（*BL*）基因编码一个 MYB 转录因子，它控制着侧生分生组织的形成（Schmitz et al.，2002）。*BRC1b* 基因编码一个 TCP（teosinte branched1，cycloidea，proliferating cell

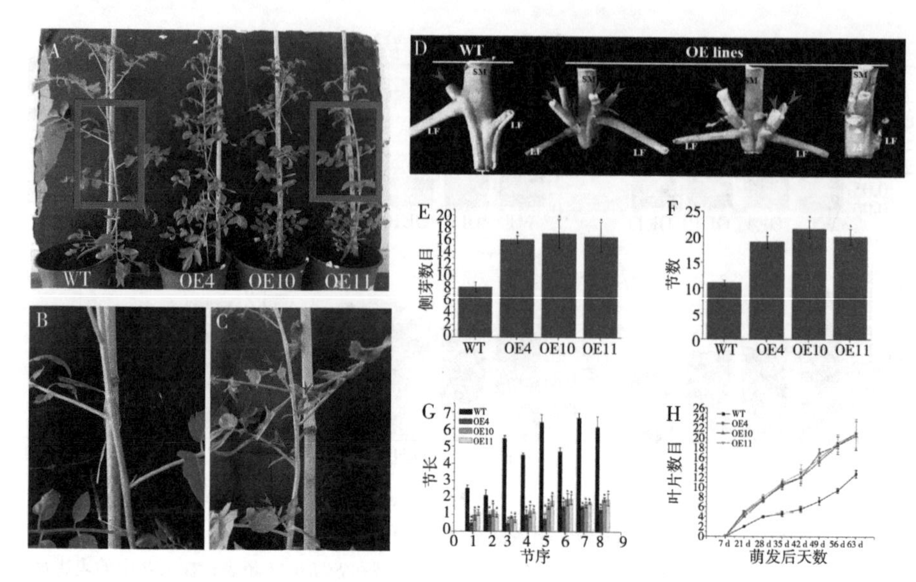


**图 6-11 *SlMBP11* 的超表达在番茄侧芽形态上的响应**

（A）从左到右为分别为野生型和超表达株系（OE4、OE10 和 OE11）的整体形态特征。此照片为种子萌发后 63 d 拍摄。（B）为（A）中野生型红色框区域的特写。（C）为（A）中超表达株系红色框区域的特写，红色箭头表示二级分支。（D）野生型和超表达株系的簇状侧芽。LF，叶片；SM，茎；红色箭头表示侧芽。（E）萌发后 2 个月的野生型和超表达株系的侧芽数目。（F）主茎上的平均节数。（G）野生型和超表达株系第 1 至第 8 节的节长。（H）野生型和超表达株系真叶的数目。每个数值表示为 3 次试验平均值±SE（$n=9$）。星号表示野生型和超表达株系的显著分析（$P<0.05$）。

factors）家族的转录因子，它参与控制分生组织和侧生器官中细胞的生长与增殖（Cubas et al.，1999；Martin-Trillo and Cubas，2010）。上述 2 个基因的表达水平在超表达株系的侧芽中均显著上升（图 6-12D～E），其中，*BRC1b* 基因上调了大约 4～7 倍。

## 6.2.10 *SlMBP11* 的超表达使番茄植株的花和果实的形态发生变化

超表达的 *SlMBP11* 株系表现出畸形的花器官结构，包括花柱大小的变化和深裂的子房，而野生型表现出正常的花器官结构。为了从细节上研究花柱的结构特点，通过扫描电镜（scanning electron microscopy，SEM）检查野生型和超表达番茄的花器官。与野生型花柱（图 6-13A、B）相比，超表达株系的花柱较短较粗（图 6-13C、D），而萼片和花瓣的整体形态与野生型

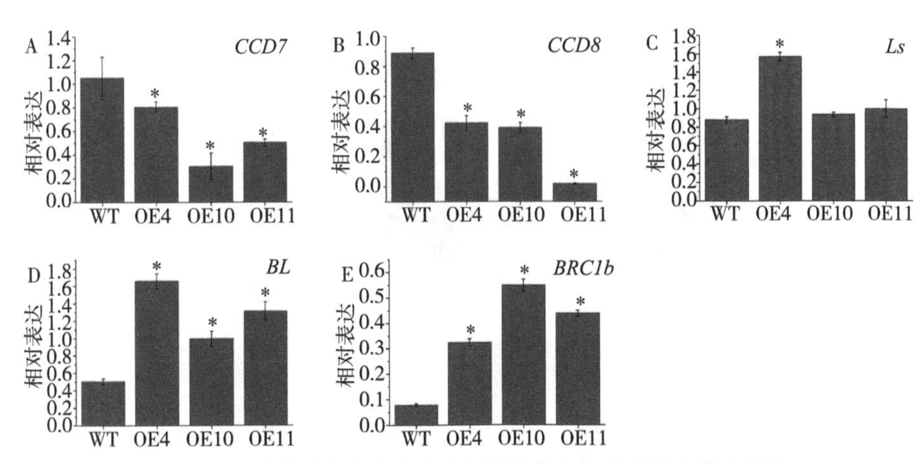


**图 6-12 番茄独脚金内酯合成和侧芽发育相关基因在野生型和 *SlMBP11* 超表达株系侧芽中的相对转录水平**

（A、B）分别表示独脚金内酯合成基因 *CCD7* 和 *CCD8* 在野生型和超表达株系侧芽中的表达。（C~E）分别表示侧芽发育相关基因 *Ls*、*BL* 和 *RBC1b* 在野生型和超表达株系侧芽中的表达。每个数值表示为 3 次试验平均值±SE。星号表示在野生型和超表达株系基因表达的显著分析（$P<0.05$）。

类似。超表达株系花柱中间位置的表皮细胞形态显著不同于野生型（图 6-13E、F）。显而易见地，野生型花柱的基部具有丰富的毛状体（图 6-13G），而超表达花柱的基部毛状体较为稀少（图 6-13H）。进一步的分析表明超表达花柱基部的表皮细胞呈现梭形结构，似乎与野生型花柱细胞形态相似（图 6-13I、J）。

子房的裂痕出现在侧部，通常它是穿过心尖区域正常形成的，然而与野生型（图 6-14C、D）相比，超表达株系的子房呈现较深的裂痕（图 6-14A、B）。超表达株系子房发育结构的改变导致了 44%~56% 的多心皮果实的产生（图 6-14E、F）。较高倍数显微镜分析表明野生型（图 6-14D）和超表达株系子房（图 6-14B）的表皮细胞形态是类似的。除了第一个花序（花未开即凋落）（图 6-15），超表达株系每个花序上花的数目远多于野生型花的数目（图 6-14G）。此外，*SlMBP11* 的超表达也影响了番茄的坐果率。统计数据表明超表达株系的坐果率显著低于野生型植株（图 6-14H）。总之，上述结果表明，*SlMBP11* 基因对番茄花器官结构完整性和生殖功能的维持是必需的。

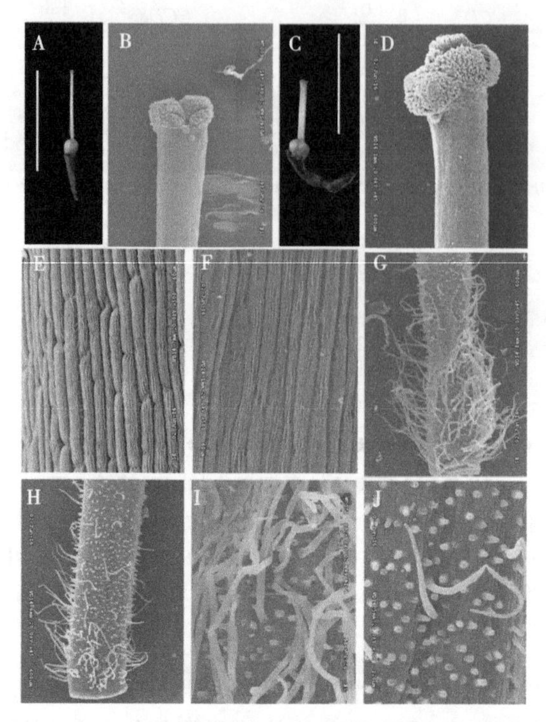


**图 6-13 *SlMBP11* 的超表达在番茄花柱形态上的响应**

（A、B、E、G、H）野生型；（C、D、F、H、J）*SlMBP11* 超表达株系。（A、C）为数码照片，（B、D、E~J）为扫描电镜照片。野生型（A）和超表达株系（C）花柱形态。扫描电镜下的野生型（B）和超表达株系（D）的柱头。野生型（E）和超表达株系（F）花柱中部表皮细胞的形态和组织。扫描电镜分析表明野生型花柱基部具有丰富的毛状体结构（G、I），而超表达株系花柱基部的毛状体结构较为稀少（H、J）。标尺：1 cm（A、C），600 μm（B、D、G、H），60 μm（E、F）和 120 μm（I、J）。

## 6.2.11 *SlMBP11* 的超表达推迟了番茄花被器官的衰老

*SlMBP11* 超表达植株花被器官的寿命延长（图 6-16A）。为了研究 *SlMBP11* 的超表达在花被衰老分子水平上的响应，本研究检测了衰老相关基因的表达。因为乙烯在衰老过程中扮演着重要角色，所以检测了乙烯合成基因 *ACO1*、*ACO3*、*ACS2* 和 *ACS4* 以及乙烯响应基因 *RAV1* 在开花后 3 d 和 5 d 的野生型和超表达株系花被器官中的表达。结果表明，这些乙烯合成和响应基因在超表达株系中显著下调（图 6-16B~F），其中，除了 *ACO3* 基

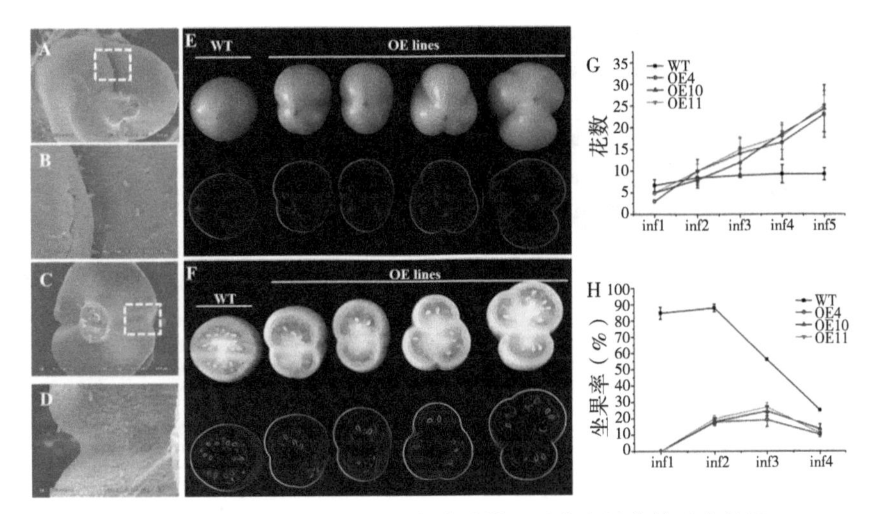


**图 6-14 野生型和 *SlMBP11* 超表达株系子房和果实的形态特征**

（A）超表达株系的子房形态。（B）为（A）图白色框区域放大。（C）野生型番茄的子房。（D）为（C）图白色框区域放大。（E）野生型和超表达株系的果实（上）及轮廓图（下）。（F）野生型和超表达株系的果实横切（上）及轮廓图（下）。所有果实为授粉后 23 d 的果实。（G，H）野生型和超表达株系的花数（G）和坐果率（H）。inf，花序。标尺：600 μm（A、C），120 μm（B、D）。

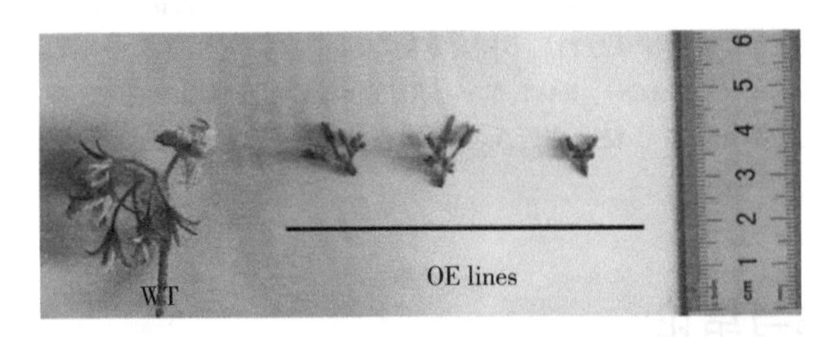


**图 6-15 苗龄为 66 d 的野生型和 *SlMBP11* 超表达株系的第一花序**

因，其他 4 个基因的表达水平减少了 50%～80%。此外，光合作用相关基因 *SlrbcS3B*（*ribulose bisphosphate carboxylase small chain 3B*）在番茄中编码核酮糖-1，5-二磷酸羧化酶（rbcS）的小亚基（Sugita et al.，1987），实时定量 PCR 分析数据表明 *SlrbcS3B* 在超表达株系中被显著上调（图 6-16G）。

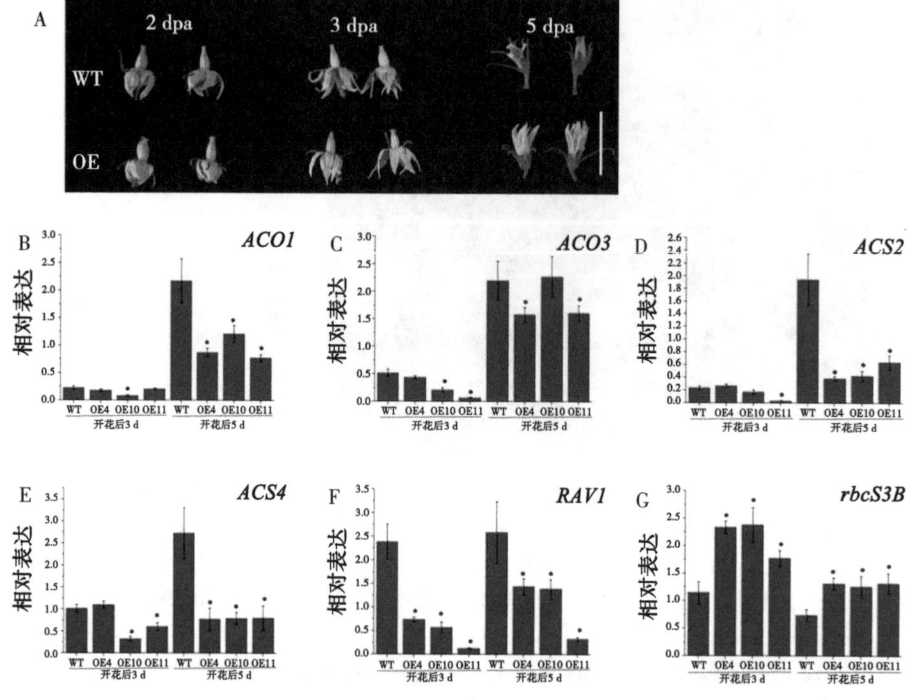


**图 6-16 *SlMBP11* 的超表达推迟了花被器官的衰老**

（A）野生型和超表达株系授粉后不同时期的花器官形态。（B~G）分别表示番茄衰老相关基因 *ACO1*、*ACO3*、*ACS2*、*ACS4*、*RAV*1 和 *rbcS3B* 在授粉后不同时期的表达分析。每个数值表示为 3 次试验平均值±SE。星号表示在野生型和超表达株系基因表达的显著分析（$P<0.05$）。（A）图中的标尺为 1 cm。

## 6.3 讨论与结论

在进化过程中基因重复事件是一个关键的驱动力，贯穿陆生植物进化史，基因复制事件导致了转录因子家族基因的多样化（Rijpkema et al.，2007；Shan et al.，2009）。这种多样化通常伴随着复制基因确定的命运：获得新功能或者经历亚功能化（Force et al.，1999；Lynch and Force，2000；Moore and Purugganan，2005）。尽管开花植物中许多 MADS-box 基因的功能具有保守性，但是一些基因在特定物种进化过程中获得了新功能（Smaczniak et al.，2012）。本研究阐明了 MADS-box 转录因子 AGL15 亚家族

成员 *SlMBP11* 基因的功能角色。研究表明，*SlMBP11* 在被检测的所有番茄的组织和器官中均有表达。其中，*SlMBP11* 在营养生长阶段的表达水平较低，在生殖生长阶段的表达水平较高。进一步通过超表达这个基因来研究它在番茄中的功能特点。*SlMBP11* 的超表达导致了番茄植株形态的变化和反常的花器官表型，这表明 *SlMBP11* 基因在番茄多种发育过程中扮演至关重要的角色。

### 6.3.1　*SlMBP11* 表达水平的增加对番茄植株形态的影响

为了研究 *SlMBP11* 在植株发育过程中的功能角色，本研究获得了 10 个独立 *SlMBP11* 超表达番茄植株。为了量化野生型与超表达植株的形态差异，分别测量了它们的株高、叶长、叶宽和叶面积。在早期幼苗生长阶段，可能由于减少的顶端优势，*SlMBP11* 超表达植株高度和叶片面积减小。结果表明，*SlMBP11* 基因可能在维持早期番茄植株形态上扮演着重要角色。基于早期植株变矮的表型，进行了野生型和超表达株系茎的纵切分析。发现 *SlMBP11* 超表达株系茎的细胞明显变小，这可能部分地解释了超表达植株变矮的表型。为研究超表达株系幼苗变矮的分子机制，检测了番茄赤霉素合成（*GA20ox3* 和 *GA3ox1*）、响应（*GAI*）和细胞伸长（*PRE1*、*PRE2* 和 *PRE3*）相关基因的转录水平。其中，*GA20ox3* 和 *GA3ox1* 在超表达株系中显著下调，这可能导致超表达株系中赤霉素含量减少。然而，赤霉素响应抑制子 *GAI* 在超表达株系中显著上调。上述结果表明 *SlMBP11* 的超表达可能影响了番茄中赤霉素的合成、代谢和信号转导。前人的研究表明，赤霉素是通过诱导 *PRE1* 基因的表达来调控细胞伸长的（Lee et al.，2006）。*PRE1*、*PRE2* 和 *PRE3* 在超表达株系中的转录水平显著降低，这表明 *SlMBP11* 可能负向调控这 3 个基因。

很多转录因子家族，包括 GRAS（如 *Ls* 基因）（Schumacher et al.，1999），MYB（如 *BL* 基因）（Schmitz et al.，2002）和 TCP（如 *BRC1b* 基因）（Cubas et al.，1999；Martin-Trillo and Cubas，2010）在调控番茄侧芽发育上发挥着重要角色。然而，随着番茄植株的生长，研究发现 *SlMBP11* 的超表达植株侧芽数目和长度均有增加。这些结果表明，*SlMBP11* 在促进番茄侧芽生长上发挥重要作用。超表达株系产生了较多的叶片，说明植株的营养生长旺盛。这些观察说明，超表达植株整个营养生长得到增强。*SlCCD7* 反义番茄植株和 *SlCCD8* RNAi 沉默植株均表现出分枝显著增加的表型（Kohlen et al.，2012；Vogel et al.，2010），这证明 *SlCCD7* 和 *SlCCD8* 在抑制番茄分枝生长上扮演重要角色。因此，本研究检测了番茄独脚金内酯合成基因（*SlCCD7* 和 *SlCCD8*）在超表达株系中的转录水平，发现这 2 个基因在超表达株系中显著下调，这表明独脚金内酯合成基因表达水平的下降可能影响了独脚金内酯的合成，从而导致超表达株系侧芽的增多。在 *BL* RNA 干扰诱导的番茄植株中，侧生分生组织的起始受到抑制，导致侧芽数目大量减少（Schmitz et al.，2002）。*SlBRC1b* 的功能缺失导致番茄分枝增加（Martin-Trillo et al.，2011）。基于 *SlMBP11* 超表达株系侧芽增多的表型，本研究检测了侧芽发育相关基因（*Ls*，*BL* 和 *BRC1b*）（Martin-Trillo et al.，2011；Schmitz et al.，2002）在野生型和超表达株系中的表达水平，其中，*BL* 基因在超表达株系侧芽中的表达水平显著增加，表明 *SlMBP11* 正向调控该基因。出乎意料的是起分枝抑制作用的 *BRC1b* 基因在超表达株系侧芽中表达水平也显著增加，这似乎与超表达株系侧芽增多的表型不符，可能的原因是超表达株系侧芽的旺盛生长引起了一个反馈调节机制。因此，*BRC1b* 在超表达株系中表达水平的增加是为了维护机体的平衡。在被子植物中，分枝发育在很大程度上决定着整个植物的形态，影响着植物生命周期的基本方面，如营养分配、株高和传粉者的可见性。因此，*SlMBP11* 超表达植株旺盛的营养生长很可能是导致其坐果率较低的原因之一。

### 6.3.2 *SlMBP11* 基因的超表达影响了番茄生殖器官的形态和发育

*SlMBP11* 超表达株系的生殖器官结构也受到较大的影响。与野生型相比，超表达株系的花柱变短变粗。扫描电镜分析表明超表达株系花柱底部的毛状体较为稀少。一般来说，花柱缺陷和毛状体缺乏表明植株的雌蕊不能正常成熟，这可能是超表达株系坐果率低的另一个原因。此外，超表达株系的子房表现出深裂的表型，进而导致相当多的畸形多心皮的果实，其数目取决于表型的严重程度。这些结果表明，*SlMBP11* 基因在花器官结构完整性和生殖功能的维持上是必需的。

拟南芥 *AGL15* 基因的超表达推迟了花器官的衰老和脱落（Fang and Fernandez，2002；Fernandez et al.，2000）。在本研究中，番茄 *SlMBP11* 基因与拟南芥 *AtAGL15* 基因高度同源，其超表达也推迟了番茄花被器官的衰老，这可能是由于脱落和衰老的联合作用导致的。这些结果表明，不同物种中的同源基因发挥着类似的作用。为了进一步从分子水平阐明 *SlMBP11* 在花器官衰老过程中的潜在功能，本研究检测了番茄衰老相关基因在野生型和超表达株系中的表达。定量 PCR 结果表明乙烯合成基因 *ACO1*、*ACO3*、*ACS2*、*ACS4* 和乙烯响应基因 *RAV1* 在开花后 3 d 和 5 d 的超表达株系中被显著下调，这说明乙烯合成基因表达水平的下降可能影响乙烯的合成，进而推迟了超表达株系花被器官的衰老。光合作用相关基因 *SlrbcS3B* 的表达水平则表现出相反的变化。

## 6.4　小结

MADS-box 蛋白是一类重要的转录因子，参与调控植物的很多生物学过程。本章研究克隆了番茄 AGL15 亚家族成员 *SlMBP11*，该基因在检测的番茄各个组织中均有表达，在生殖器官和组织中的转录水平显著高于营养器官和组织中的转录水平。*SlMBP11* 超表达植株幼苗表现出植株高度，叶面积和节间长度减小，节数和叶片数增加。随着植株的生长，其侧芽增多。另外，*SlMBP11* 的超表达引起了番茄生殖器官结构的变化，如较短的花柱和深裂子房引起的多心皮果实。*SlMBP11* 的超表达也推迟了花被器官的衰老。本研究通过形态学、解剖学和分子手段进一步证实了超表达株系这些表型的变化。综上所述，*SlMBP11* 不仅在调控番茄植株形态上（作为侧芽发育的正调控子）扮演着重要角色，而且在维持番茄生殖器官结构上发挥着重要作用。本研究发现了一类新的控制侧芽生长发育的转录因子，阐明了先前未被揭示的 MADS-box 基因在番茄中的功能。

*SlMBP11* 基因参与了番茄的营养和生殖阶段的发育过程，调节了植株形态建成和生殖器官结构，结合已有研究成果和近几年相关的文献资料，本研究认为后续研究可以从以下方向开展：在 *SlMBP11* 沉默株系中检测其功能冗余基因的表达，深入探索 SlMBP11 转录因子在调控番茄侧芽发育过程中的重要作用。

## 参考文献

CUBAS P, LAUTER N, DOEBLEY J, et al., 1999. The TCP domain: a motif found in proteins regulating plant growth and development [J]. The Plant Journal, 18: 215-222.

DIAZ-RIQUELME J, LIJAVETZKY D, MARTINEZ-ZAPATER J M, et al., 2009. Genome-wide analysis of MIKCC-Type MADS Box genes in grapevine [J]. Plant Physiology, 149: 354-369.

FANG S C, FERNANDEZ D E, 2002. Effect of regulated overexpression of the MADS domain factor AGL15 on flower senescence and fruit maturation [J]. Plant Physiology, 130: 78-89.

FERNANDEZ D E, HECK G R, PERRY S E, et al., 2000. The embryo MADS domain factor AGL15 acts postembryonically: inhibition of perianth senescence and abscission via constitutive expression [J]. Plant Cell, 12: 183-197.

FORCE A, LYNCH M, PICKETT F B, et al., 1999. Preservation of duplicate genes by complementary, degenerative mutations [J]. Genetics, 151: 1531-1545.

HOOLEY R, 1994. Gibberellins: perception, transduction and responses [J]. Plant Molecular Biology, 26: 1529-1555.

KOHLEN W, CHARNIKHOVA T, LAMMERS M, et al., 2012. The tomato *CAROTENOID CLEAVAGE DIOXYGENASE*8 (*SlCCD8*) regulates rhizosphere signaling, plant architecture and affects reproductive development through strigolactone biosynthesis [J]. New Phytologist, 196: 535-547.

LEE S, LEE S, YANG K Y, et al., 2006. Overexpression of *PRE1* and its homologous genes activates gibberellin-dependent responses in *Arabidopsis thaliana* [J]. Plant and Cell Physiology, 47: 591-600.

LYNCH M, FORCE A, 2000. The probability of duplicate gene preservation by subfunctionalization [J]. Genetics, 154: 459-473.

MARTIN-TRILLO M, CUBAS P, 2010. TCP genes: a family snapshot ten years later [J]. Trends in Plant Science, 15: 31-39.

MARTIN-TRILLO M, GRANDIO E G, SERRA F, et al., 2011. Role of tomato *BRANCHED1-like* genes in the control of shoot branching [J]. The Plant Journal, 67: 701-714.

MOORE R C, PURUGGANAN M D, 2005. The evolutionary dynamics of plant duplicate genes [J]. Current Opinion in Plant Biology, 8: 122-128.

PENG J R, CAROL P, RICHARDS D E, et al., 1997. The *Arabidopsis GAI* gene defines a signaling pathway that negatively regulates gibberellin responses [J]. Genes and Development, 11: 3194-3205.

RIJPKEMA A S, GERATS T, VANDENBUSSCHE M, 2007. Evolutionary complexity of MADS complexes [J]. Current Opinion in Plant Biology, 10: 32-38.

SCHMITZ G, TILLMANN E, CARRIERO F, et al., 2002. The tomato Blind gene encodes a MYB transcription factor that controls the formation of lateral meristems [J]. Proceedings of the National Academy of Sciences, 99: 1064-1069.

SCHUMACHER K, SCHMITT T, ROSSBERG M, et al., 1999. The *Lateral suppressor* (*Ls*) gene of tomato encodes a new member of the VHIID protein family [J]. Proceedings of the National Academy of Sciences, 96: 290-295.

SHAN H Y, ZAHN L, GUINDON S, et al., 2009. Evolution of plant MADS Box transcription factors: evidence for shifts in selection associated with early angiosperm diversification and concerted gene duplications [J]. Molecular Biology and Evolution, 26: 2229-2244.

SMACZNIAK C, IMMINK R G, ANGENENT G C, et al., 2012. Developmental and evolutionary diversity of plant MADS domain factors: insights from recent studies [J]. Development, 139: 3081-3098.

SUGITA M, MANZARA T, PICHERSKY E, et al., 1987. Genomic organization, sequence analysis and expression of all five genes encoding the small subunit of ribulose-1, 5-bisphosphate carboxylase/oxygenase from tomato [J]. Molecular and General Genetics: MGG, 209: 247-256.

SWAIN S M, OLSZEWSKI N E, 1996. Genetic analysis of gibberellin signal transduction [J]. Plant Physiology, 112: 11-17.

VOGEL J T, WALTER M H, GIAVALISCO P, et al., 2010. SlCCD7 controls strigolactone biosynthesis, shoot branching and mycorrhiza-induced apocarotenoid formation in tomato [J]. The Plant Journal, 61: 300-311.

YAMAGUCHI S, 2008. Gibberellin metabolism and its regulation [J]. Annual Review of Plant Biology, 59: 225-251.

ZHANG L, TIAN L H, ZHAO J F, et al., 2009. Identification of an apoplastic protein involved in the initial phase of salt stress response in rice root by two-dimensional electrophoresis [J]. Plant Physiology, 149: 916-928.

# 7 番茄 *SlMBP3* 基因的功能研究

## 7.1 材料与方法

### 7.1.1 植物材料和生长条件

本研究使用近等基因番茄品系（*Solanum lycopersicum* Mill. cv. Ailsa Craig）作为野生型（WT）。所有植株在标准温室条件下［16 h 昼/8 h 夜循环、25 ℃/18℃ 昼/夜温度、80% 湿度和 250 μmol/($m^2$ · s) 光强度］进行培养。实验中使用来自组织培养的第一代（$T_0$）番茄植株。番茄在开花时做标记，根据开花后天数（DPA）和果实颜色，野生型番茄的成熟通常被分为 IMG、MG、B、B4 和 B7 阶段。其中，开花后 20 d 的果实被定义为未成熟的青果实（IMG）。开花后 35 d 的果实被定义为成熟的青果实（MG），其特征是绿色、有光泽，没有明显的颜色变化。开花后 38 d 的果实被定义为破色期果实（B），其果实颜色从绿色转变为黄色。另外还使用了破色后 4 d（B4）和破色后 7 d（B7）的果实。所有果实样品立即在液氮中冷冻并储存在-80 ℃ 以备使用。

### 7.1.2 番茄 *SlMBP3* 基因表达特性的研究

表达谱数据由番茄基因芯片平台 Genevestigator（http：// www. affymetrix. com/technology/mip_technology. affx）获得。以 *SlMBP3* 的核苷酸序列作为查询序列针对 Affymetrix Gene Chip（http：//www. affymetrix. com）进行基因探针序列搜索，选择最同源的探针（LesAffx. 37115. 1. S1_at）在 Genevestigator 的 Affymetrix 番茄基因组微阵列平台执行搜索程序。从野生型番茄 AC$^{++}$不同发育时期的器官，如幼叶、成熟叶、衰老叶、花、幼果、青果及成熟果实等材料中提取总 RNA，以 *SlMBP3* 基因特异片段设计引物（F：5′-TGCTTGCACCACTCAAGAGC-3′，R：5′-CCTTCACCAACCAGATGCCT-3′），采用荧光实时定量 PCR 技术，研究 *SlMBP3* 基因在番茄不同器官及不同发育

时期的表达特性。

### 7.1.3 *SlMBP3* RNAi 沉默载体构建及遗传转化

根据 *SlMBP3* 基因靶位点（300 bp）的序列，本研究使用 Primer Premier 6.0 软件设计了引物用于扩增正向和反向片段（表 7-1）。扩增产物用 XhoⅠ/KpnⅠ和 XbaⅠ/HindⅢ消化并分别在正义链中的 XhoⅠ/KpnⅠ限制位点和反义链中的 XbaⅠ/HindⅢ限制位点插入 pKANNIBAL 质粒。以 pART27 为骨架构建的 *SlMBP3* 沉默载体包含 CaMV 35S 启动子-*SlMBP3* 反向片段-pdk 内含子-*SlMBP3* 正向片段-NOS 终止子等元件的双元载体（图 7-1）。该载体能够在 CaMV 35S 启动子的驱动下形成 *SlMBP3* 发卡沉默结构。通过农杆菌（agrobacterium strain Gv3101）介导法，利用 *SlMBP3* RNAi 沉默载体转化野生型番茄 $AC^{++}$ 子叶外植体；利用卡那霉素（50 mg/L）抗性筛选，转基因植株通过引物（F：5′-ATGACGCACAATCCCACTATC-3′，R：5′-TCCAGTAGAATTTCCCTCTTCTGCA-3′）检测（图 7-2）。采用荧光实时定量 PCR 技术分析，筛选获得 *SlMBP3* 基因沉默的番茄转基因株系。

**表 7-1 *SlMBP3* 基因克隆所用引物**

| 扩增片段 | 引物序列（5′-3′） | 长度（bp） |
| --- | --- | --- |
| 正向片段 | F：5′-GGAGAGGACACGCTCGAGCATTAAGGCAACTATTGAACGATACAAGAAG-3′ | 49 |
| | R：5′-CTTACCAATTGGGGTACCTCCAGTAGAATTTCCCTCTTCTGCA-3′ | 43 |
| 反向片段 | F：5′-TTCGAAATCGATAAGCTTTCCAGTAGAATTTCCCTCTTCTGCA-3′ | 43 |
| | R：5′-TTAAAGCAGGACTCTAGACATTAAGGCAACTATTGAACGATACAAGAAG-3′ | 49 |

#### 7.1.3.1 引物设计和合成

基因 4840 靶位点序列：

CATTAAGGCAACTATTGAACGATACAAGAAGGCAACTGCTGAAACCTCTAATG
CTTGCACCACTCAAGAGCTCAATGCTCAGTTTTATCAACAAGAATCAAAAAAG
CTGCGCCAACAGATACAAATGATGCAGAATTCAAACAGGCATCTGGTTGGTGA
AGGATTAAGTTGTTTGAACGTAAGAGAGCTGAAGCAGTTGGAAAATAGACTTG
AACGAGGCATCAGCAGAATCAGATCAAAAAAGCATGAGATGATACTGGCTGA
AACTGAGAATTTGCAGAAGAGGGAAATTCTACTGGA

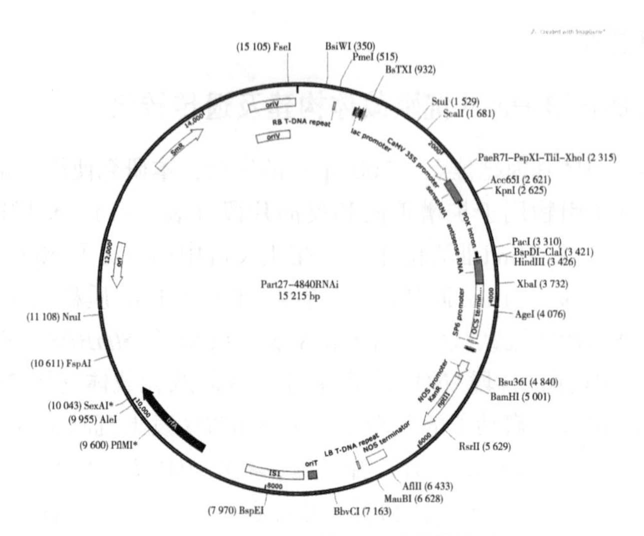


图 7-1 *SlMBP3* 基因沉默载体构建

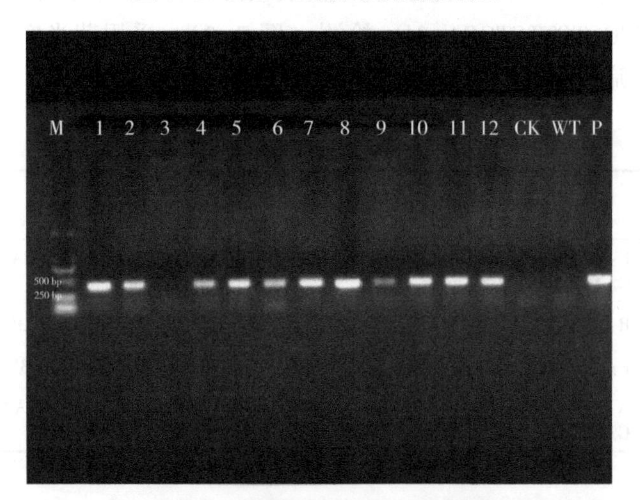


图 7-2 转基因植株的 PCR 验证

利用 Primer Premier 6.0 引物设计软件设计目的基因扩增引物，引物序列如表 7-2 所示。

表 7-2 引物序列

| 名称 | 序列（5′-3′） | 长度（bp） |
|---|---|---|
| F-SlMBP3-F | GGAGAGGACACGCTCGAGCATTAAGGCAACTATTGAACGATACAAGAAG | 49 |
| F-SlMBP3-R | CTTACCAATTGGGGTACCTCCAGTAGAATTTCCCTCTTCTGCA | 43 |

（续表）

| 名称 | 序列（5′-3′） | 长度（bp） |
| --- | --- | --- |
| R-SlMBP3-F | TTCGAAATCGATAAGCTTTCCAGTAGAATTTCCCTCTTCTGCA | 43 |
| R-SlMBP3-R | TTAAAGCAGGACTCTAGACATTAAGGCAACTATTGAACGATACAAGAAG | 49 |

#### 7.1.3.2 目的基因扩增及胶回收

（1）目的基因 PCR 扩增

利用上表中设计的引物，通过 PCR 的方法克隆目的基因，反应体系和程序如下：

| | |
| --- | --- |
| 2x fast pfu master mix | 10.0 μL |
| PrimerF | 1 μL |
| PrimerR | 1 μL |
| cDNA | 1 μL |
| $dH_2O$ | up to 20 μL |

反应程序：94 ℃：3 min；94 ℃：30 s；58 ℃：1 min；72 ℃：1 kb/30 s；33 循环；72 ℃：10 min；16 ℃：保存。

（2）PCR 反应产物琼脂糖凝胶电泳

制备 1%琼脂糖凝胶，将 PCR 产物加到凝胶孔里，置于电泳槽中电泳，电压 60~100 V，样品由负极（黑色）向正极（红色）方向移动。当溴酚蓝移动到距离胶板下沿约 1 cm 处时，停止电泳。在紫外灯下观察，DNA 存在则显示出荧光条带，采用凝胶成像系统拍照保存。正向片段 F-SlMBP3（1.2 胶孔）和反向片段 R-SlMBP3（3.4 胶孔）扩增电泳图如图 7-3 所示。

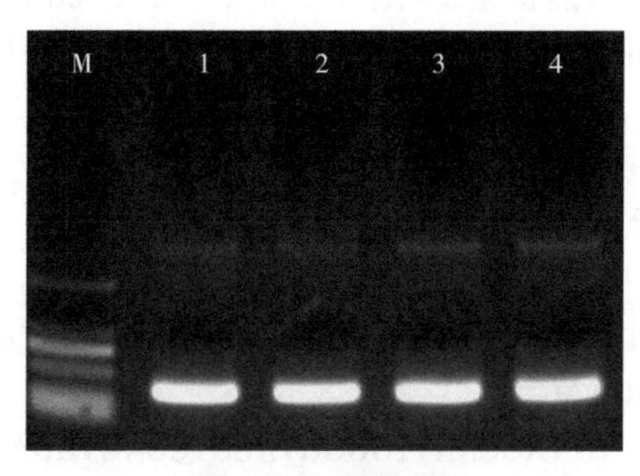


**图 7-3 扩增电泳图**

(3) 回收目的片段

在紫外灯下快速切取含有目的条带的凝胶，转移到2.0 mL的离心管中，按照凝胶回收试剂盒的说明书，进行目的片段回收，置于-20 ℃保存备用。

**7.1.3.3 载体构建**

(1) 载体pKANNIBAL的线性化

用XhoⅠ和KpnⅠ双酶切质粒pKANNIBAL载体，酶切后，琼脂糖凝胶电泳进行结果检测，切取载体大片段对应条带的凝胶，试剂盒回收酶切产物；双酶切反应体系：

| | |
|---|---|
| 10×Tango Buffer | 4.0 μL |
| XhoⅠ | 1 μL |
| KpnⅠ | 1 μL |
| 质粒 | 1 μg |
| $dH_2O$ | up to 20 μL |

37 ℃酶切2.5 h；65 ℃：20 min失活。

(2) 目的片段与载体的连接

将目的DNA片段和线性化载体以一定的摩尔比加到EP管中进行重组反应；混匀后在37 ℃放置30 min；立即进行转化，剩余连接液可保存在4 ℃或-20 ℃待用（注意：目的片段与载体的摩尔比在（3∶1）~（10∶1），摩尔比低于3∶1效率会降低；反应时间在20~40 min，时间太长不利于重组反应）。

(3) 大肠杆菌转化

冰上融化一管100 μL的DH5a感受态细胞，轻弹管壁使细胞重悬起来；加入10 μL的反应液到感受态细胞中，轻弹数下，置冰上孵育45 min；42 ℃水浴中热激90 s后快速放入冰上5 min；加入500 μL LB液体培养基，37 ℃孵育45~60 min；5 000 g离心3 min收集菌体，根据需要将一定量的菌体均匀地涂布在含抗生素平板上，用灭菌的玻璃珠涂布，待菌液被琼脂吸收后，37 ℃倒置过夜。

(4) 阳性克隆鉴定

一般建议采用单菌落PCR进行阳性克隆鉴定。

检测引物F-SlMBP3-F：GGAGAGGACACGCTCGAGCATTAAGGCAACTATTGAACGATACAAGAAG

F-SlMBP3-R：CTTACCAATTGGGGTACCTCCAGTAGAATTTCCCTCTTCTGCA

中间片段+*SlMBP3* 正向片段单菌落 PCR 检测电泳图（M：DL2000；1~8：单菌落）如图 7-4 所示，挑取阳性菌落测序验证。

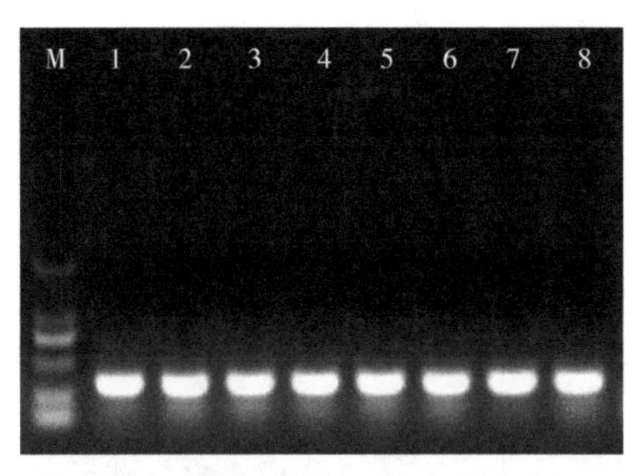


**图 7-4　中间片段+*SlMBP3* 正向片段单菌落 PCR 检测电泳图**

（5）质粒 pKANNIBAL-正向片段线性化

将测序正确的质粒用 Xba Ⅰ 和 Hind Ⅲ 双酶切 pKANNIBAL-正向片段载体，回收大片段。双酶切反应体系如下：

| | |
|---|---|
| 10×Tango Buffer | 2 μL |
| Xba Ⅰ | 1 μL |
| Hind Ⅲ | 2 μL |
| 质粒 | 1 μg |
| $ddH_2O$ | up to 20 μL |

37 ℃酶切 2.5 h；65 ℃：20 min 失活。

（6）目的片段与载体的连接

将目的 DNA 片段和线性化载体以一定的摩尔比加到 EP 管中进行重组反应；混匀后在 37 ℃放置 30 min；立即进行转化，剩余连接液可保存在 4 ℃或 -20 ℃待用。[注意：目的片段与载体的摩尔比在（3∶1）~（10∶1），摩尔比低于 3∶1 效率会降低；反应时间在 20~40 min，时间太长不利于重组反应]。

（7）大肠杆菌转化

冰上融化一管 100 μL 的 DH5a 感受态细胞，轻弹管壁使细胞重悬起来。加入 10 μL 的反应液到感受态细胞中，轻弹数下，置冰上孵育 45 min；42 ℃水浴中热激 90 s 后快速放入冰上 5 min；加入 500 μL LB 液体培养基，37 ℃孵育 45~60 min；5 000 g 离心 3 min 收集菌体，根据需要将一定量的菌体均匀的涂布在含抗生素平板上，用灭菌的玻璃珠涂布，待菌液被琼脂吸收后，37 ℃倒置过夜。

（8）阳性克隆鉴定

一般建议采用单菌落 PCR 进行阳性克隆鉴定。

检测引物 R-SlMBP3-F：TTCGAAATCGATAAGCTTTCCAGTAGAATTTCC CTCTTCTGCA

R-SlMBP3-R：TTAAAGCAGGACTCTAGACATTAAGGCAACTATTGAACG ATACAAGAAG

中间片段+SlMBP3 反向片段单菌落 PCR 检测电泳图（M：DL2000；1～8：单菌落）如图 7-5 所示。

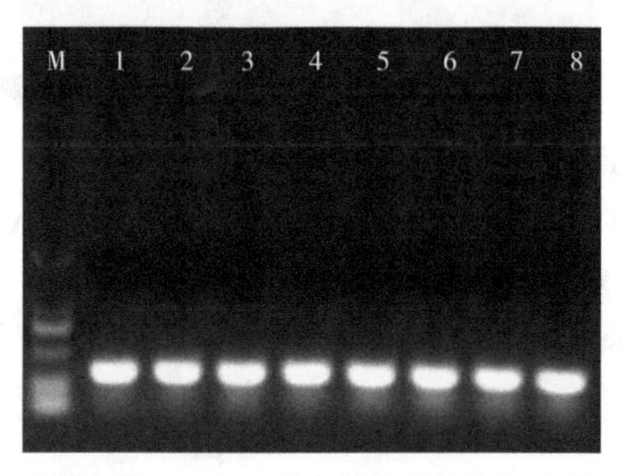


**图 7-5　中间片段+SlMBP3 反向片段单菌落 PCR 检测电泳图**

（9）Part27+基因构建

将测序正确的含有正反向片段的 pKANNIBAL-SlMBP3 载体和 pART27 用 XbaI 和 XhoI 酶切，胶回收产物 T4 连接，转化至 DH5α 感受态细胞。

一般建议采用菌落 PCR 进行阳性克隆鉴定（正向片段 F-SlMBP3 或反向片段 R-SlMBP3），PART27+SlMBP3 单菌落 PCR 检测电泳图（M：DL2000；1～8：单菌落）结果如图 7-6 所示。

#### 7.1.3.4　PART27+基因载体转化农杆菌 Gv3101

（1）PART27+基因质粒的提取

利用 Plasmid Mini Kit Ⅰ（OMEGA，货号：D6943-01）提取测序正确的 PART27+SlMBP3-1，2 质粒，酶切验证。PART27+SlMBP3 质粒酶切验证电泳图（1～2：单菌落提取质粒；M：1 kb DNA Ladder）如图 7-7 所示。

（2）质粒转化农杆菌

建议所使用的感受态细胞效率要≥$5\times10^6$ cfu/μg。取出 Gv3101 感受态

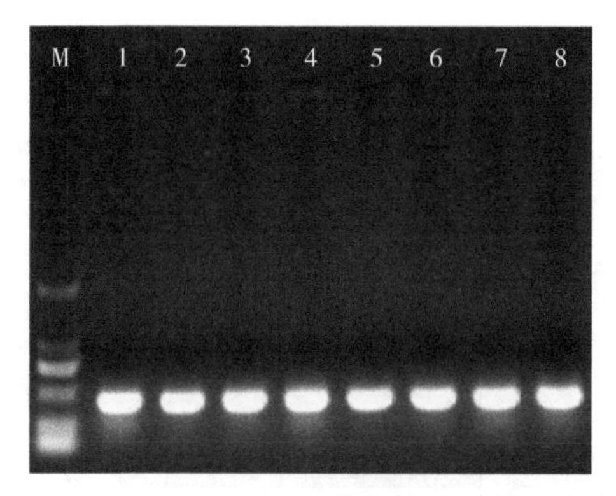


**图 7-6 PART27+SlMBP3 单菌落 PCR 检测电泳图**

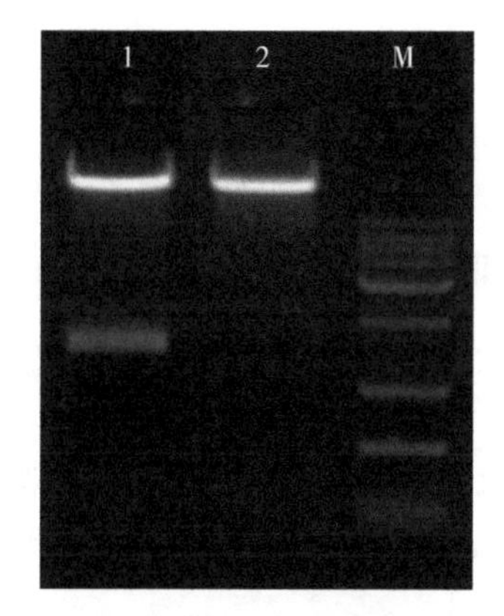


**图 7-7 PART27+SlMBP3 质粒酶切验证电泳图**

细胞，冰上融化；加入酶切验证正确质粒 5～10 μL，轻微混匀，冰浴 10 min；液氮速冻 5 min；37 ℃水浴 5 min；冰浴 5 min；加入 800 μL 无抗 LB 液体培养基，28 ℃摇 3～4 h；4 000 r/min 离心 1 min，取适量菌涂板（抗性：壮观霉素），28 ℃倒置培养；待单菌落长出后，建议选 3～5 个单菌落做菌落 PCR 验证，结果如下，PART27+PKANNIBAL（SlMBP3）-Gv3101 菌落 PCR 电泳图（M：DL2000；1～8：单菌落）如图 7-8 所示。

### 7.1.4 果实大小和重量的测量以及种子萌发试验

番茄果实（破色期）的大小和重量分别采用游标卡尺（0～200 mm）和电子天平（1/10 000）测量。在三角瓶中，用 75%乙醇处理番茄种子 2 min，

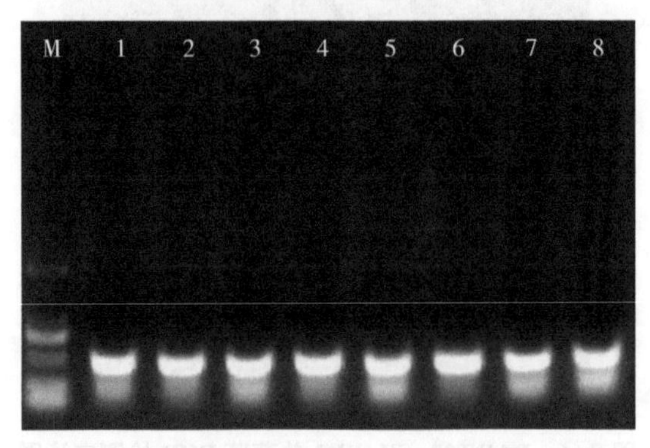


**图 7-8　PART27+PKANNIBAL(SlMBP3)-Gv3101 菌落 PCR 电泳图**

然后用蒸馏水冲洗 3~4 次。在避光条件下，消毒后的种子放在摇床（25℃，90 r/min）中培养。2~3 d 后测定种子发芽率。每个实验使用 3 个独立的重复和至少 50 颗种子。

### 7.1.5　果实解剖学和细胞学分析

①样品采自开花后 20 d 的番茄果实。将野生型和转基因植株的果实包埋于石蜡中并进行切片；

②石蜡切片脱蜡至水：依次将切片放入环保型脱蜡透明液Ⅰ 20 min—环保型脱蜡透明液Ⅱ 20 min—无水乙醇Ⅰ 5 min—无水乙醇Ⅱ 5 min—75%酒精 5 min，自来水洗；

③番红染色：切片入植物番红染色液中染色 2 h，自来水稍洗，洗去多余染料即可；

④脱色：切片依次入 50%、70%、80%梯度酒精中各 3~8 s；

⑤固绿染色：切片入植物固绿染色液中染色 6~20 s，无水乙醇三缸脱水；

⑥透明封片：切片入干净的二甲苯透明 5 min，中性树胶封片；

⑦使用装有图像采集系统（日本，尼康，DS-U3）的显微镜镜检（日本，尼康，ECLIPSE E100），图像采集分析；

⑧使用 IMAGE J 软件估算细胞面积和数量（http://rsbweb.nih.gov/ij）。

## 7.1.6　油菜素内酯的提取和定量

### 7.1.6.1　激素提取

将所有样品于液氮中研磨至粉末，准确称取约 3 g 样品；加入 4 ℃预冷的 80%甲醇 10 mL，4 ℃提取 2 h；10 000 r/min，4 ℃，离心 5 min，取上清，过 Bond Elut 预装柱，以 3 mL 甲醇洗脱；过 strata-X 小柱，以 3 mL 甲醇洗脱；氮气吹干甲醇，加入 200 μL 甲醇溶解；过 0.22 μm 滤膜，进行 HPLC-MS/MS 检测。

### 7.1.6.2　液质检测

（1）标准溶液配制

以甲醇为溶剂配制梯度为 0.5 ng/mL、1 ng/mL、2 ng/mL、5 ng/mL、10 ng/mL、20 ng/mL、50 ng/mL 的 BL、CS、6DCS 标准溶液。

（2）液相条件

色谱柱：安捷伦 ZORBAX SB-C18 反相色谱柱（2.1×150，3.5 μm）；柱温：35 ℃；流动相：A：B=（乙腈/0.1%甲酸）：（水/0.1%甲酸）；流速：0.35 mL/min；

洗脱梯度：0~2 min，A=80%；2.0~3.5 min，A 递增至 95%；3.5~6.0 min，A=95%；6.0~6.1 min，A 递减至 80%；6.1~10.0 min，A=80%；进样体积：5 μL。

（3）质谱条件

气帘气：15 psi；喷雾电压：5 500 V；雾化气压力：65 psi；辅助气压力：70 psi；雾化温度：350 ℃。

油菜素内酯质子化的选择反应监测条件（$[M+H]^+$）见表 7-3。

表 7-3　选择反应监测条件

| 物质名称 | 极性 | 母离子（m/z） | 子离子（m/z） | 解簇电压（V） | 碰撞能量（V） |
|---|---|---|---|---|---|
| BL | + | 481.6 | 445.3/315.3 | 230 | 29/57 |
| CS | + | 465.3 | 429.4/269.1 | 44 | 21/27 |
| 6DCS | - | 449.4 | 377.2/128.9 | -60 | -29/-31 |

## 7.1.7　RNA 提取、文库构建及测序

根据说明书，用 RNAprep 纯化植物试剂盒从野生型和 *SlMBP3* 沉默株系

中提取 IMG 时期番茄果皮的总 RNA。使用 NanoDrop 2000 测量 RNA 浓度和纯度。使用 Agilent Bioanalyzer 2100 系统的 RNA Nano 6000 Assay Kit 评估 RNA 完整性。共用 1 μg 纯化的 mRNA 构建 cDNA 文库。在 Illumina 平台上对文库制备进行测序，并生成配对末端读数。对野生型和 *SlMBP3* 沉默的株系进行了 3 次生物重复。

### 7.1.8 转录组数据质控和比较分析

收集野生型和 *SlMBP3* 沉默株系 IMG 时期果皮组织样本。用于转录组测序所有样品都具有 3 个生物学重复。fastq 格式的原始数据（原始读取）首先通过内部 perl 脚本进行处理，以从原始数据中删除包含适配器的读取、包含 ploy-N 的读取和低质量的读取。同时计算 Clean date 的 Q20、Q30、GC 含量和序列重复水平。所有下游分析均基于高质量的 Clean date。然后使用 HISAT2 和 StringTie 将这些 Clean read 匹配到当前的番茄基因组版本 SL4.0 和注释 ITAG4.0。只有完全匹配或一个不匹配的读数被保留来计算表达量。

### 7.1.9 基因表达水平定量和差异表达基因分析

基因表达水平通过每千碱基转录本的片段数/百万匹配的片段（FPKM）来量化，公式如下：FPKM = {cDNA 片段/［匹配片段（百万）×转录物长度（kb）］}。使用 DESeq2 对两组进行差异表达分析（Love et al., 2014）。使用 Benjamini 和 Hochberg 控制错误发现率（FDR）的方法调整得到的 *P* 值。$P<0.05$ 和 1.5 倍或更大表达变化的基因被指定为差异表达。

### 7.1.10 差异表达基因功能注释和富集分析

用于 DEG 功能注释的数据库列于表 7-4。差异表达基因（DEG）的基因本体论（GO）富集分析由基于 Wallenius 非中心超几何分布的 GOseq R 包进行（Young et al., 2010）。KOBAS 软件用于测试 KEGG 通路中差异表达基因的统计富集。

**表 7-4　用于差异表达基因功能注释的数据库**

| 数据库 | 网址 |
| --- | --- |
| nr, NCBI non-redundant protein sequences | ftp://ftp.ncbi.nih.gov/blast/db |
| nt, NCBI non-redundant nucleotide sequences | ftp://ftp.ncbi.nih.gov/blast/db |

（续表）

| 数据库 | 网址 |
|---|---|
| Pfam，the database of homologous protein families | http：//pfam. xfam. org |
| COG，Clusters of Orthologous Groups of proteins | http：//www. ncbi. nlm. nih. gov/COG |
| Swiss-Prot，a manually annotated and reviewed protein sequence database | http：//www. uniprot. org |
| KO，KEGG Ortholog database | http：//www. genome. jp/kegg |
| GO，Gene Ontology | http：//www. geneontology. org |

### 7.1.11 实时定量 PCR 检测

从野生型和转基因株系中提取总 RNA，并使用 NANO Quantinfinite M200PRO（TECAN）检测 RNA 浓度。使用 AMV（200 U/μL）逆转录酶 200 U/μL（Invitrogen）进行反转录。使用 ABI ViiA 7 实时 PCR 系统进行定量 RT-PCR 分析。反应混合物包含 6.6 μL $H_2O$、8 μL 2 × PCR MIX（QIAGEN）、0.2 μL 引物（上 50 pM/μL）、0.2 μL 引物（下 50 pM/μL）和 1 μL cDNA，40 个循环参数如下：95 ℃ 2 min，94 ℃ 10 s、59 ℃ 10 s 和 72 ℃ 40 s。此外，本研究进行了 NTC（无模板对照）和 NTC（无逆转录对照）实验，以消除环境中基因组 DNA 和模板的影响。番茄 *SlCAC* 被用作内参基因（Exposito-Rodriguez et al.，2008），相对转录水平通过 $2^{-\Delta\Delta C}$T 法计算（Livak and Schmittgen，2001）。引物 SlMBP3-Q-F 和 SlMBP3-Q-R 用于确定 *SlMBP3* 在野生型和转基因株系中的表达水平。用于定量 RT-PCR 的所有引物如表 7-5 所示。

**表 7-5 用于 qRT-PCR 分析的正向和反向引物**

| 基因名称（登录号） | 正向引物（5′ → 3′） | 反向引物（5′ → 3′） |
|---|---|---|
| *SlCAC*（NM_001324017） | CAGGAAGGTGTCCGGTCATC | TAAACAAGACCCTCCCTGCG |
| *SlMBP3*（XM_004241858.3） | TGCTTGCACCACTCAAGAGC | CCTTCACCAACCAGATGCCT |
| *fw2.2*（NM_001321132.1） | GAACCTTGTGCTCTTTGCCA | GCATGGTAACTCCTCGGCTT |

## 7.2 结果与分析

### 7.2.1 *SlMBP3* 基因在野生型番茄植株中的表达模式

为了阐明 *SlMBP3* 在番茄发育中的功能，本研究通过 Genevestigator 的番茄基因芯片平台（https：//www. genevestigator. com/gv）获得了其在各种组织和器官中的微阵列表达数据（图7-9）。图7-9A表明*SlMBP3*在番茄组织器官中广泛表达。其中，*SlMBP3*转录水平在根、茎、嫩叶和成熟叶等营养组织中极低，而在心皮、花、果皮和不同发展阶段果实等生殖器官中其转录水平较高（图7-9A、B）。使用qPCR进一步研究和验证了*SlMBP3*基因在野生型番茄不同器官和不同果实发育阶段的表达特征（图7-9C）。另外还分析了四轮花器官中*SlMBP3*的表达水平，发现*SlMBP3* mRNA在心皮中高度积累（图7-9D），这与从Genevestigator的番茄基因芯片平台获得的微阵

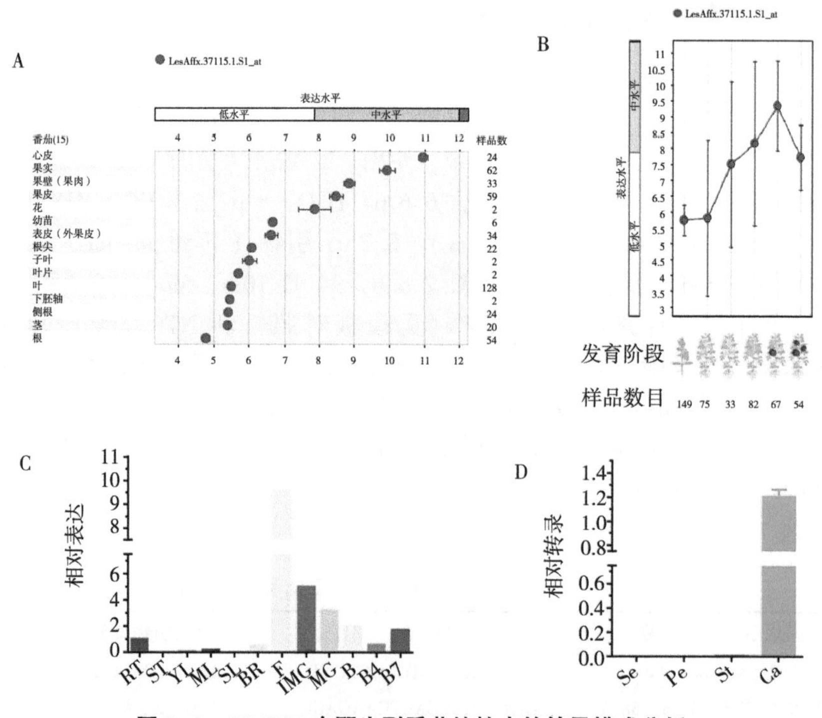


**图7-9 *SlMBP3*在野生型番茄植株中的转录模式分析**

（A）基于番茄基因芯片平台的野生型番茄植株不同组织中*SLMBP3*的表达水平；（B）基于番茄基因芯片平台的野生型番茄植株不同发育阶段*SLMBP*3的表达水平；（C）基于qPCR的*SlMBP3*在野生型植株中的相对表达模式。RT，根；ST，茎；YL，嫩叶；ML，成熟叶；SL，衰老叶；BR，侧芽；F，花；IMG，未成熟的青果实；MG，成熟的青果实；B，破色期的果实；B4，破色后4 d的果实；B7，破色后7 d的果实；（D）基于qPCR的*SlMBP3*在野生型四轮花器官中的相对表达。Se，萼片；Pe，花瓣；St，雄蕊；Ca，心皮。数值代表的3个生物重复的平均值。误差线表示SD。

列表达数据一致。这些结果表明，*SlMBP3* 可能在番茄花器官和果实发育中发挥重要作用。

## 7.2.2　番茄 *SlMBP3* 的沉默导致果实的表型变化

为了更深入地探索 *SlMBP3* 的功能，本研究通过 RNAi 技术获得了 11 个独立的 *SlMBP3* 沉默株系。从野生型和转基因株系的果实中提取总 RNA 来检测 *SlMBP3* 在转基因株系中的沉默效率。qRT-RCR 结果显示 *SlMBP3* 转录水平在 11 个独立的转基因株系中显著降低。其中，第 2、第 4 和第 5 株系中的 *SlMBP3* 转录水平显著降低至对照水平的大约 5%～11%（图 7-10）。在 *SlMBP3* 沉默株系的番茄果实中，观察到一系列表型变化，包括较小的果实（图 7-11A）、非液化果胶（图 7-11A、B）。在本研究中，*SlMBP3*-RNAi 株系中果实的水平直径、垂直直径和重量显著降低（图 7-11C～E），而 SlMBP3-RNAi 株系中果实硬度增加（图 7-11F），这表明沉默番茄植株中的 *SlMBP3* 基因导致果实变小。此外，在 *SlMBP3* 沉默株系胎座中也观察到非液化果胶，这与 Zhang 等（2019）的研究一致，他们从生化和分子水平解释了这种表型变化，包括在 *SlMBP3*-RNAi 株系中与细胞壁修饰相关的酶（PG、TBG、CEL 和 XYL）活性降低，以及细胞壁修饰相关的基因（*PLs*、*PGs*、*PME*、*TBG*、*CEL*、*XYL*、*XTH* 和 *EXP*）的下调表达（Zhang et al., 2019）。

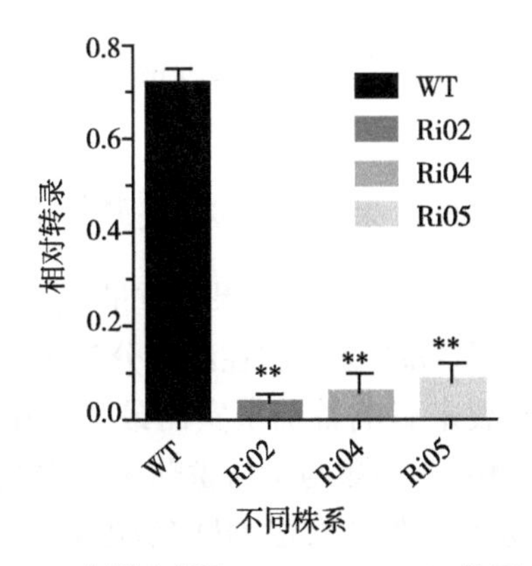


**图 7-10　*SlMBP3* 在野生型和 SlMBP3-RNAi 株系中的表达模式**

每个数值代表 3 个重复的平均值±SD。星号表示相对于野生型的统计学显著差异，并使用 t 检验确定。*，$P<0.05$，**，$P<0.01$。

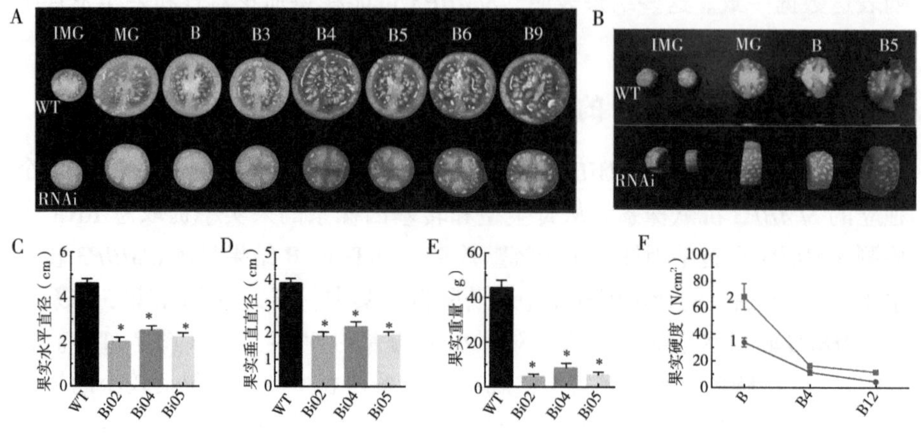


**图 7-11　*SlMBP3*-RNAi 株系果实的表型**

（A）野生型和转基因株系不同阶段果实的照片。（B）野生型和 *SlMBP3*-RNAi 株系不同阶段去皮果实的照片。（C~F）分别代表野生型和 *SlMBP3*-RNAi 株系不同阶段果实的水平直径、垂直直径、重量和硬度。每个数值代表 3 个重复的平均值±SD。星号表示相对于野生型的统计学显著差异，并使用 t 检验确定。*，$P<0.05$。

## 7.2.3　*SlMBP3* 的沉默对番茄果实胎座细胞的影响

基于转基因株系中较小果实的表型，本研究对野生型和转基因株系的果实进行解剖学研究（图 7-12A~D）。细胞学数据表明转基因果实表现出较大的胎座细胞（图 7-12E），而转基因果实中胎座细胞的数量显著减少（图 7-12F），这表明 *SlMBP3* 的沉默可能通过控制胎座细胞分裂来抑制果实生长。

## 7.2.4　*SlMBP3* 沉默株系果实大小相关基因显著上调

通过 RNA-seq 和 qRT-PCR 研究了果实重量基因 *fw2.2* 和分生组织活性抑制基因 *IMA* 的转录水平。*fw2.2* 基因在细胞分裂过程中发挥负调控因子作用，它通过抑制细胞分裂来影响番茄果实的最终大小（Frary et al.，2000；Nesbitt et al.，2001）。*IMA* 基因参与了与番茄果实中细胞分裂、分化和激素调控相关的多种调节途径。在过表达 *IMA* 的植株中，心皮细胞数量减少，心皮变小，花和果实也变小，表明 *IMA* 的表达抑制了细胞分裂（Sicard et al.，2008）。转录组测序数据表明 *SlMBP3*-RNAi 株系破色期果实中果实大小相关基因 *fw2.2* 和 *IMA* 的表达水平上调（图 7-13A、B），其中 *fw2.2* 基

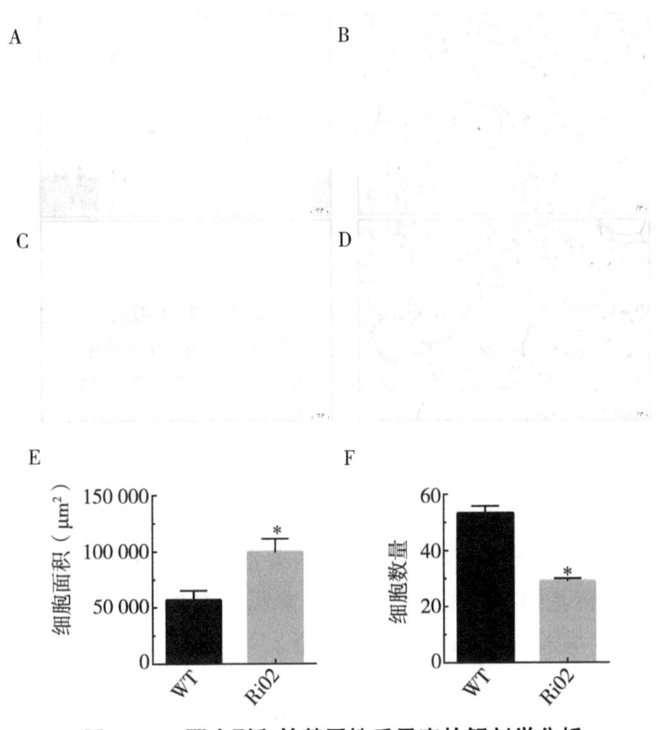


**图 7-12 野生型和转基因株系果实的解剖学分析**

（A、B）野生型果实的横切（A）和细胞形态（B）；（C、D）转基因果实的横切（C）和细胞形态（D）；（E、F）野生型和转基因株系的胎座细胞面积（E）和细胞数量（F）。样品采自未成熟的青果实。数值显示为平均值±SD。星号表示野生型和转基因株系之间的显著差异（*，$P<0.05$）。（A、C），标尺=500 μm；（B、D），标尺=20 μm。

因在 *SlMBP3*-RNAi 株系的破色期果实中上调约 14 倍。qPCR 用于验证该基因的相对表达水平。结果表明，果实大小相关基因 *fw2.2* 在 *SlMBP3*-RNAi 株系的破色期果实中也被上调（图 7-13C）。这可能是转基因株系中果实变小的原因。

## 7.2.5 *SlMBP3* 基因的沉默影响番茄果实中的植物激素水平

基于 *SlMBP3* 沉默植株的小果实表型，进一步研究了 *SlMBP3* 的沉默对果实激素水平的影响。对野生型和转基因株系的果实进行提取和定量，结果表明，*SlMBP3* 沉默植株果实中 IAA 和 tZR 的含量降低（图 7-14A、F），其中 IAA 含量显著降低到大约野生型水平的 14%。而 *SlMBP3* RNAi 株系中

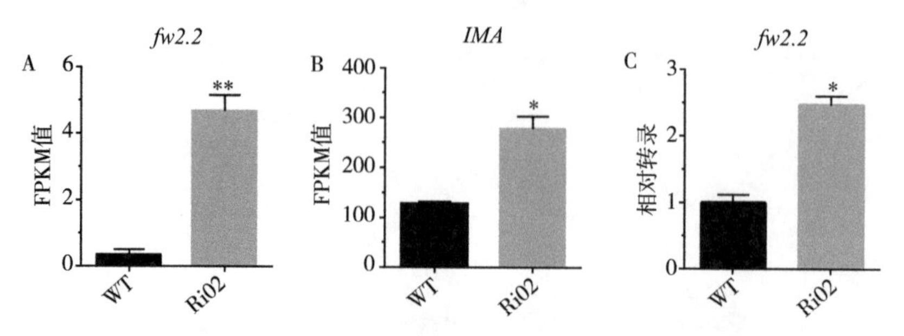


**图 7-13　野生型和 *SlMBP3* 沉默株系果实大小相关基因的表达水平**

（A、B）分别代表基于 RNA-seq 数据的野生型和 *SlMBP3* 沉默株系果实中 *fw2. 2* 和 *IMA* 的 FPKM 值；（C）代表基于 qRT-PCR 数据的野生型和转基因株系果实中 *fw2. 2* 的相对转录水平。每个数值代表 3 个重复的平均值±SD。星号表示野生型和转基因株系之间的显著差异（*，$P<0.05$，**，$P<0.01$）。

ABA 的含量显著增加（图 7-14I）。此外，研究结果表明赤霉素含量（$GA_1$、$GA_3$、$GA_4$和 $GA_7$）（图 7-14B～E）和油菜素内酯含量（CS 和 6DCS）（图 7-14G、H）在转基因株系的果实中显著降低。总的来说，实验结果从激素水平上解释了转基因株系果实变小的表型。

## 7. 2. 6　*SlMBP3* 基因沉默株系种子的表型

*SlMBP3* 基因沉默株系的种子表现出异常发育（图 7-15A）、重量减轻（图 7-15B）以及不能正常萌发（图 7-15C、D）。*SlMBP3*-RNAi 株系的每 50 粒种子的重量减少了约 80%（图 7-15B）。这表明抑制 *SlMBP3* 转录水平严重影响番茄种子发育。因此，推断转基因株系中小果实的表型可能部分由发育缺陷的种子引起的。

## 7. 2. 7　转录组测序

在去除含有接头的低质量序列以及污染的读数后，野生型文库（WTB01、WTB02 和 WTB03）中获得了 20. 42 Gb 的高质量筛选碱基，而 Ri 文库（RiB01、RiB02 和 RiB03）中获得了 21. 94 Gb 的高质量筛选碱基（表 7-6）。使用番茄基因组版本 SL4. 0，对于野生型文库，匹配的筛选读数为 40. 50 百万～50. 46 百万（91. 18%～92. 07%匹配；88. 64%～89. 66%唯一匹配），对于 Ri 文库，匹配的干净读数为 43. 91 百万～52. 40 百万（96. 16%～96. 38%匹配；93. 62%～93. 87%唯一匹配）（表 7-7）。

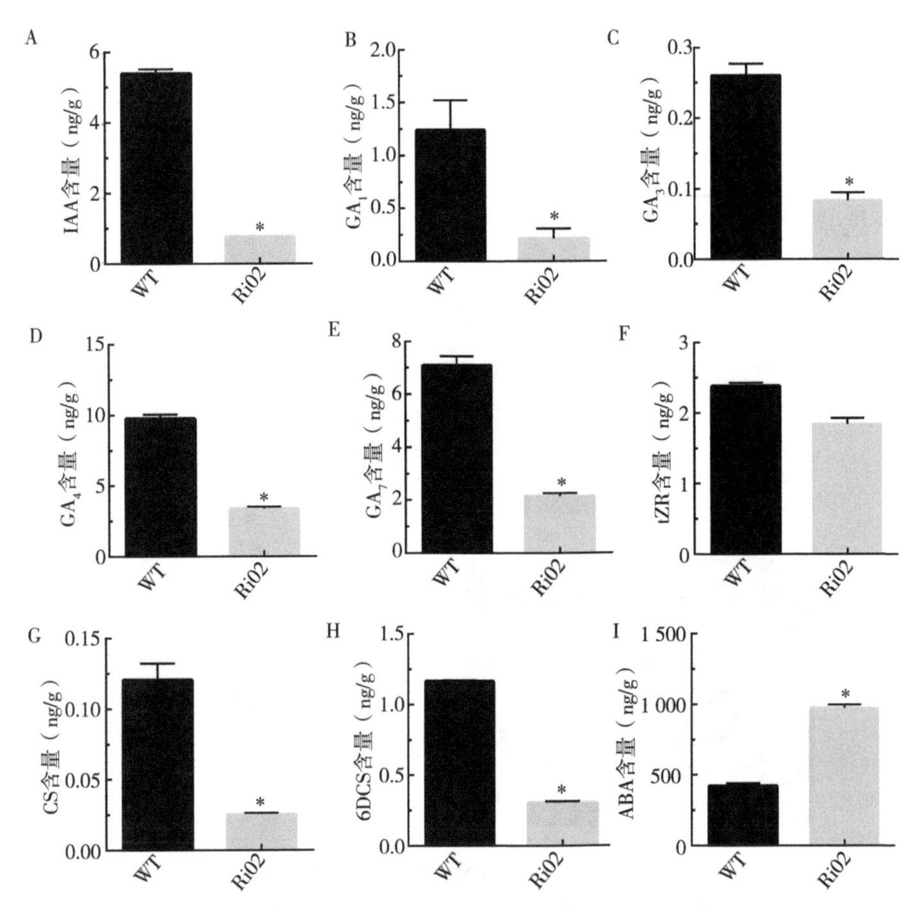


**图 7-14　野生型和 *SlMBP3* 沉默株系果实的激素含量**

（A）代表野生型和 *SlMBP3* 沉默株系果实的生长素 IAA 含量；（B～E）分别代表野生型和转基因株系果实中赤霉素 $GA_1$、$GA_3$、$GA_4$和 $GA_7$的含量；（F）代表野生型和 *SlMBP3* 沉默株系果实的细胞分裂素 tZR 含量；（G、H）分别代表野生型和转基因株系果实中油菜素内酯 CS 和 6DCS 的含量；（I）表示野生型和 *SlMBP3* 沉默株系果实的脱落酸（ABA）含量。每个数值代表 3 个重复的平均值±SD。星号表示野生型和转基因株系之间的显著差异（$P<0.05$）。

**表 7-6　果皮样品的转录组测序数据的特征**

| 样品 | 筛选读数 | 筛选碱基数 | GC 含量 | Q30 比例 |
|---|---|---|---|---|
| WT01 | 22 782 704 | 6 810 361 872 | 43. 66 | 93. 84 |
| WT02 | 20 250 359 | 6 061 018 494 | 43. 73 | 94. 48 |
| WT03 | 25 227 681 | 7 547 164 682 | 43. 79 | 94. 08 |

（续表）

| 样品 | 筛选读数 | 筛选碱基数 | GC 含量 | Q30 比例 |
|---|---|---|---|---|
| Ri01 | 26 198 664 | 7 833 729 116 | 42.61 | 95.34 |
| Ri02 | 25 212 449 | 7 541 270 450 | 42.61 | 95.31 |
| Ri03 | 21 954 071 | 6 566 454 344 | 42.64 | 95.18 |

注：WT 和 Ri 分别代表野生型和 *SlMBP3* 沉默株系。

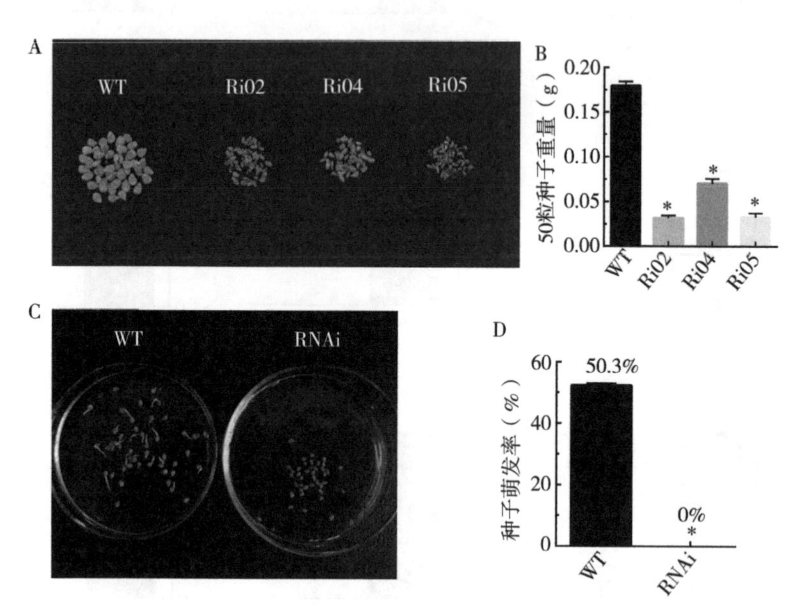


**图 7-15　*SlMBP3*-RNAi 株系中种子的表型**

（A）单个果实种子的照片；（B）每 50 粒种子的重量；（C）种子萌发的照片；（D）种子发芽率。数值代表 3 个重复的平均值±SD。星号表示相对于野生型的统计学显著差异，并使用 t 检验确定。*，$P<0.05$，**，$P<0.01$。

**表 7-7　果皮组织样本 RNA 测序干净读数的匹配结果**

| 样品编号 | 总序列数 | 比对基因组读数 | 单一比对序列读数 | 多比对序列读数 | 正链比对读数 | 负链比对读数 |
|---|---|---|---|---|---|---|
| WT01 | 45 565 408 | 41 954 077（92.07%） | 40 853 616（89.66%） | 1 100 461（2.42%） | 20 900 364（45.87%） | 20 948 243（45.97%） |
| WT02 | 40 500 718 | 37 287 675（92.07%） | 36 296 847（89.62%） | 990 828（2.45%） | 18 572 657（45.86%） | 18 616 408（45.97%） |
| WT03 | 50 455 362 | 46 003 516（91.18%） | 44 724 275（88.64%） | 1 279 241（2.54%） | 22 908 840（45.40%） | 22 965 878（45.52%） |

（续表）

| 样品编号 | 总序列数 | 比对基因组读数 | 单一比对序列读数 | 多比对序列读数 | 正链比对读数 | 负链比对读数 |
|---|---|---|---|---|---|---|
| Ri01 | 52 397 328 | 50 499 218 (96.38%) | 49 186 719 (93.87%) | 1 312 499 (2.50%) | 25 194 481 (48.08%) | 25 209 375 (48.11%) |
| Ri02 | 50 424 898 | 48 526 946 (96.24%) | 47 253 126 (93.71%) | 1 273 820 (2.53%) | 24 206 675 (48.01%) | 24 216 015 (48.02%) |
| Ri03 | 43 908 142 | 42 220 158 (96.16%) | 41 104 857 (93.62%) | 1 115 301 (2.54%) | 21 051 086 (47.94%) | 21 066 572 (47.98%) |

注：WT 和 Ri 分别代表野生型和 *SlMBP3* 沉默株系。

## 7.2.8　*SlMBP3* 沉默株系果皮组织中的差异表达基因

基于所有基因的 Pearson 相关系数（PCC）的热图显示 3 个生物学重复的 PCC 大于 0.996（图 7-16A），表明生成的测序数据是可靠的。本研究使用每千碱基转录本每百万片段匹配的片段（FPKM）计算每个基因的表达值。将 1.5 倍的变化和小于 0.05 的 *P* 值设置为鉴定具有显著差异表达基因的阈值（图 7-16B）。结果鉴定出 8 701个差异表达基因，其中 4 148个上调，4 553个下调（图 7-16C）。

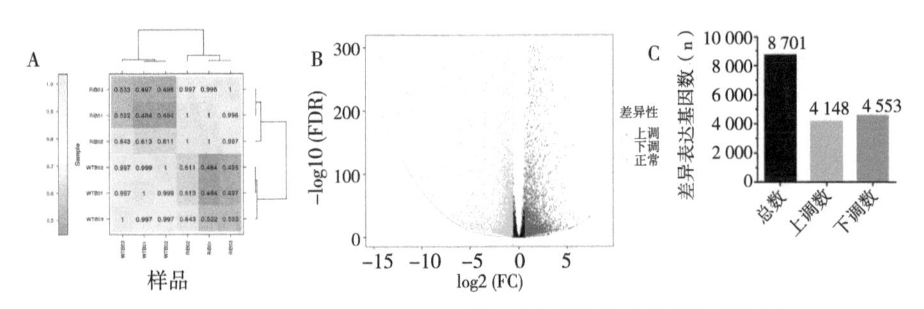


**图 7-16　野生型和 *SlMBP3* 沉默株系中番茄果皮转录组的概述**

（A）6 个样本之间所有基因的 Pearson 系数（PCC）；（B）差异表达基因的火山图；（C）差异表达基因的数量。

## 7.2.9　差异基因富集分析

为了研究 *SlMBP3* 基因的功能，本研究使用基于 Wallenius 非中心超几何分布的 GOseq R 包对 DEG 进行了基因本体论（GO）富集分析（Young et al.，2010）。图 7-17 中列出的结果表明，与重要生物过程相关的 GO 条目在

*SlMBP3* 沉默植株中富集，包括单一生物过程、对刺激的反应、细胞成分组织或生物发生、多生物过程、解毒和细胞杀伤。细胞组分，如细胞膜、细胞器部分和细胞、细胞连接、共质体也得到了富集。分子功能富集包括转运蛋白活性、核酸结合转录因子活性、结构分子活性、转录因子活性、分子转导活性和养分储库。COG 数据库对基因功能和同源性进行分类的结果表明，大多数差异表达基因与信号转导机制、碳水化合物转运和代谢、翻译后修饰、蛋白质转换、分子伴侣、次级代谢物生物合成、转运和分解代谢、脂质转运和代谢，氨基酸转运和代谢，以及防御机制有关（图 7-18）。

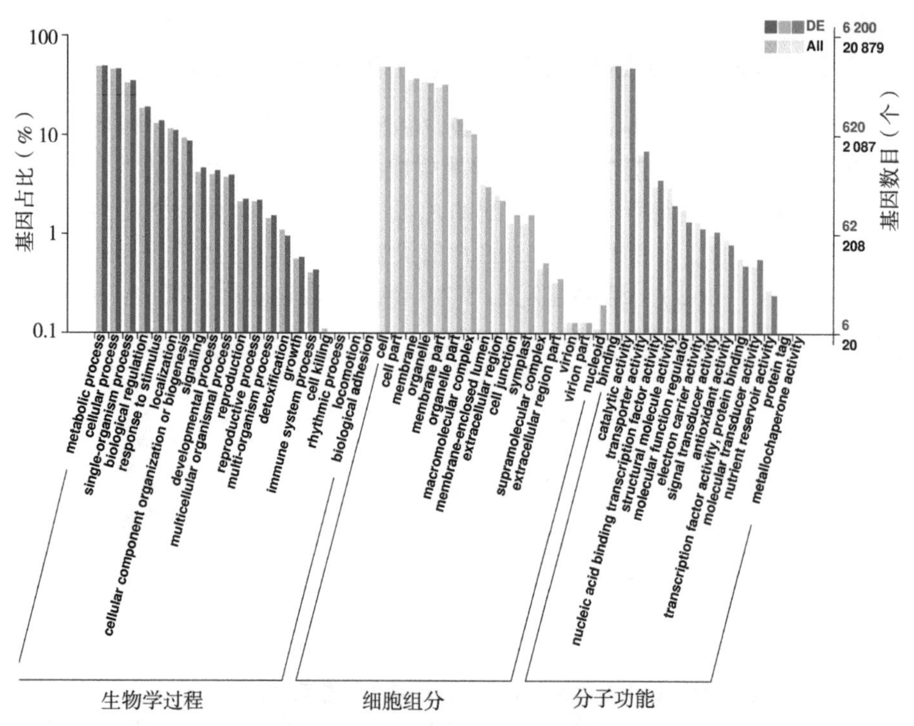


**图 7-17 *SlMBP3* 沉默后差异表达基因（DEGs）的基因本体（GO）富集分析**

X 轴代表这些 DEG 的生物学功能（生物学过程、细胞组分和分子功能）；Y 轴代表归类为不同功能途径基因的百分比或数量。

本研究还进行了 KEGG 通路分析，以进一步为 DEG 的功能分类提供信息。差异表达基因的 KEGG 分析结果表明，大多数 DEG 被归类为以下功能途径：①代谢，包括碳代谢、苯丙烷生物合成、氨基酸生物合成、光合作用、淀粉和蔗糖代谢，糖酵解/糖异生、氨基糖和核苷酸糖代谢、光合生物

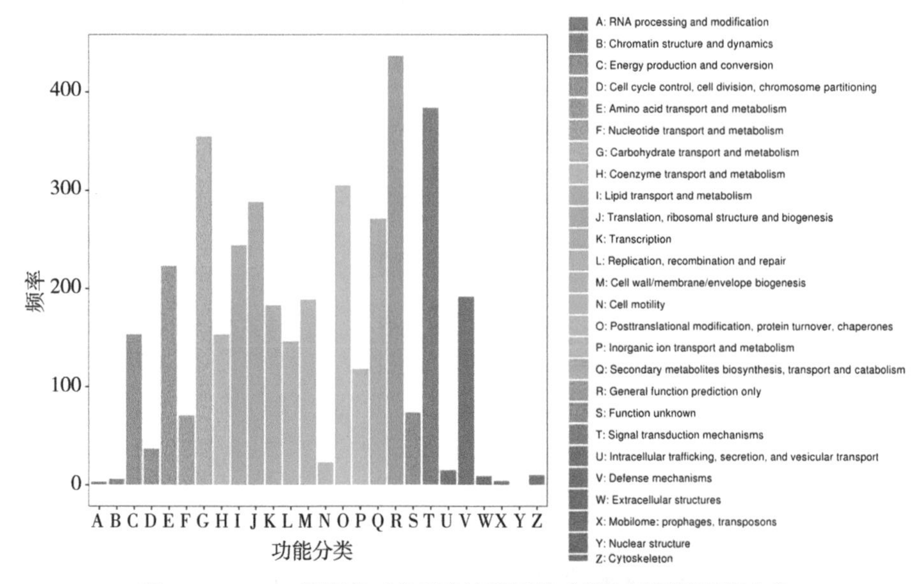


**图 7-18　COG 数据库对差异表达基因的功能和同源性进行分类**

中的碳固定、嘌呤代谢以及嘧啶代谢；②过氧化物酶体和内吞作用的细胞过程；③环境信息处理，包括植物激素信号转导和磷脂酰肌醇信号系统（图 7-19）。DEGs 表达上调的 KEGG 途径主要包括碳代谢、光合作用、氨基糖和核苷酸糖代谢、谷胱甘肽代谢、光合作用、果糖和甘露糖代谢以及乙醛酸和二羧酸盐代谢（图 7-20A）。相反，DEGs 表达下调的 KEGG 途径主要包括氨基酸的生物合成、内质网中的蛋白质加工、剪接体、糖酵解/糖异生、泛素介导的蛋白水解以及类黄酮的生物合成（图 7-20B）。上述结果表明，*SlMBP3* 可能调控果实发育相关基因的表达，导致番茄中这些基因的表达上调或下调。富集分析表明，*SlMBP3* 对番茄果实生长发育过程具有明显影响。

## 7.2.10　*SlMBP3*-RNAi 植株中富集的差异表达转录因子

转录因子（TF）是在基因转录调控中起关键作用的 DNA 结合蛋白。在本研究中发现了 GO 条目“转录因子活性”显著富集在 *SlMBP3*-RNAi 植株中（图 7-17）。番茄果实中的许多转录因子对 *SlMBP3* 基因的沉默有响应，关于上调或下调的反应不同（表 7-8）。根据 PlantTFDB（Jin et al., 2017）分类为 9 个家族的 453 个番茄转录因子在响应 *SlMBP3* 的沉默时差异表达，包括 NAC、MYB、AP2、bHLH、WRKY、bZIP、MADS-box、AUX/

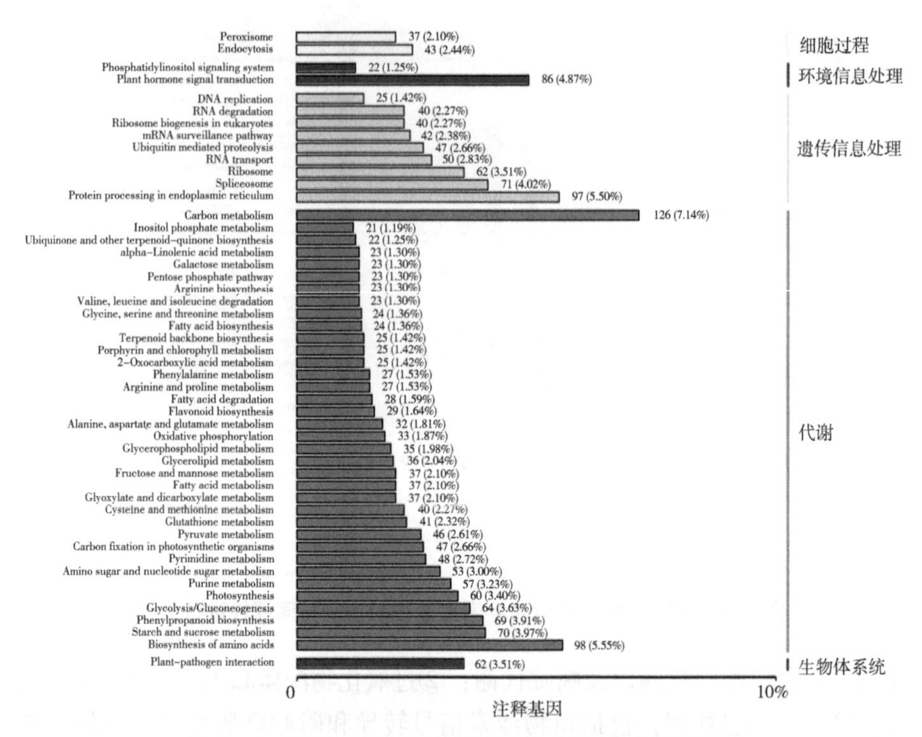


**图 7-19　KEGG 通路分析识别差异表达基因功能分类**

IAA 和 C2H2。其中，259 个转录因子基因上调，194 个下调。上述结果表明，这些转录因子基因可能对 *SlMBP3* 的沉默有较强响应，表明 *SlMBP3* 基因可能直接或间接调节这些转录因子基因表达。

**表 7-8　野生型（WT）和 *SlMBP3*-RNAi 果实之间差异表达的转录因子基因**

| TF 家族 | 基因序列 | 上调 | 下调 |
|---|---|---|---|
| NAC | 110 | 67 | 43 |
| MYB | 106 | 55 | 51 |
| AP2 | 86 | 43 | 43 |
| bHLH | 40 | 28 | 12 |
| WRKY | 32 | 27 | 5 |
| bZIP | 27 | 14 | 13 |
| MADS-box | 17 | 12 | 5 |
| AUX/IAA | 16 | 7 | 9 |
| C2H2 | 19 | 6 | 13 |
| 总计 | 453 | 259 | 194 |

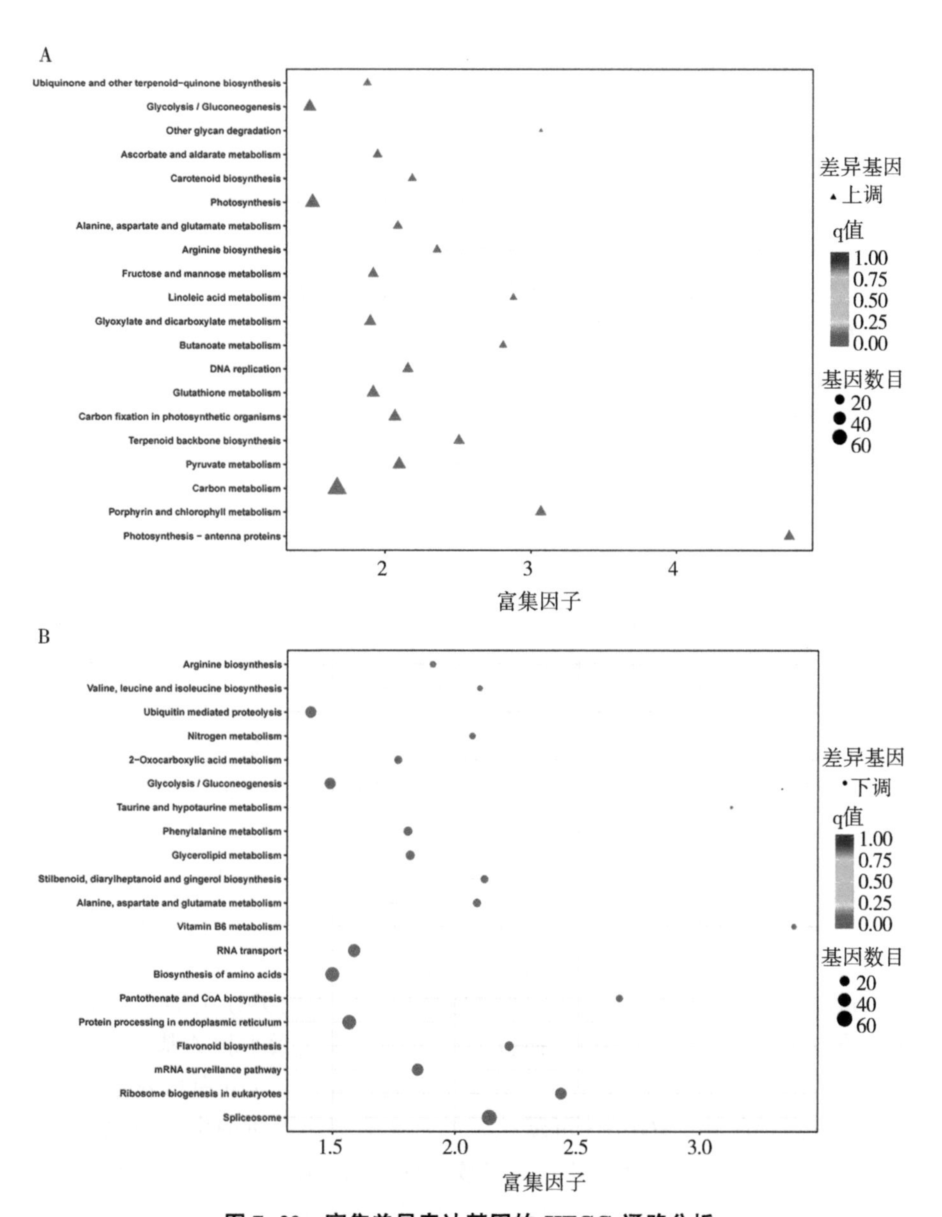


**图 7-20　富集差异表达基因的 KEGG 通路分析**

（A）显著上调的 20 条通路；（B）显著下调的 20 条通路。

## 7.3 讨论与结论

MADS-box 蛋白家族是一个广泛存在于真核生物中的大型转录因子家族，在调节植物的花器官特性、开花时间、果实发育和成熟等生殖生长过程中发挥着重要作用。组织特异性表达模式分析表明，MADS-box 基因 *SlMBP3* 在花和 IMG 时期果实中高表达，这表明 *SlMBP3* 可能参与了番茄花和果发育调控。本研究克隆了 *SlMBP3* 基因，并用番茄 *SlMBP3* cDNA 构建 RNAi 沉默载体，转化野生型番茄，获得具有沉默 *SlMBP3* 的转基因植株。根据转基因番茄果实的表型特征，从解剖、分子和转录组水平揭示了 *SlMBP3* 基因对番茄果实生长发育的功能，进一步阐明果实发育成熟的分子调控机制。

在高等植物中，果实发育通常分为不同的阶段，包括坐果期、细胞分裂期、细胞膨大期和果实成熟期。数据表明，*SlMBP3*-RNAi 株系果实水平直径、垂直直径和重量显著减小，果实硬度增加，表明沉默番茄 *SlMBP3* 基因导致果实变小，果实硬度增加。此外，解剖学数据表明，转基因果实的胎座细胞变大和数量减少，这说明 *SlMBP3* 的沉默可能通过控制胎座细胞分裂来抑制果实生长，基于 RNA-seq 和 qRT-PCR 进一步检测了果实重量基因 *fw2.2* 和分生组织活性抑制子 *IMA* 基因的转录水平。*fw2.2* 基因在细胞分裂过程中充当负调节因子，通过抑制细胞分裂来影响番茄果实的最终大小（Frary et al., 2000; Nesbitt and Tanksley, 2001）。编码番茄微型锌指（MIF）蛋白的 *IMA* 基因参与了与番茄果实中细胞分裂、分化和激素调节相关的多种调节途径（Sicard et al., 2008）。在过表达 *IMA* 的植株中，心皮细胞数量减少，心皮变小，花和果实也越来越小，表明 *IMA* 的表达抑制了细胞分裂（Sicard et al., 2008）。研究结果表明，果实大小相关基因 *fw2.2* 和 *IMA* 的转录水平在 *SlMBP3*-RNAi 果实中上调，这解释了转基因株系中果实变小的表型。此外，*SlMBP3* 沉默株系的种子表现出严重的发育缺陷，如种子形态异常、种子重量降低和发芽失败，这表明抑制 *SlMBP3* 转录水平严重影响种子发育。因此，推测转基因株系中的小果实表型可能部分由发育缺陷的种子引起的。

生长素和赤霉酸在许多植物的早期能促进果实生长。据报道，生长素通过控制细胞分裂和细胞膨大而参与果实的启动和果实生长。*SlIAA17*（一种 Aux/IAA 阻遏物）的抑制表达会产生大量果皮较厚的果实（Su et al.,

2014）。据报道，*SlARF9* 通过控制番茄早期果实发育过程中的细胞分裂来负调控果实大小（de Jong et al.，2015）。GA 是主要的激素调节剂之一，通过调节植物的细胞分裂过程，在植物生长发育中也发挥着重要作用。结果表明，转基因株系果实中的生长素（IAA）和赤霉素（$GA_1$、$GA_3$、$GA_4$ 和 $GA_7$）的含量显著降低。研究人员已经证明，番茄中的细胞分裂素含量在细胞分裂和膨大阶段很高（Pang et al.，2017）。油菜素内酯（BRs）被认为是一种广泛存在于植物中的促进生长的化合物。事实证明，修饰 BRASSINOSTEROID INSENSITIVE1（BRI1，一种 BR 信号中的限速受体）磷酸化位点会改变番茄中的 BR 信号强度和果实重量（Wang et al.，2019）。在本研究中，转基因株系果实中细胞分裂素（tZR）和油菜素内酯（CS 和 6DCS）的含量也有所降低。而 *SlMBP3* RNAi 株系中脱落酸（ABA）的含量显著增加。总的来说，实验结果从激素水平部分地解释了转基因株系中较小果实的表型。此外，在 *SlMBP3* 沉默胎座中也观察到非液化果胶，这与 Zhang 等（2019）的研究一致。他们从生化和分子水平解释了这种表型变异，包括 *SlMBP3*-RNAi 株系中细胞壁修饰相关的酶（PG、TBG、CEL 和 XYL）活性的降低，以及一些与细胞壁修饰相关基因（*PLs*、*PGs*、*PMEs*、*TBGs*、*CELs*、*XYLs*、*XTHs* 和 *EXPs*）的表达下调（Zhang et al.，2019）。

在本研究中，还进行了比较转录组分析，以深入了解 *SlMBP3* 调控番茄果实发育的分子机制。确定了 *SlMBP3* 沉默后番茄果实的转录组学响应。使用 RNA-seq 在 *SlMBP3*-RNAi 植株的果实中鉴定了 8 701 个差异表达基因（DEG），其中下调的差异表达基因数量高于上调的差异表达基因。差异表达基因的功能研究表明其在细胞组分组织或生物发生（细胞壁/膜/包膜生物发生）、转运蛋白活性、转录因子活性、分子转导活性和营养库等方面富集。

转录因子在基因转录调控中起关键作用。先前的研究表明，NAC 转录因子基因调节大多数生物过程，如果实成熟（Kou et al.，2018）。MYB 转录因子家族也很重要，因为它们参与调节番茄果实中叶绿素、类胡萝卜素、类黄酮和花青素的代谢（Wu et al.，2020；Yan et al.，2020）。AP2 蛋白的特征主要来自拟南芥，AP2 参与了花器官特性和果实成熟（Jofuku et al.，1994）。此外，在植物中，bHLH 转录因子代表第二大转录调节因子，在介导各种细胞、代谢和发育过程中发挥关键作用，包括激素信号传导（Goossens et al.，2017）以及果实发育和成熟（Tani et al.，2011）。WRKY 转录因子通常充当激活子或抑制子来调节重要的植物过程（Rushton et al.，2010）。例如，研究还表明 WRKY 转录因子参与果实发育、成熟和果实颜色形成（Zhao et al.，

2021)。除了响应多种胁迫外，植物bZIP转录因子还参与植物发育和果实成熟(Lovisetto et al.，2013)。MADS-box转录因子是在番茄果实成熟中发挥关键作用的主要调节因子，如TAGL1（Itkin et al.，2009；Vrebalov et al.，2009)。此外，还有几种MADS-box蛋白参与了果实大小的调节。例如，抑制苹果（Md-MADS8/9）和草莓（FaMADS9）中的同源SEPALLATA1/2-like基因导致果肉显著减少（Ireland et al.，2013；Seymour et al.，2011)。*SlTAGL1*通过影响番茄的果皮细胞层，对于早期果实膨大是必需的（Vrebalov et al.，2009)。在本研究中，鉴定了几种响应*SlMBP3*沉默的差异表达转录因子，包括NAC、MYB、AP2、bHLH、WRKY、bZIP、MADS-box等。这表明*SlMBP3*基因可能直接或间接调控这些转录因子基因的表达。

研究发现*SlMBP3*在生殖器官中的转录水平高于营养器官，特别是在番茄花和果实中有较高表达量。推测*SlMBP3*基因可能参与了番茄果实发育的调控。RNA干扰对*SlMBP3*的抑制导致果实和种子的表型改变，包括果实变小、果胶不液化和种子异常，这在形态、解剖、激素和分子水平上得到了进一步证实。总之，这些结果突出表明*SlMBP3*是参与番茄果实和种子发育过程的重要调控因子。

## 7.4 小结

MADS-box转录因子在植物生长发育过程中发挥重要作用，尤其是花器官特性和果实发育。在本章研究中，克隆了一个番茄Ⅱ型MADS-box基因*SlMBP3*，其组织特异性表达模式分析表明，*SlMBP3*基因在番茄花、果实等生殖器官中高量表达。通过RNAi（RNA干扰）技术抑制*SlMBP3*基因的表达，结果导致果实发育相关的一系列表型，包括果实尺寸减小和果胶不液化等。此外，*SlMBP3*-RNA干扰株系的种子表现出严重的发育缺陷，例如，种子形态异常、种子重量减少和发芽失败。进一步研究了*SlMBP3*-RNAi转基因株系果实的形态学和解剖学特征以及相关表型的潜在分子机制。解剖学数据表明转基因果实胎座细胞的数量显著减少，表明*SlMBP3*基因的沉默可能抑制了胎座细胞分裂。果实大小相关基因（*fw2.2*和*IMA*）在*SlMBP3*基因沉默株系的果实中显著上调。综上，这些结果表明*SlMBP3*基因在调控番茄果实和种子发育过程中发挥重要作用。阐明*SlMBP3*基因的功能将不仅扩展MADS-box基因的生物学作用，而且为进一步探索番茄果实发育的调控机制提供新的理论基础。

# 参考文献

DE JONG M, WOLTERS-ARTS M, SCHIMMEL B C J, et al., 2015. *Solanum lycopersicum* AUXIN RESPONSE FACTOR 9 regulates cell division activity during early tomato fruit development [J]. Journal of Experimental Botany, 66: 3405-3416.

EXPOSITO-RODRIGUEZ M, BORGES A. A, BORGES-PEREZ A, et al., 2008. Selection of internal control genes for quantitative real-time RT-PCR studies during tomato development process [J]. BMC Plant Biology, 8: 131.

FRARY A, NESBITT T C, FRARY A, et al., 2000. *fw2. 2*: a quantitative trait locus key to the evolution of tomato fruit size [J]. Science, 289: 85.

GOOSSENS J, MERTENSJ, GOOSSENSA, 2017. Role and functioning of bHLH transcription factors in jasmonate signalling [J]. Journal of Experimental Botany, 68: 1333.

IRELAND H S, YAO J L, TOMES S, et al., 2013. Apple *SEPALLATA*1/2-like genes control fruit flesh development and ripening [J]. Plant Journal, 73: 1044.

ITKIN M, SEYBOLD H, BREITEL D, et al., 2009. *TOMATO AGAMOUS-LIKE 1* is a component of the fruit ripening regulatory network [J]. Plant Journal, 60: 1081.

JIN J, TIAN F, YANG D C, et al., 2017. Plant TFDB 4. 0: toward a central hub for transcription factors and regulatory interactions in plants [J]. Nucleic Acids Research, 45: D1040.

JOFUKU K D, DEN BOER B G, VAN MONTAGU M, et al., 1994. Control of *Arabidopsis* flower and seed development by the homeotic gene *APETALA2* [J]. Plant Cell, 6: 1211.

KOU X H, ZHAO Y N, WU C E, et al., 2018. SNAC4 and SNAC9 transcription factors show contrasting effects on tomato carotenoids biosynthesis and softening [J]. Postharvest Biology and Technology, 144: 9.

LIVAK K J, SCHMITTGEN T D, 2001. Analysis of relative gene expression data using realtime Quantitative PCR and the $2^{-\Delta\Delta C}$T method [J]. Methods, 25: 402.

LOVISETTO A, GUZZO F, TADIELLO A, et al., 2013. Characterization of a bZIP gene highly expressed during ripening of the peach fruit [J]. Plant Physiology and Biochemistry, 70: 462.

NESBITT T C, TANKSLEY S D, 2001. *fw2. 2* directly affects the size of developing tomato fruit, with secondary effects on fruit number and photosynthate distribution [J]. Plant Physiology, 127: 575.

PENG Y, ZHANG X Y, PENG F T, et al., 2017. Changes of CTK and few nitrogen index during development of flower and fruit in *Zhanhua jujube* [J]. Acta Agriculturae Boreali-Sinica, 5: 101.

RUSHTON P J, SOMSSICH I E, RINGLER P, et al., 2010. WRKY transcription factors [J]. Trends in Plant Science, 15: 247.

SEYMOUR G B, RYDER C D, CEVIK V, et al., 2011. A *SEPALLATA* gene is involved in the development and ripening of strawberry (*Fragaria x ananassa* Duch.) fruit, a non climacteric tissue [J]. Journal of Experimental Botany, 62: 1179.

SICARD A, PETIT J, MOURAS A, et al., 2008. Meristem activity during flower and ovule development in tomato is controlled by the mini zinc finger gene *INHIBITOR OF MERISTEM ACTIVITY* [J]. Plant Journal, 55: 415.

SU L, BASSA C, AUDRAN C, et al., 2014. The auxin Sl-IAA17 transcriptional repressor controls fruit size via the regulation of endoreduplication-related cell expansion [J]. Plant and Cell Physiology, 55: 1969.

TANI E, TSABALLA A, STEDEL C, et al., 2011. The study of a SPATULA-like bHLH transcription factor expressed during peach (*Prunus persica*) fruit development [J]. Plant Physiology and Biochemistry, 49: 654.

VREBALOV J, PAN I L, ARROYO A J M, et al., 2009. Fleshy fruit expansion and ripening are regulated by the tomato SHATTERPROOF gene *TAGL1* [J]. Plant Cell, 21: 3041.

WANG L H, LUO Z, WANG L L, et al., 2019. Morphological, cytological and nutritional changes of autotetraploid compared to its diploid counterpart in Chinese jujube (*Ziziphus jujuba* Mill.) [J]. Horticultural

Science, 249: 263-270.

WU M, XU X, HU X, et al., 2020. *SlMYB72* regulates the metabolism of chlorophylls, carotenoids, and flavonoids in tomato fruit [J]. Plant Physiology, 183: 854.

YAN S S, CHEN N, HUANG Z J, et al., 2020. Anthocyanin Fruit encodes an R2R3-MYB transcription factor, SlAN2-like, activating the transcription of SlMYBATV to fine-tune anthocyanin content in tomato fruit [J]. New Phytologist, 225: 2048.

YOUNG M D, WAKEFIELD M J, SMYTH G K, et al., 2010. Gene ontology analysis for RNA-seq: accounting for selection bias [J]. Genome Biology, 11: 14.

ZHANG J L, WANG Y C, NAEEM M, et al., 2019. An AGAMOUS MADS-box protein, SlMBP3, regulates the speed of placenta liquefaction and controls seed formation in tomato [J]. Journal of Experimental Botany, 70: 909.

ZHAO W, LI Y, FAN S, et al., 2021. The transcription factor WRKY32 affects tomato fruit colour by regulating YELLOW FRUITED-TOMATO 1, a core component of ethylene signal transduction [J]. Journal of Experimental Botany, 72: 4269.

# 8 番茄生长发育表观遗传调控——核酸修饰

表观遗传学是指基因表达发生可遗传的变化，但是基因的 DNA 序列不发生变化。基因调节的表观遗传学修饰包括 DNA 甲基化、去甲基化、RNA 甲基化、组蛋白修饰、ATP 依赖的染色质重构、组蛋白变异体的替代以及非编码 RNA 的调节。通过研究拟南芥和包括番茄在内的其他植物，已经证明了表观遗传机制在调控植物生长发育等过程中的作用（Choi et al.，2002；Hsieh and Fischer，2005；Lauria and Rossi，2011）及其对农艺性状的潜在影响，如开花时间（He et al.，2011）、杂种优势（Dapp et al.，2015）和肉质果实成熟（Manning et al.，2006；Zhong et al.，2013）。表观遗传学修饰主要包括 3 种修饰，即核酸修饰、蛋白质修饰和非编码小 RNA 调控。

## 8.1 DNA 甲基化及分类

DNA 甲基化是指 DNA 序列碱基不发生变化，通过改变染色质结构、DNA 稳定性和 DNA 与蛋白质的互作方式，从而调控基因表达（Zhu，2009）。DNA 甲基化是在各种 DNA 甲基转移酶的作用下，将 S-腺苷甲硫氨酸（S-adenosyl methionine，SAM）上的甲基基团共价结合到 DNA 分子胞嘧啶碱基或腺嘌呤碱基上进行 DNA 可逆的修饰生化过程（Zhong et al.，2013）。目前，研究最多最常见的 DNA 甲基化就是 5-甲基胞嘧啶（5-methylcytosine，5mC）。在植物中，DNA 甲基化主要发生在对称序列 CG 中，在 CHG 和 CHH（H=A、C 或 T）序列中也有发生，异染色质区域的 DNA 甲基化程度较高，而大多数启动子区域甲基化程度较低。和动物的 DNA 甲基化比例（3%~8%）相比，植物具有较高的甲基化水平（6%~30%）。植物 DNA 甲基化方式有 2 种，一种是维持甲基化（maintenance methylation），即双链 DNA 的其中一条链已存在甲基化，另一条未甲基化的链被甲基化，维持甲基化通过半保留复制将亲代的甲基化模式传递给子代；另一种是从头甲基化（de novo methylation），即两条链均未甲基化的 DNA 被甲基化，这种方式不依赖于DNA复制，是由不同的DNA甲基转移酶催化完成的。植物DNA甲基化的发生和维持主要依赖于4种在结构和功能上不同的胞嘧啶甲基转移酶。第一种是维持DNA甲基转移酶家族（methyltransferase 1，MET1），其主要功能是维持对称序列CG位点的甲基化，研究发现在某些位点MET1也具有从头甲基化活性，可以使丢失的甲基化重新被甲基化，而且发生重新甲基化的CG位点是随机的，这有助于稳定植物体内甲基化水平，并提高甲基化模式的多样性（Bartee et al.，2001；Zubko et al.，2012）。第二种是结构域重排甲基转移酶家族（domains rearranged methyltransferase，DRM），其主要功能是从头甲基化，维持非对称CHH位点的甲基化（Law and Jacobsen，2010）。第三种是染色质甲基化酶家族（chromomethylase，CMT），该类酶为植物所特有，负责维持CHG位点的甲基化，它主要对异染色质上的DNA进行甲基化（Law and Jacobsen，2010）。此外，在植物中还存在第四种甲基转移酶，如玉米中的DMT104、拟南芥中的DMT11，它们可能是DNMT2家族（DNA methyltransferase 2）的同系物，虽然它们在不少植物中是保守的，但其功能目前还不清楚（Goodrich and Tweedie，2002）。目前，已经从拟南芥、水稻、胡萝卜、大麦、玉米、番茄（Guo et al.，2020）等多种植物中分离到各种DNA甲基转移酶编码基因。

## 8.2　DNA甲基化调控番茄植株生长

DNA甲基化对植物的生长发育、基因组结构和进化起着至关重要的作用（Zhang et al.，2010）。研究表明，*SlMET1*基因在番茄各个时期和组织中都有表达，其中，在叶片和花器官中表达量较高，在果实的破色期和红果期表达量较低；绿色荧光融合蛋白（GFP）试验确定*SlMET1*基因只在番茄细胞核中表达；免疫共沉淀分析确定*SlMET1*和*DDB1*之间存在相互作用（曹徐绿等，2017）。CRISPR/Cas9编辑*SlDDM*1/2双突变体导致异染色质转座子CG、CHG低甲基化，CHH高甲基化（Corem et al.，2018）。*SlCMT3*维持番茄突变体*Cnr*的关键基因甲基化修饰，如花青素合成相关基因（Chen et al.，2018）。实时荧光定量PCR结果表明，*SlDRM2L*在所有组织中均有表达，在叶片和花器官的表达量最高。亚细胞定位试验发现SlDRM2L蛋白定位于细胞核中；此外，在高温条件下（39 ℃，4 h），番茄*SlDRM2L*的基因转录水平明显提高，这表明*SlDRM2L*介导的DNA甲基化可能受高温诱导（刘嘉荔 等，2022）。DNMTs是植物中重要的DNA甲基转移酶，*AtDNMT2*

基因是最早发现的拟南芥 DNMT2 甲基转移酶基因。在番茄中，组织特异性表达分析显示 *SlDNMT2* 在番茄不同组织中均有表达，尤其是在花器官和叶片中 *SlDNMT2* 的表达量较高；构建 SlDNMT2 融合表达载体 pART-27-35S：SlDNMT2-eGFP，利用农杆菌介导的烟草瞬时表达系统确定 SlDNMT2 蛋白定位于细胞核。此外，张玉等（2022）还研究了不同非生物环境胁迫对 *SlDNMT2*-RNAi 转基因植株生长发育的影响，结果表明 RNAi 转基因植株对 300 μmol/L $Zn^{2+}$胁迫环境更加敏感。

## 8.3 DNA 甲基化与番茄果实发育和成熟

目前，关于 DNA 甲基化影响肉质果实成熟的研究主要集中在番茄作物。最早关于 DNA 甲基化调控番茄果实成熟的研究是在 1993 年（Hadfield et al.，1993）。在番茄基因组中，已经鉴定了 8 个 5mC 甲基转移酶基因（*SlMET1*、*SlCMT2-4*、*S1DRM5-8*）和 4 个去甲基化基因（*SlDML1-4*）（Teyssier et al.，2008；Cao et al.，2014；Chen et al.，2015）。早期研究表明，*MET1*、*CMTs* 以及 *SlDRMs* 基因在番茄果实早期发育时期表达量比较高，而 *SlDRM7* 在果实成熟过程的早期阶段表达量最高（Teyssier et al.，2008）。*Cnr* 基因启动子的高度甲基化阻碍了番茄果实的成熟（Manning et al.，2006）。Manning 等（2006）利用 VIGS 技术在野生型番茄果实中沉默 *LeSPL-CNR*，发现果实出现类似于 *Cnr* 突变体表型，说明 *LeSPL-CNR* 在番茄果实成熟过程中发挥重要作用。对番茄自发突变体 *Cnr* 的研究首次揭示了果实成熟转录调控网络中可能涉及表观遗传调控因子。Teyssier 等（2008）发现在番茄果实成熟时，果皮细胞全基因组的甲基化水平下降了 30%，而小室组织中却没有这种现象，这表明 DNA 甲基化具有组织特异性（Teyssier et al.，2008）。后来 Zhong 等（2013）对 DNA 甲基化调控番茄果实成熟进行深入研究，发现在番茄发育过程中，有 200 多个成熟相关基因启动子部分的 5mC 数量呈现显著减少的趋势。给未成熟的番茄果实注入 DNA 甲基转移酶抑制剂 5-氮杂胞苷（5-azacytidine），发现果实成熟提早。进一步研究表明，DNA 甲基化可能在番茄果实成熟早期一些重要转录因子基因的调控过程中发挥重要作用。CRISPR/Cas9 基因编辑介导的 *SlMET1* 突变体，在番茄全基因组范围内引起 CG 低甲基化，说明 *SlMET1* 是维持果实正常转录水平的关键基因。CRISPR/Cas9 编辑 *SlMET1* 还导致番茄叶片基因组 CG 低甲基化 CHH 高甲基化，影响番茄转录组稳定性（Corem et al.，2018；

Yang et al.，2019）。刘嘉荔（2022）发现番茄 *SlDRM2L*-RNAi 株系果实较小较轻。*SlDRM2L* 下调转基因植株中 MuDR 转座子的甲基化水平明显低于野生型番茄，这说明 *SlDRM2L* 的下调会影响植株的甲基化水平。Guo 等（2022）构建了 *SlCMT4* 基因的 RNAi 沉默载体和 CRISPR/Cas9 载体，转化了野生型番茄，并筛选了 *SlCMT4* 的转基因和突变株系。基于转基因和突变株系的表型，从形态学、生理学、生化、解剖学和分子水平研究了 *SlCMT4* 基因的调控功能。研究结果表明，*SlCMT4* 转基因株系和突变株系出现严重的发育缺陷和缺失突变（包括植株形态和番茄器官），这表明 DNA 的低甲基化会导致植物发育异常。随后，郭绪虎等（2023）从转录组水平深入分析了 *SlCMT4* 基因敲除对番茄花器官的影响。上述研究表明，表观遗传学对调控番茄营养生长和生殖生长起着至关重要的作用。然而，关于表观遗传在番茄果实成熟过程中的功能研究还比较少，因此其作用途径和调控机制有待进一步探索研究。

## 8.4 DNA 去甲基化及其调控功能

DNA 去甲基化分为被动和主动 2 种方式。DNA 被动去甲基化依赖于 DNA 的半保留复制，是当 DNA 甲基化转移酶的活性受到抑制或浓度偏低时，原有的甲基化胞嘧啶被未甲基化胞嘧啶代替，DNA 甲基化水平降低的过程。主动去甲基化是由 DNA 糖基化酶/裂解酶参与的特殊酶促反应，植物基因组上的 5mC 可以由 DNA 糖基化酶/裂解酶 ROS1 家族蛋白介导切除，之后再由碱基修复机制合成非甲基化胞嘧啶，从而造成基因组的 DNA 去甲基化（Gong et al.，2002）。植物基因组发生去甲基化作用可以激活处于沉默状态的基因。在番茄中已鉴定 7 个甲基转移酶基因和 3 个去甲基化酶基因（Cao et al.，2014）。Liu 等（2015）发现，番茄 DNA 去甲基化酶基因 *SlDML2*（与拟南芥 DNA 去甲基化酶基因 *ROS1* 具有较高同源性）对诱导番茄成熟起着关键的作用，通过 RNAi 和 VIGS 方法干扰和沉默 *SlDML2* 基因会导致番茄果实高甲基化，果实成熟相关基因的表达水平降低，结果严重推迟番茄果实成熟。类似的结果在 CRISPR/Cas9 介导的 *SlDML2* 突变体中也被证实。CRISPR/Cas9 介导的 *SlDML2* 基因突变导致番茄基因组高度甲基化，DNA 去甲基化酶基因 *SlDML2* 在番茄发育过程中发挥重要作用，能够激活成熟诱导基因，下调成熟抑制基因（Lang et al.，2017）。进一步研究证实应用 CRISPR/Cas9 技术产生缺失 *SlDML2* 的稳定突变体番茄，与正常番茄对比发现，突变体植株全基因组甲基化水平明显增高，并产生晚熟表型（Shang et al.，2020；Xiao et al.，2020；Zhu et al.，2020）。此外，最新研究表明 *SlDML2* 能够正向调控番茄果实对灰霉菌的抗性，灰霉菌接种试验显示，绿熟期和红熟期果实中，*sldml2* 突变体对灰霉菌的抗性显著减弱。另外，与野生型相比，除了果实成熟明显延迟之外，*sldml2* 突变体的叶片较小、种子发芽率较低，并且呈现出多花性状，表明 *SlDML2* 也参与调控番茄的发育过程。这些研究结果证实 *SlDML2* 具有“一因多效”特性（Zhou et al.，2023）。

## 8.5 RNA 甲基化与去甲基化的调控功能

近年来，随着 DNA 修饰和蛋白质修饰的迅速发展，RNA 甲基化修饰及其功能也成为表观遗传学研究的重要内容之一。RNA 存在多种化学修饰，不同类型的 RNA 修饰在其功能上存在较大差异。其中，甲基化是 RNA 修饰的重要形式之一。常见的 RNA 甲基化修饰类型主要有 4 种，分别为 6-甲基腺嘌呤（$m^6A$）、1-甲基腺嘌呤（$m^1A$）、5-甲基胞嘧啶（$m^5C$）、5-羟甲基胞嘧啶，它们在胞内行使不同的生物学功能（Pietro et al.，2017）。其中，$m^6A$（N6-methyladenosine，N6-甲基腺嘌呤）是腺嘌呤（A）第 6 位氮原子上的甲基化修饰，是 mRNA 上含量最丰富、最普遍的一种修饰方式，广泛存在于植物、酵母以及哺乳动物中（Dominissini et al.，2012；Zhang and Jia，2016），已成为当前生命科学领域的研究热点之一。对番茄去甲基化酶基因 *SlALKBH2*、*SlALKBH8*、*SlALKBH3*、*SlALKBH5* 进行病毒诱导基因沉默（VIGS）处理，结果发现 *SlALKBH3* 基因在番茄花柄脱落过程中具有显著作用，沉默该基因显著加速了番茄花柄脱落。RNA 甲基化在果实生长发育过程中也发挥着重要作用。在番茄的 mRNA 中，$m^6A$ 修饰普遍存在，Zhou 等（2019）对不同发育阶段番茄果实的 $m^6A$ 甲基化组进行了比较，发现在番茄果实发育和成熟过程中 $m^6A$ 整体水平逐渐下降，$m^6A$ 水平的变化与$m^6A$去甲基化酶基因 *SlALKBH2* 的表达相关。该研究还发现 *SlALKBH2* 受 DNA 甲基化影响，$m^6A$ 去甲基酶 *SlALKBH2* 靶向 DNA 去甲基酶基因 *SlDML2*，而 *SlDML2* 可以通过抑制 DNA 甲基化作用于 *SlALKBH2*，激活其转录。这些研究表明，*SlALKBH2* 和 *SlDML2* 协同调控番茄果实发育和成熟，明确了 DNA 甲基化（5mC）与 RNA 甲基化（$m^6A$）之间的内在联系。

# 参考文献


曹徐绿，唐晓凤，苗敏，等，2017. 番茄胞嘧啶甲基转移酶同源基因 *SlMET1* 功能研究［J］. 合肥工业大学学报（自然科学版），40（6）：829-834.

郭绪虎，李凤，刘丽珍，等，2023. 基于转录组分析的 *SlCMT4* 基因敲除对番茄花器官的影响［J］. 山西农业大学学报（自然科学版）：43（5）：3-13.

刘嘉荔，刘红达，汪宏涛，等，2022. 番茄 DNA 甲基转移基因 *SlDRM2L* 的克隆及表达分析［J］. 合肥工业大学学报（自然科学版），45（3）：406-410.

张玉，汪宏涛，刘嘉荔，等，2022. 番茄 *SlDNMT2* 基因的克隆和抗逆性研究［J］. 合肥工业大学学报（自然科学版），45（4）：554-560.

BARTEE L，MALAGNAC F，BENDER J，2001. *Arabidopsis* cmt3 chromomethylase mutations block non-CG methylation and silencing of an endogenous gene［J］. Genes，15（14）：1753-1758.

CAO D，JU Z，GAO C，et al.，2014. Genome-wide identification of cytosine-5 DNA methyltransferases and demethylases in *Solanum lycopersicum*［J］，Gene，550（2）：230-237.

CHEN W，KONG J，QIN C，et al.，2015. Requirement of CHROMOMETHYLASE3 for somatic inheritance of the spontaneous tomato epimutation Colourless non-ripening［J］. Scientific Reports，5（9192）：107-117.

CHEN W，YU Z，KONG J，et al.，2018. Comparative WGBS identifies genes that influence non-ripe phenotype in tomato epimutant Colourless non-ripening［J］. Science China-life Sciences，61（2）：244-252.

CHOI Y，GEHRING M，JOHNSON L，et al.，2002. DEMETER，a D1v1A glycosylase domain protein，is required for endosperm gene imprinting and seed viability in Arabidopsis［J］. Cell，110（1）：33-42.

COREM S，DORON-FAIGENBOIM A，JOUFFROY，et al.，2018. Redistribution of CHH methylation and small interfering RNAs across the genome of tomato ddm1 mutants［J］. Plant Cell，10：89-98.

DAPP M，REINDERS J，BEDIEE A，et al.，2015. Heterosis and

inbreeding depression of epigenetic *Arabidopsis hybrids* [J]. Nature Plants, 1 (7): 15092.

DOMINISSINI D, MOSHITCH-MOSHKOVITZ S, SCHWARTZ S, et al., 2012. Topology of the human and mouse $m^6A$ RNA methylomes revealed by $m^6A$-seq [J]. Nature, 485 (7397): 201.

GONG Z, MORALES-RUIZ T, ARIZA R R, et al., 2002. Ros1, a repressor of transcriptional gene silencing in arabidopsis, encodes a dna glycosylase/lyase [J]. Cell, 111 (6): 803-814.

GOODRICH J, TWEEDIE S, 2002. Remembrance of things past: chromatin remodeling in plant development [J]. Annual Review of Cell and Developmental Biology, 18: 707-746.

GUO X H, XIE Q, LI B Y, et al., 2020. Molecular characterization and transcription analysis of DNA methyltransferase genes in tomato (*Solanum lycopersicum*) [J]. Genetics and Molecular Biology, 43 (1): e20180295.

GUO X H, ZHAO J G, CHEN Z W, et al., 2022. CRISPR/Cas9-targeted mutagenesis of *SlCMT4* causes changes in plant architecture and reproductive organs in tomato [J]. Horticulture Research, 9: uhac081.

HADFIELD K A, DANDEKAR A M, ROMANI R J, 1993. Demethylation of ripening specific genes in tomato fruit [J]. Plant Science, 92 (1): 13-18.

HE G, ELLING A A, DENG X W, 2011. The epigenome and plant development [J]. Annual Review of Plant Biology, 62 (1): 411-435.

HSIEH T F, FISCHER R L, 2005. Biology of chromatin dynamics [J]. Annual Review of Plant Biology, 56 (1): 327-351.

LANG Z B, WANG Y H, TANG K, et al., 2017. Critical roles of DNA demethylation in the activation of ripening-induced genes and inhibition of ripening-repressed genes in tomato fruit [J]. Proceedings of the National Academy of Sciences, 114 (22): 4511-4519.

LAURIA M, ROSSI V, 2011. Epigenetic control of gene regulation in plants [J]. Biochimica et Biophysica Acta (BBA) -Gene Regulatory Mechanisms, 1809 (8): 369-378.

LAW J A, JACOBSEN S E, 2010. Establishing, maintaining and modifying DNA methylation patter in plants and animals [J]. Nature Reviews Genetics, 11: 204-20.

LIU R, HOW-KIT A, STAMMITTI L, et al., 2015. A DEMETER-like DNA demethylase governs tomato fruit ripening [J]. Proceedings of the National Academy of Sciences, 112 (34): 10804-10809.

MANNING K, TOR M, POOLE M, et al., 2006. A naturally occurring epigenetic mutation in a gene encoding an SBP-box transcription factor inhibits tomato fruit ripening [J]. Nature Genetics, 38 (8): 948-952.

SHANG G L, FANG X, JIA H, et al., 2020. Characterization of DNA methylation variations during fruit development and ripening of *Vitis vinifera* (cv. 'Fujiminori') [J]. Physiology and Molecular Biology of Plants, 26 (4): 617-637.

TEYSSIER E, BEMACCHIA G, MAURY S, et al., 2008. Tissue dependent variations of DNA methylation and endoreduplication levels during tomato fruit development and ripening [J]. Planta, 228 (3): 391-399.

XIAO K, CHEN J, HE Q, et al., 2020. DNA methylation is involved in the regulation of pepper fruit ripening and interacts with phytohormones [J]. Journal of Experimental Botany, 71 (6): 1928-1942.

YANG Y, TANG K, DATSENKA T U, et al., 2019. Critical function of DNA methyltransferase 1 in tomato development and regulation of the DNA methylome and transcriptome [J]. Journal of Integrative Plant Biology, 61 (12): 1224-1242.

ZHANG M S, KIMATU J N, XU K Z, et al., 2010. DNA cytosine methylation in plant development [J]. Journal of Genetics and Genomics, 37 (1): 1-12.

ZHONG S, FEI Z, CHEN Y R, et al., 2013. Single-base resolution methylomes of tomato fruit development reveal epigenome modifications associated with ripening [J]. Nature Biotechnology, 31 (2): 154-159.

ZHOU L L, GAO G T, LI X J, et al., 2023. The pivotal ripening gene *SlDML2* participates inregulating disease resistance in tomato [J]. Plant Biotechnology Journal, 12: 1-16.

ZHOU L, TIAN S, QIN G, 2019. RNA methylomes reveal the $m^6A$-mediated regulation of DNA demethylase gene *SlDML2* in tomato fruit ripening

[J]. Genome Biology, 20 (1): 156.

ZHU J K, 2009. Active DNA demethylation mediated by DNA glycosylases [J]. Annual Review of Genetics, 43: 143-166.

ZHU Y C, ZHANG B, ALLAN A C, et al., 2020. DNA demethylation is involved in the regulation of temperature-dependent anthocyanin accumulation in peach [J]. Plant Journal, 102 (5): 965-976.

ZUBKO E, GENTRY M, KUNOVA A, et al., 2012. De novo DNA methylation activity of METHYLTRANSFERASE1 (MET1) partially restores body methylation in *Arabidopsis thaliana* [J]. Plant Journal, 71 (1): 1029-1037.

# 9 番茄DNA甲基转移酶分子特征与转录模式分析

## 9.1 材料与方法

### 9.1.1 DNA和蛋白质序列分析

利用拟南芥和水稻DNA甲基转移酶的蛋白质序列（表9-1）在NCBI（http：//blast.ncbi.nlm. nih. gov/Blast. cgi）和Sol Genomics Network（SGN）数据库（http：//solgenomics. net）中使用带filter off选项和cut-off值为1e-10的Blastp工具搜索番茄DNA甲基转移酶的氨基酸序列。这9个基因的基因组DNA序列是从Sol Genomics Network（SGN，http：//solgenomics. net）获得的。为了分析基因组DNA的外显子和内含子，使用Multalin进行CDS（编码序列）和基因组DNA之间的序列比对。利用GSDS对番茄DNA MTase的基因结构进行了分析。用ExPASy工具估算了分子量（Mw）、等电点和亲水性（GRAVY）。基于ScanProsite和Pfam蛋白家族数据库对保守结构域进行注释。Motif检测依赖于MEME（Timothy et al.，1994）。采用MEGA 5.02软件和邻接法构建系统发育树。启动子元件分析使用PLANT CARE和PLACE。

**表9-1　拟南芥和水稻DNA甲基转移酶的基本信息**

| 蛋白名称 | 登录号 | 基因位点 | 蛋白长度（aa） |
|---|---|---|---|
| AtMET1 | NP_199727 | At5g49160 | 1 534 |
| AtMET2a | NP_193150 | At4g14140 | 1 519 |
| AtMET2b | NP_192638 | At4g08990 | 1 512 |
| AtMET3 | NP_193097 | At4g13610 | 1 404 |
| AtDRM1 | NP_197042 | At5g15380 | 624 |
| AtDRM2 | NP_196966 | At5g14620 | 626 |

（续表）

| 蛋白名称 | 登录号 | 基因位点 | 蛋白长度（aa） |
| --- | --- | --- | --- |
| AtDRM3 | NP_566573 | At3g17310 | 710 |
| AtCMT1 | NP_565245 | At1g80740 | 791 |
| AtCMT2 | NP_193637 | At4g19020 | 1295 |
| AtCMT3 | NP_177135 | At1g69770 | 839 |
| AtDNMT2 | NP_568474 | At5g25480 | 383 |
| OsMET1-1 | XP_015628331 | LOC4334435 | 1 527 |
| OsMET1-2 | BAT00336 | Os07g0182900 | 1 497 |
| OsMET2a | XP_015613201 | LOC4347954 | 907 |
| OsMET2b | XP_015630016 | LOC4332128 | 1 059 |
| OsMET2c | XP_015639449 | LOC4338140 | 1 319 |
| OsDRM1aa | ABA91139 | LOC_Os11g01810 | 473 |
| OsDRM1ba | XP_015630994 | LOC4331357 | 675 |
| OsDRM3 | XP_015639540 | LOC4337721 | 680 |
| OsDNMT2 | XP_015621754 | LOC9268926 | 374 |
| OsZmet3 | AAN61474 | OSJNBb0043C10. 1 | 881 |

## 9. 1. 2 植物材料

番茄（*Solanum lycopersicum* Mill. cv. Ailsa Craig）幼苗在温室条件下（昼 27 ℃ 16 h，夜 19 ℃ 8 h）生长。收集番茄根、茎、叶、萼片、花和不同时期的果皮组织进行特异性基因表达分析。根据番茄幼苗的均匀性，采集生长 45 d 番茄幼苗根和茎。叶片取自生长 65 d 番茄植株的 3 个不同部位，分别为幼叶（植株新生叶 3 片）、成熟叶（从上到下 5~7 片）和衰老叶（从上到下 8~10 片）。萼片和花瓣同时采集。开花时标记，果实发育以开花后天数（DPA）记录。果实成熟阶段分为 5 个阶段，即 IMG（未成熟青果，28 DPA）、MG（成熟青果，35 DPA，果实充分膨大但无明显颜色变化）、B（破色期，果实首次出现成熟相关颜色由绿变黄的迹象）、B4（破色后 4 d）和 B7（破色后 7 d）。

### 9.1.3 DNA 甲基转移酶基因数字表达谱分析

微阵列表达数据来自 genevarcheator（https://www.genevestigator.com/gv）的番茄基因芯片平台。以 DNA MTase 基因的核苷酸序列作为查询序列，对 Affymetrix 基因芯片（http://www.affymetrix.com）中的所有基因探针序列进行 blast，并选择最佳同源探针在 Affymetrix 番茄基因组阵列平台中进行搜索。

### 9.1.4 胁迫处理

基于番茄幼苗的均匀性，选择生长 35 d 的盆栽番茄幼苗用于所有的胁迫处理试验。盐胁迫处理时，将番茄幼苗根部浸泡在含 250 mM NaCl 的溶液中 0、1 h、2 h、4 h、8 h、12 h 和 24 h，收集处理后的和对照的植株幼叶。对于低温胁迫处理，整个盆栽番茄幼苗在 4 ℃下处理 0、1 h、2 h、4 h、8 h、12 h 和 24 h，之后收集叶片（Zhu et al.，2014）。所有胁迫处理均进行 3 个生物重复。

### 9.1.5 RNA 分离和定量 RT-PCR 分析

用 Trizol 试剂（Invitrogen，上海，中国）从番茄组织中提取总 RNA。在 RNase 抑制剂（Takara Biotechnology，日本）存在的情况下，用 DNase I（Promega，北京，中国）消除基因组 DNA 污染。以 Poly（A）+RNA 为模板，用 M-MLV 逆转录法合成第一链 cDNA。互补 DNA 由 M-MLV 逆转录酶（Promega，北京，中国）在 37 ℃下合成 1 h。定量 RT-PCR 反应体系和条件与之前的报道（Guo et al.，2016）相同。在正常生长条件（Expósito-Rodríguez et al.，2008）和非生物胁迫（Nicot et al.，2005）下，分别使用番茄 *CAC* 和 *EF1α* 基因作为内参基因。基因相对表达水平的分析采用 $2^{-\Delta\Delta C}T$ 方法（Livak and Schmittgen，2001）。所有用于定量 RT-PCR 的引物列在表 9-2 中。计算 3 个独立试验的平均值，并注明标准差（±SD）。

**表 9-2 RT-PCR 定量分析所用引物对**

| 引物代码 | 引物序列（5′→3′） | 产物长度（bp） |
|---|---|---|
| SlCAC-Q-F | CCTCCGTTGTGATGTAACTGG | 173 |
| SlCAC-Q-R | ATTGGTGGAAAGTAACATCATCG | |

（续表）

| 引物代码 | 引物序列（5′→3′） | 产物长度（bp） |
| --- | --- | --- |
| SlEF1α-Q-F | TACTGGTGGTTTTGAAGCTG | 150 |
| SlEF1α-Q-R | AACTTCCTTCACGATTTCATCATA | |
| SlMET1-Q-F | GGGTTGTCCGAGCGATGA | 250 |
| SlMET1-Q-R | GCTTTTGGGCCAATACGTAGA | |
| SlCMT2-Q-F | AAGTAGATGGAATGGAGCTAGGG | 256 |
| SlCMT2-Q-R | ACATCTGCTCGACTAAAATGGC | |
| SlCMT3-Q-F | AGCATTGGCATTGAAAGGATT | 255 |
| SlCMT3-Q-R | CCATTGTCCTAAATTAGCAACTAACA | |
| SlCMT4-Q-F | CTTGGCACAAAACTCTCTGGTC | 125 |
| SlCMT4-Q-R | TTCTCAACACCTTCATTCCTAACAT | |
| SlDRM5-Q-F | TGTGGTCCAGAAGCATCGG | 264 |
| SlDRM5-Q-R | TCTTCGGACAATTGCAGAAACT | |
| SlDRM6-Q-F | TTGATTATGTTCGGATATTGGATG | 238 |
| SlDRM6-Q-R | GATACCTGGGTTCTGGAAAAACT | |
| SlDRM7-Q-F | AACAGGGTGACTAGAGACGGACT | 225 |
| SlDRM7-Q-R | GATGGCACTAAGAGAGTTACTTTGTG | |
| SlDRM8-Q-F | GTTTTATGCTTTTGCTGTGGC | 196 |
| SlDRM8-Q-R | TGTCCCCCATAGGCATTGTA | |
| SlMETL-Q-F | TTGGGCTGTGTATGTGTTTGG | 260 |
| SlMETL-Q-R | CAAGCCACCAATTCCACTGTA | |

### 9.1.6 数据统计

所有试验均采用3个生物重复，Origin 8.0软件用于统计数据分析，采用Student's t检验（SPSS 22.0），$P<0.05$为显著，数据以平均数±标准差（±SD）表示。

## 9.2 结果与分析

### 9.2.1 番茄 DNA 甲基转移酶鉴定及序列分析

首先，本研究分别从 NCBI 收集了 11 个拟南芥和 10 个水稻甲基转移酶的信息。基于这些数据，通过 Blastp 在番茄中鉴定了 9 个甲基转移酶（表 9-3）。这些基因的开放阅读框（ORF）长度在 1.1～4.6 kb，蛋白质长度在 381 到 1 559 个氨基酸不等，并且所有推导出的多肽都是亲水的。此外，图 9-1 显示了番茄中 9 个甲基转移酶的内含子-外显子组织（内含子和外显子的数量）。CMT 亚家族基因的编码区被 14～21 个内含子打断（图 9-1）；番茄中的 MET 基因（*SlMET1*）长度约为 4.6 kb，包含 12 个外显子；番茄中 DRM 亚家族基因的长度在 1.8～2.1 kb，有 9 个外显子；DNMT2 基因（*SlMETL*）长度最小（1.1 kb），包含 9 个外显子。此外，还分析了这些番茄甲基转移酶基因的基因组分布。9 个番茄甲基转移酶基因分散位于染色体上（表 9-3），表明全基因组复制（WGD）至少部分影响了番茄甲基转移酶家族的多样性，而不是基因重复。

**表 9-3　番茄中甲基转移酶基因的鉴定**

| 基因名称 | 开放阅读框长度[a]（bp） | 推导多肽[b] | | | | 染色体号 | 登录号[c] |
|---|---|---|---|---|---|---|---|
| | | 长度（aa） | 分子量（kDa） | 等电点 | 亲水性 | | |
| *SlMET1* | 4 680 | 1 559 | 175.03 | 6.03 | -0.517 | ch11 18811587-18827974 | AJ002140 |
| *SlCMT2* | 2 802 | 933 | 104.50 | 5.40 | -0.581 | ch12 65430879-65437290 | XM_004252792 |
| *SlCMT3* | 2 235 | 808 | 91.17 | 4.90 | -0.376 | ch01 756827-764851 | XM_004228549 |
| *SlCMT4* | 2 667 | 888 | 100.04 | 8.82 | -0.655 | ch08 292101-303500 | XR_182971 |
| *SlDRM5* | 1 812 | 603 | 68.03 | 4.79 | -0.504 | ch02 29084337-29096121 | EU344815 |
| *SlDRM6* | 1 830 | 609 | 69.09 | 5.16 | -0.464 | ch10 59372041-59376567 | SGN-U321564 |
| *SlDRM7* | 1 824 | 607 | 68.71 | 4.75 | -0.492 | ch04 185839-189158 | TC161581 |
| *SlDRM8* | 2 100 | 699 | 78.82 | 5.45 | -0.411 | ch05 62542201-62559200 | SGN-U325992 |
| *SlMETL* | 1 146 | 381 | 43.42 | 5.44 | -0.312 | ch08 53192484-53203494 | XP_004245195 |

注：a 开放阅读框的长度。

b 氨基酸长度、分子量、等电点和亲水性总平均值。

c 番茄 DNA 甲基转移酶基因的 Genbank、SGN 或 TIGR 登录号。

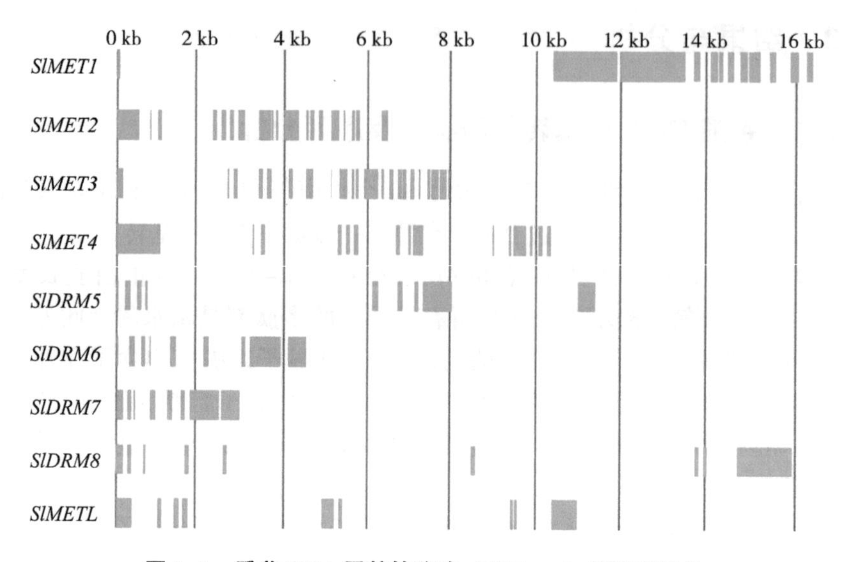


**图 9-1 番茄 DNA 甲基转移酶（MTases）的基因结构**

内含子-外显子组织显示在上图。外显子显示为蓝色框，内含子由蓝色框之间的空格表示。

## 9.2.2 保守域和系统发育分析

对 9 个番茄 DNA 甲基转移酶的氨基酸序列进行比对发现，番茄 DNA 甲基转移酶基因具有特定顺序排列的调控区和催化区。通过对 9 个 MTases 的 MEME 分析，在甲基转移酶结构域中鉴定出了 6 个高度保守的基序Ⅰ、Ⅳ、Ⅵ、Ⅷ、Ⅸ和Ⅹ（图 9-2）。番茄 MTases 的每个亚家族在催化区域都有这些基序的特征性排列。MET 基序排列顺序为Ⅰ、Ⅳ、Ⅵ、Ⅷ、Ⅸ和Ⅹ。在 CMT 基序中，染色质域出现在保守基序Ⅰ和Ⅳ之间，其余的排列与 MET 基序相似。有趣的是，SlCMT4 似乎缺乏Ⅸ和Ⅹ结构域。除 SlDRM7 中仅有Ⅳ基序外，DRM 成员的基序依次为Ⅵ、Ⅷ、Ⅸ、Ⅹ、Ⅰ和Ⅳ。在 DRM 家族成员中只存在一个泛素相关结构域（UBA）。与 MET 相似，DNMT2 成员的基序为Ⅰ、Ⅳ、Ⅵ、Ⅷ、Ⅸ和Ⅹ，但没有调控区域（图 9-2）。包括复制焦点结构域（RFD）、近邻 bromo 同源结构域（BAH）和甲基转移酶结构域在内的 MTases 被归为 MET 亚家族成员，而具有 Chr 结构域以及 BAH 和甲基转移酶结构域的成员被归为 CMT 亚家族成员（图 9-2）。同时具有 UBA 和甲基转移酶结构域的成员被分组到一个 DRM 亚家族（图 9-2）。DNMT2 亚家族成员似乎缺乏任何氨基末端调控结构域，仅包括甲基转移酶结构域（图9-2）。

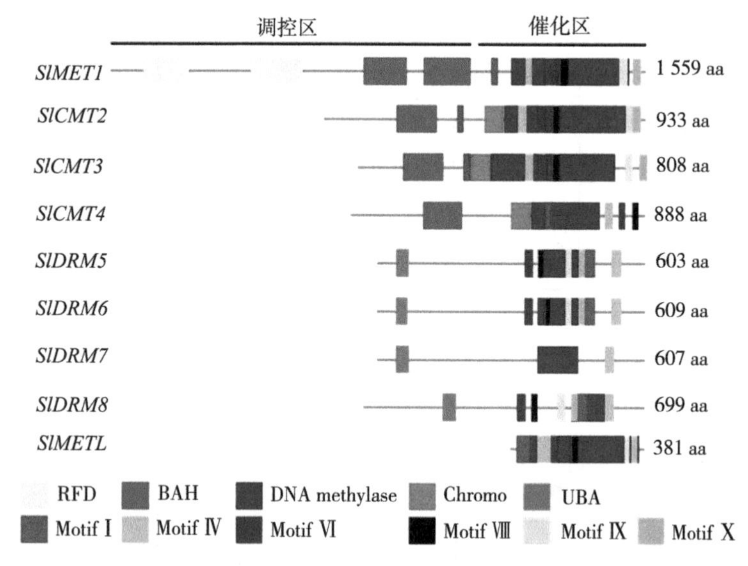


**图 9-2　番茄甲基转移酶（MTases）的蛋白质结构**

不同的结构域和基序用不同的颜色表示。

在番茄中，共有 3 个甲基转移酶基因被鉴定为 CMT，1 个为 MET，1 个为 DRM，1 个为 DNMT2 成员（图 9-3）；在拟南芥中，3 个成员属于 CMT（*AtCMT1*、*AtCMT2* 和 *AtCMT3*），4 个成员属于 MET（*AtMET1*、*AtMET2a*、*AtMET2b* 和 *AtMET3*），3 个成员属于 DRM（*AtDRM1*、*AtDRM2* 和 *AtDRM3*），1 个成员属于 DNMT2（*AtDNMT2*）家族。类似地，在水稻中有 3 个 CMT（*OsMET2a*、*OsMET2b* 和 *OsMET2c*）、2 个 MET（*OsMET1-1* 和 *OsMET1-2*）、4 个 DRM（*OsDRM1aa*、*OsDRM1ba*、*OsDRM3* 和 *OsZmet3*）和 1 个 DNMT2（*OsDNMT2*）（Sharma et al.，2009）。如图 9-3 所示，4 个进化分支（CMT、MET、DNMT2 和 DRM）被清楚地区分。CMT 亚家族包含 9 个蛋白，其中有 3 个番茄蛋白（SlCMT2、SlCMT3 和 SlCMT4）。进化分支 MET 和 DNMT2 分别仅包括 SlMET 和 SlMETL。DRM 进化分支包含 4 个番茄蛋白（SlDRM5、SlDRM6、SlDRM7 和 SlDRM8）。因此，进化分析结果与分类结果具有较好的一致性。

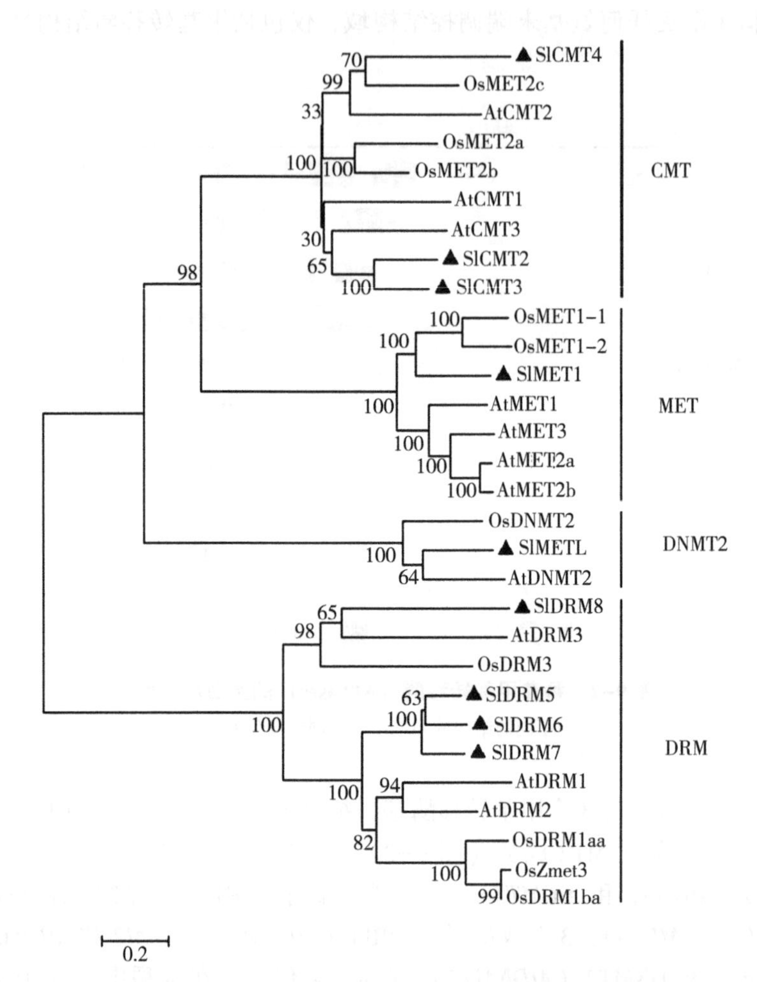


**图 9-3 植物中 DNA 甲基转移酶蛋白序列的系统发育树**

番茄甲基转移酶基因用黑色三角形标记。Os：水稻，At：拟南芥。

## 9.2.3 DNA MTase 基因在野生型番茄和突变体中的转录模式

为了阐明 MTase 基因在番茄中的组织/器官表达模式，利用不同组织和发育阶段的 cDNAs 进行了定量 RT-PCR 分析。从图 9-4 可以看出，*SlCMT2* 在幼叶、成熟青果和茎中均有高表达。同时，其表达在叶片发育过程中持续下调。*SlCMT3* 也主要在幼叶中表达，且随着果实的进一步成熟，其转录水平持续下降。与其他组织相比，*SlCMT4* 在花和未成熟的青果中表达量较高，在果实发育过程中表达量持续下调。*SlMET1* 的表达模式与 *SlDRM7* 非常相似，它们的转录均在未成熟的青果中达到最高水平。*SlDRM5* 在幼叶中高度表达，在果实发育过程中，*SlDRM5* 转录本在未成熟的青果中达到最大值，然后下降。有趣的是，*SlDRM6* 在生殖阶段的表达高于营养生长阶段。*SlDRM8* 在花、萼片和未成熟青果中的表达量略高于其他组织。*SlMETL* 在成熟果实中表达量较高，并在果实发育过程中呈上调趋势。其中 *SlMET1*、*SlCMT2*、*SlDRM5*、*SlDRM7*、*SlDRM8*、*SlMETL* 的时空表达与 Microarray 表达数据基本一致（图 9-5）。此外，特别值得注意的是，在番茄成熟突变体 *rin* 和 *Nr* 中 *SlMET1* 的表达水平明显高于野生型番茄（图 9-6）。在 *SlMET1* 的启动子中鉴定了 ANAERO2CONSENSUS 和 CANBNNAPA 元件（Ellerström et al.，1996）分别调控果实和胚的发育，表明 *SlMET1* 可能与果实发育有关，这通过其在果实中的高量表达得到证实。

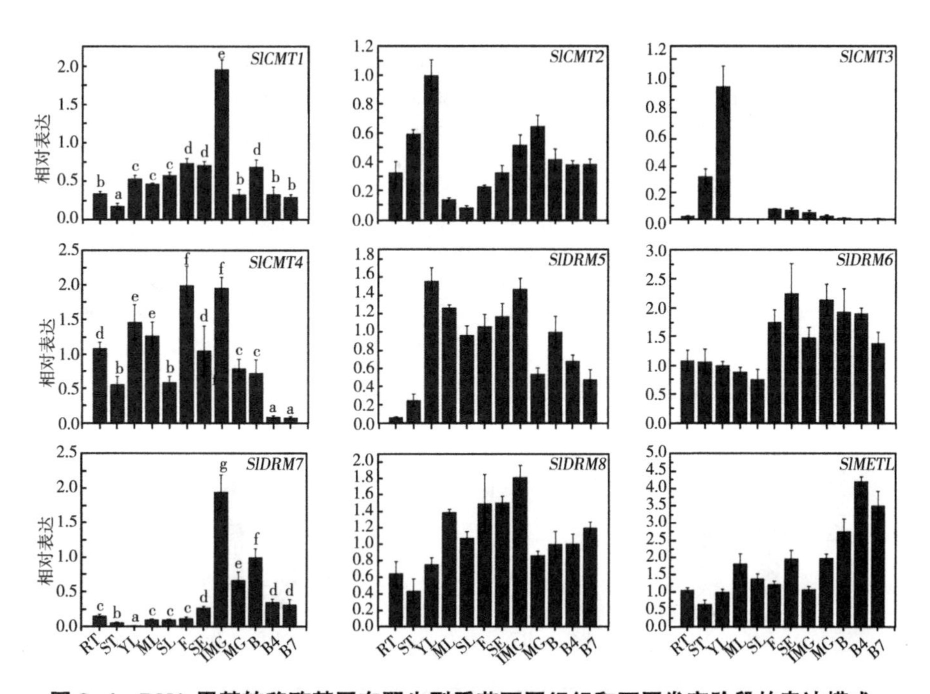


**图 9-4 DNA 甲基转移酶基因在野生型番茄不同组织和不同发育阶段的表达模式**

RT，根；ST，茎；YL，幼叶；ML，成熟叶；SL，衰老叶；F，花；SE，萼片；IMG，未成熟青果；MG，成熟青果；B，破色期；B4，破色后 4 d 果实；B7，破色后 7 d 果实。数值表示 3 个独立试验的平均值±SD。显著差异（$P<0.05$）用不同的字母表示。

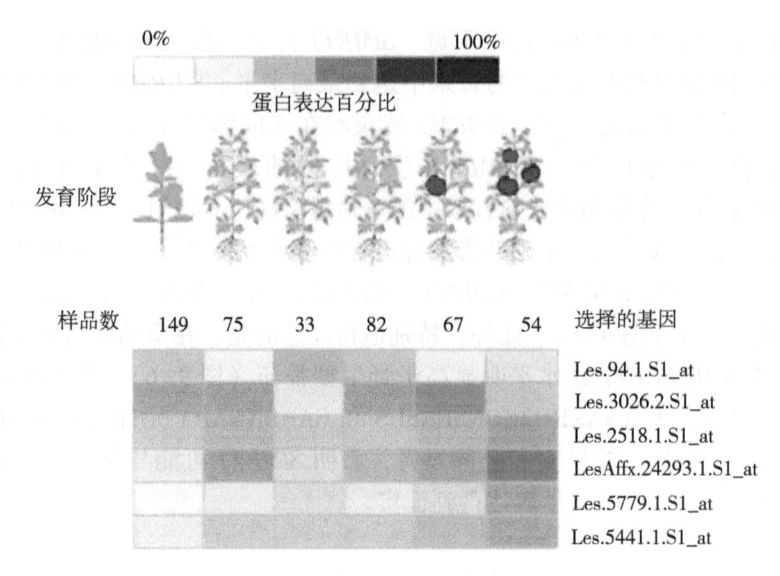


**图 9-5 基于番茄基因芯片平台 Genevestigator 获得的微阵列表达数据**

*SlMET1*，Les. 94. 1. S1 _ at；*SlCMT2*，Les. 3026. 2. S1 _ at；*SlDRM5*，Les. 2516. 1. S1 _ at；*SlDRM7*，LesAffx. 24293. 1. S1_at；*SlDRM8*，Les. 5779. 1. S1_at；*SlMETL*，Les. 5441. 1. S1_at。

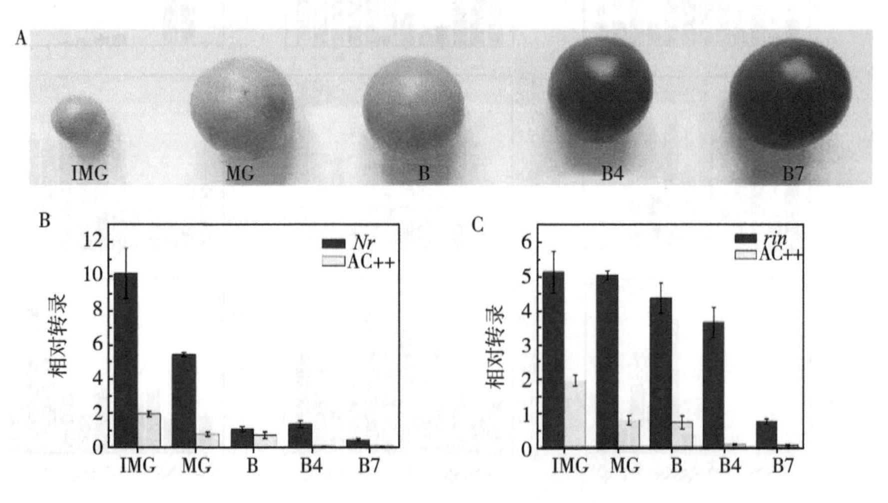


**图 9-6 *SlMET1* 在野生型番茄 $AC^{++}$ 和突变体番茄 *Nr*、*rin* 中不同果实发育阶段的表达模式**

IMG，未成熟青果；MG，成熟青果；B，破色期果实；B4，破色后 4 d 果实；B7，破色后 7 d果实。数值为 3 个独立试验的平均值±标准差。显著差异（$P<0.05$）用不同的字母表示。

### 9.2.4　番茄 DNA 甲基转移酶参与非生物胁迫反应

为了进一步研究这些基因的潜在功能，采用定量 RT-PCR 对低温和盐胁迫条件下的番茄 DNA 甲基转移酶基因进行了表达分析。对于低温处理（图 9-7），注意到低温抑制了 *SlMET1* 和 *SlDRM5* 的表达，并逐渐降低。在低温胁迫下，*SlCMT3*、*SlCMT4*、*SlDRM7*、*SlDRM8* 和 *SlMETL* 转录水平均下降，其中 *SlCMT3* 和 *SlDRM7* 在处理 1 h 时显著下调。此外，*SlCMT2* 和 *SlDRM6* mRNA 在处理前 12 h 略有上调，但在 24 h 时明显下降。

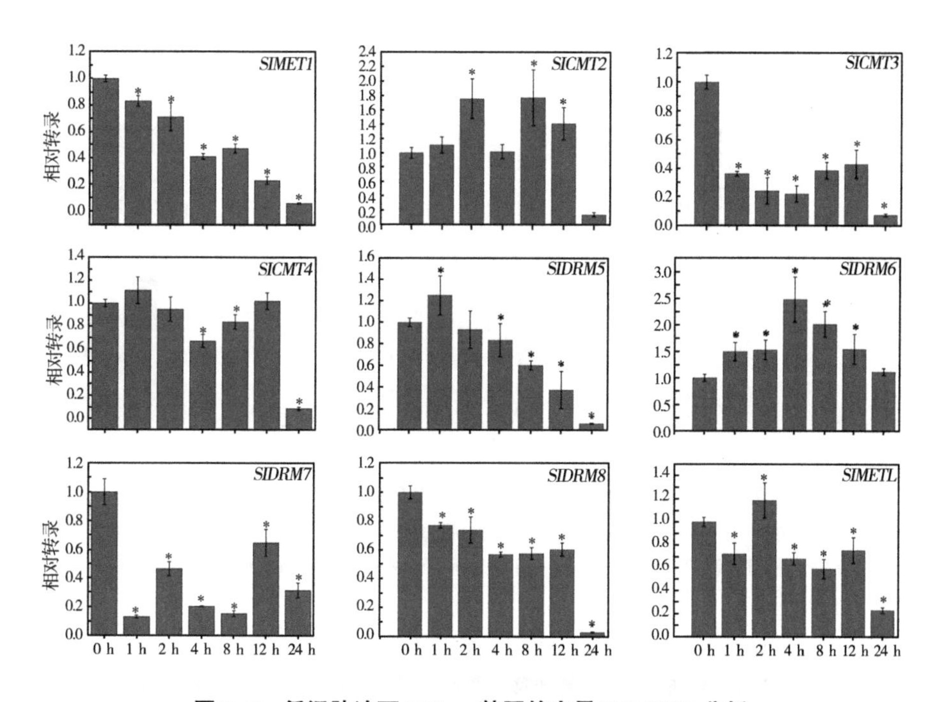


**图 9-7　低温胁迫下 MTase 基因的定量 RT-PCR 分析**

在非胁迫植株（0 h）中，相对表达量归一化为 1。数据为 3 个独立试验的平均值±标准差。* 表示处理植株与非胁迫植株之间有显著统计学差异（$P<0.05$）。

对于 NaCl 处理（图 9-8），可以观察到 *SlCMT2* 基因表达的诱导，在 4 h时达到峰值，24 h 时恢复到基本水平。叶片中 *SlCMT3* 的表达在 12 h 时显著上调约 13 倍。叶片中 *SlCMT4* 在 1 h 时略微下调，随后上调。叶片中 *SlDRM5* 和 *SlMETL* 的转录本在 4 h 时达到峰值。*SlDRM6* 在叶片中的表达量逐渐增加，并在 4 h 时达到峰值，其表达模式与 *SlDRM7* 相似。相比之下，

叶片中 *SlMET1* 和 *SlDRM8* 转录水平受影响较小。上述结果表明，这些番茄 DNA MTase 基因可能参与了盐胁迫的响应。番茄 DNA 甲基转移酶基因启动子中可能富集的顺式元件如表 9-4 所示。

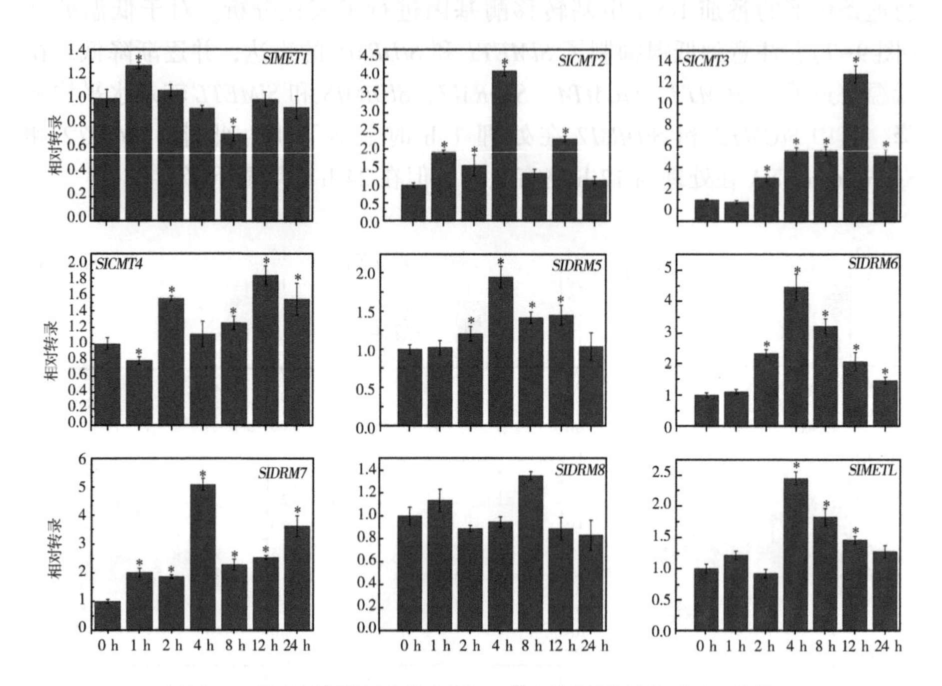


**图 9-8 NaCl 胁迫下幼叶 MTase 基因的定量 RT-PCR 分析**

番茄幼苗在 250 mM NaCl 胁迫下生长，在非胁迫叶片（0 h）中，相对表达量归一化为 1。数据为 3 个独立试验的平均值±标准差。星号表示处理植株与非胁迫植株之间有显著统计学差异（$P<0.05$）。

**表 9-4 番茄 DNA 甲基转移酶基因启动子中可能富集的顺式元件**

| 因子或位点名称 | 信号序列 | *SlMET1* | *SlCMT2* | *SlCMT3* | *SlCMT4* | *SlDRM5* | *SlDRM6* | *SlDRM7* | *SlDRM8* | *SlMETL* | 功能 |
|---|---|---|---|---|---|---|---|---|---|---|---|
| MYB1AT | WAACCA | 1 | 4 | 2 | 0 | 0 | 2 | 1 | 0 | 1 | 脱水或干旱 |
| MYB2CONSENSUSAT | YAACKG | 3 | 3 | 2 | 2 | 1 | 0 | 0 | 3 | 0 | 脱水或干旱 |
| GT1GMSCAM4 | GAAAAA | 1 | 1 | 3 | 2 | 3 | 6 | 3 | 0 | 0 | 高盐和病原菌 |
| WBOXNTERF3 | TGACY | 5 | 3 | 5 | 5 | 0 | 0 | 2 | 3 | 3 | 机械损伤 |
| OSE2ROOTNODULE | CTCTT | 7 | 3 | 4 | 1 | 4 | 6 | 1 | 3 | 3 | 机械损伤 |
| ACGT element | ACGT | 4 | 3 | 9 | 1 | 1 | 3 | 4 | 1 | 2 | 脱水和黄化 |

（续表）

| 因子或位点名称 | 信号序列 | *SlMET1* | *SlCMT2* | *SlCMT3* | *SlCMT4* | *SlDRM5* | *SlDRM6* | *SlDRM7* | *SlDRM8* | *SlMETL* | 功能 |
|---|---|---|---|---|---|---|---|---|---|---|---|
| MYCCONSENSUSAT | CANNTG | 11 | 10 | 5 | 4 | 9 | 12 | 10 | 5 | 4 | 低温 |
| ANAERO2CONSENSUS | AGCAGC | 8 | 1 | 0 | 0 | 0 | 0 | 0 | 0 | 0 | 果实 |
| CANBNNAPA | CNAACAC | 3 | 1 | 0 | 0 | 1 | 2 | 1 | 2 | 1 | 胚 |
| ERELEE4 | AWTTCAAA | 1 | 1 | 0 | 0 | 1 | 1 | 0 | 2 | 0 | 乙烯 |

注：N=A/T/G/C；W=A/T；Y=T/C。

## 9.3 讨论与结论

DNA甲基化是由DNA甲基转移酶建立的一种重要的表观遗传修饰。虽然番茄是研究肉质果实发育和成熟的模式植物，但对番茄中DNA甲基化酶的综合分析却知之甚少。本研究分析了番茄中的DNA甲基化酶，并鉴定出3个CMT成员，1个MET，4个DRM和1个DNMT2。番茄DNA甲基化酶基因在拟南芥中各有一个同源基因，表明番茄DNA甲基化酶可能具有与拟南芥相似的作用。此外，系统分析了番茄DNA甲基化酶在不同组织/发育阶段和非生物胁迫下的表达模式，为其在植物发育和非生物胁迫响应等方面的不同功能提供了依据。

结构分析表明，催化DNA甲基化酶结构域是高度保守的，而作为调控区域的N端是不同的。因此，这9个番茄DNA甲基化酶基因可能在调控番茄生长发育过程中发挥不同的作用。MET亚家族成员与哺乳动物DNMT1类非常相似（Law and Jacobsen，2010）。对番茄CMT（*SlCMT2*、*SlCMT3*和*SlCMT4*）的结构分析表明，CMT的N端含有BAH和Chr结构域，这可能增强CMT对甲基化组蛋白的结合吸引力，类似于玉米CMT3（Du et al.，2012）。在番茄中发现了4个DRM成员。DRM的N端具有UBA结构域，其中出现的序列基序通常参与泛素介导的蛋白水解，并有助于泛素（Ub）结合或类泛素（UbL）域结合。DNMT2作为一种tRNA甲基转移酶，在胁迫条件下发挥重要作用（Schaefer and Lyko，2010；Thiagarajan et al.，2011）。同时，还研究了番茄DNMT2家族的一个成员SlMETL，它缺少保守的N端调控域，但具有催化性C端域，这似乎是所有DNMT2的特征。

到目前为止，已经清楚地研究了拟南芥中甲基转移酶的特征和功能

(Finnegan and Dennis, 1993),但对它们在番茄不同器官和发育阶段的表达模式知之甚少(Teyssier et al., 2008)。在本研究中,分析了 9 个 DNA 甲基转移酶基因在不同器官和发育阶段的表达模式,表明在番茄生长发育过程中存在重叠和特异性功能。为了阐明番茄中 DNA 甲基转移酶基因的表达模式,本研究使用不同器官和发育阶段的 cDNA 进行了定量 PCR 检测。*SlCMT2* 在幼叶、成熟的青果实和茎中高表达,而在叶片发育过程中其表达水平不断下调。*SlCMT3* 也主要在幼叶中表达,其转录水平随着果实的进一步成熟而不断下降。*SlCMT3* 在幼叶中特异性表达,表明 *SlCMT3* 可能在番茄叶片发育中起关键作用。与其在 DNA 甲基化维持中的功能一致,番茄 CMT 主要在幼叶和根的活跃复制细胞中表达。相对于其他组织 *SlCMT4* 在花和未成熟的青果实中高表达,而在果实发育过程中其表达不断下调。*SlCMT4* 在花、未成熟的青果实和幼叶中高量表达,这与之前的报道一致(Teyssier et al., 2008)。*SlMETL* 在 B4 时期果实中表达量最高,*SlDRM6* 在生殖阶段的表达量显著高于营养生长阶段,表明该蛋白可能在番茄生殖阶段发挥重要作用。*SlMET1* 的表达模式与 *SlDRM7* 的表达模式非常相似,它们的转录在未成熟的青果中都达到了最高水平。*SlMET1* 在番茄 IMG 时期果实中的高表达表明其在果实发育早期维持甲基化中的作用。这与拟南芥和水稻中 MET 成员的表达不同,后者在花和种子发育的早期阶段较高(Saze et al., 2003; Xiao et al., 2003; Kinoshita et al., 2004; Sharma et al., 2009; Schmidt et al., 2013)。

表观遗传修饰在对环境胁迫的反应中发挥重要作用(Chinnusamy and Zhu, 2009; Gutzat and Scheid, 2012)。例如,木豆中的大多数甲基转移酶基因对 NaCl 和极端温度有响应(Rohini et al., 2014)。为了进一步研究 9 个番茄 DNA 甲基转移酶基因的潜在功能,本研究采用 RT-PCR 方法检测了它们在不同胁迫条件下的表达情况。发现番茄中大部分 DNA MTases 基因对胁迫处理有反应,包括 NaCl 和低温,差异表达谱分析表明,它们可能在不同胁迫条件下发挥不同的功能。其中,尽管 *SlDRM5* 和 *SlDRM6* 在蛋白质结构和叶片中的转录模式上表现出高度相似,但盐胁迫下的转录反应却有显著差异,处理 4 h 后 *SlDRM5* 和 *SlDRM6* 的转录水平分别提高了约 2 倍和 4.5 倍,这可能与 GAAAAA (GT1GMSCAM4) 启动子顺式元件的数量有关(表 9-4)。

DNA 甲基化广泛参与植物基因时空表达的调控。DNA 甲基转移酶抑制剂 5-氮杂胞苷诱导番茄果实提早成熟(Zhong et al., 2013),这证实了 DNA 甲基化参与果实成熟调控。在本研究中,还观察到 *SlCMT4* 在未成熟的青果中高量表达，随后在果实成熟过程中下降，这与 Teyssier 等（2008）先前的报道一致。在番茄成熟突变体 *Nr* 和 *rin* 中 *SlMET1* 的表达水平高于野生型番茄，表明 *SlMET1* 受到乙烯信号和成熟相关转录因子 MADS-RIN 的负调控。本研究推测突变体 *Nr* 和 *rin* 的异常果实成熟可能与 DNA 甲基转移酶 SlMET1 调控的多个成熟相关基因高甲基化有关。

综上所述，基于生物信息学和转录模式分析，在番茄中检测到的 9 个 DNA 甲基转移酶基因可能参与了番茄的生长发育和非生物胁迫响应。本研究还提供了与番茄果实成熟相关的 DNA 甲基转移酶基因有价值的信息。

## 9.4 小结

DNA 甲基化在植物生长发育、基因表达调控和维持基因组稳定性方面发挥着重要作用。然而，关于番茄中与发育或胁迫相关的 DNA 甲基转移酶（MTases）基因的信息很少。本章研究对 9 个番茄 DNA 甲基转移酶进行系统分析，这些 MTases 被分为 4 个已知亚家族。结构分析表明，它们的 DNA 甲基化酶结构域高度保守，而 N 端是分歧的。对这些 MTases 基因的组织特异性分析表明，*SlCMT2*、*SlCMT3* 和 *SlDRM5* 在幼叶中表达量较高，而 *SlMET1*、*SlCMT4*、*SlDRM7* 和 *SlDRM8* 在未成熟青果中表达量较高，且随着果实的进一步发育，其表达量持续下降。而 *SlMETL* 在成熟果实中表达量较高，并在果实发育过程中呈上调趋势。此外，*SlMET1* 在番茄成熟突变体 *rin* 和 *Nr* 中的表达明显高于野生型番茄，表明 *SlMET1* 受到乙烯信号和成熟调控因子 *MADS-RIN* 的负调控。此外，在非生物胁迫下的表达分析表明，这些 MTases 基因对于非生物胁迫具有响应，并可能在不同的胁迫条件下发挥不同的功能。综上，该研究结果为探索 DNA 甲基化对番茄果实成熟的调控和非生物胁迫的响应提供了有价值的信息。

## 参考文献

CHINNUSAMY V，ZHU J K，2009. Epigenetic regulation of stress responses in plants [J]. Current Opinion in Plant Biology，12：133-139.

DU J，ZHONG X H，BERNATAVICHUTE Y V，et al.，2012. Dual binding of chromomethylase domains to H3K9me2-containing nucleosomes directs DNA methylation in plants [J]. Cell，151：167-180.

ELLERSTRÖM M, STÅLBERG K, EZCURRA I, et al., 1996. Functional dissection of a napin gene promoter: identification of promoter elements required for embryo and endosperm-specific transcription [J]. Plant Molecular Biology, 32: 1019-102.

EXPÓSITO-RODRÍGUEZ M, BORGES A A, BORGES-PÉREZ A, et al., 2008. Selection of internal control genes for quantitative real-time RTPCR studies during tomato development process [J]. BMC Plant Biology, 1: 131.

FINNEGAN E J, DENNIS E S, 1993. Isolation and identification by sequence homology of a putative cytosine methyltransferase from Arabidopsis thaliana [J]. Nucleic Acids Research, 21: 2383-2388.

GUO X H, CHEN G P, CUI B L, et al., 2016. Solanum lycopersicum agamous-like MADS-box protein AGL15-like gene, *SlMBP11*, confers salt stress tolerance [J]. Molecular Breeding, 36: 125.

GUTZAT R, SCHEID O M, 2012. Epigenetic responses to stress: Triple defense? [J]. Current Opinion in Plant Biology, 15: 568-573.

KINOSHITA T, MIURA A, CHOI Y, et al., 2004. One-way control of FWA imprinting in Arabidopsis endosperm by DNA methylation [J]. Science, 303: 521-523.

LAW J A, JACOBSEN S E, 2010. Establishing, maintaining and modifying DNA methylation patterns in plants and animals [J]. Nature Reviews Genetics, 11: 204-220.

LIVAK K J, SCHMITTGEN T D, 2001. Analysis of relative gene expression data using real-time quantitative PCR and the $2^{-\Delta\Delta C}$T Method [J]. Methods, 4: 402-408.

NICOT N, HAUSMAN J F, HOFFMANN L, et al., 2005. Housekeeping gene selection for real-time RT-PCR normalization in potato during biotic and abiotic stress [J]. Journal of Experimental Botany, 421: 2907-2914.

ROHINI G, ROMIKA K, SNEHA T, et al., 2014. Genomic survey, gene expression analysis and structural modeling suggest diverse roles of DNA methyltransferases in legumes [J]. PLoS ONE, 2: e88947.

SAZE H, MITTELSTEN O, PASZKOWSKI J, 2003. Maintenance of CpG methylation is essential for epigenetic inheritance during plant gametogenesis [J]. Nature Genetics, 34: 65-69.

SCHAEFER M, LYKO F, 2010. Solving the Dnmt2 enigma [J]. Chromosoma, 119: 35-40.

SCHMIDT A, WÖHRMANN H J, RAISSIG M T, et al., 2013. The polycomb group protein MEDEA and the DNA methyltransferase MET1 interact to repress autonomous endosperm development in Arabidopsis [J]. Plant Journal, 73: 776-787.

SHARMA R, MOHAN SINGH R K, MALIK G, et al., 2009. Rice cytosine DNA methyltransferases-gene expression profiling during reproductive development and abiotic stress [J]. FEBS Journal, 276: 6301-6311.

TEYSSIER E, BERNACCHIA G, MAURY S, et al., 2008. Tissue dependentvariations of DNA methylation and endoreduplication levels during tomato fruit development and ripening [J]. Planta, 228: 391-399.

THIAGARAJAN D, DEV R R, KHOSLA S, 2011. The DNA methyltransferase Dnmt2 participates in RNA processing during cellular stress [J]. Epigenetics, 6: 103-113.

XIAO W, GEHRING M, CHOI Y, et al., 2003. Imprinting of the MEA Polycomb gene is controlled by antagonism between MET1 methyltransferase and DME glycosylase [J]. Developmental Cell, 5: 891-901.

ZHONG S, FEI Z, CHEN Y R, et al., 2013. Single-base resolution methylomes of tomato fruit development reveal epigenome modifications associated with ripening [J]. Nature Biotechnology, 2: 154-159.

ZHU M, HU Z, ZHOU S, et al., 2014. Molecular characterization of six tissue-specific or stress-inducible genes of NAC transcription factor family in tomato (*Solanum lycopersicum*) [J]. Journal of Plant Growth Regulation, 4: 730-744.

# 10　番茄甲基转移酶基因 *SlCMT4* 的功能研究

## 10.1　材料与方法

### 10.1.1　*SlCMT4* 基因敲除载体构建及遗传转化

利用 CRISPR/Cas9 筛选两个靶向番茄 *SlCMT4* 的特异性 sgRNA。包含扩增的 gRNA－U6 片段的寡聚体与 CRISPR－Cas－BGK012－DSG 载体（15 250 bp）相连。使用稳定的农杆菌将得到的 BGK012-DSG-SlCMT4 载体转化到野生型番茄中。从转化植株的幼叶中提取基因组 DNA，并使用靶位点两侧的引物进行 PCR 扩增。对 PCR 产物进行测序以鉴定突变。引物序列如下：

F：5′-AATTAGCTCTGTTTTACCCTCAA-3′

R：5′-CTGCTTCCTCACACTTTTCTCTG-3′

#### 10.1.1.1　靶点引物设计（表 10-1）

表 10-1　靶点引物设计

| SG 身份号 | 靶位点 | SG 序列 | Oligo（5′-3′）UP/LW |
|---|---|---|---|
| SG10312 | Solyc08g005400. 2 | GCTGTCAGCTAG<br>GACAACGA | TGATTGCTGTCAGCTAGGACAACGAGTTT/<br>TCTAAAACTCGTTGTCCTAGCTGACAGCA |
| SG10313 | Solyc08g005400. 2 | GCAATTCACGAG<br>GATCCCGG | TGTAGTTTGCAATTCACGAGGATCCCGG/<br>AAACCCGGGATCCTCGTGAATTGCAAAC |

#### 10.1.1.2　制备 Oligo 二聚体

（1）反应体系/20 μL（表 10-2）

表 10-2　反应体系

| 组分 | 体积（μL） | 备注 |
|---|---|---|
| Anneal Buffer | 20 | |

（续表）

| 组分 | 体积（μL） | 备注 |
| --- | --- | --- |
| SG10312-UP，10 μM | 1 | 12 000 r/min 离心 1 min，加去离子水稀释至 10 μM |
| SG10312-LW，10 μM | 1 | 12 000 r/min 离心 1 min，加去离子水稀释至 10 μM |
| SG10313-UP，10 μM | 1 | 12 000 r/min 离心 1 min，加去离子水稀释至 10 μM |
| SG10313-LW，10 μM | 1 | 12 000 r/min 离心 1 min，加去离子水稀释至 10 μM |

（2）PCR 反应参数（表 10-3）

**表 10-3　PCR 反应参数**

| 项目 | 反应温度（℃） | 反应时间（min） | 备注 |
| --- | --- | --- | --- |
| 变性 | 95 | 3 | |
| 退火 | 20 | — | 以约 0.2 ℃/s 缓慢降至 20 ℃ |

加水稀释至 200 μL。

（3）制备 gRNA-U6 片段

SlU61-BSa-F1　　GGGGTCTCGTAGAGCTAGAAATAGCAAG

SlU61-BSa-R1　　GGGGGTCTCCTACACTGTTAGATTTCGC

引物扩增 gRNA-U6 片段，纯化后 BsaI 酶切，再纯化，定量为 10 ng/μL。

#### 10.1.1.3　构建 CRISPR/Cas 载体（表 10-4，表 10-5）

**表 10-4　连接反应体系 1**

| 组分 | 用量（μL） |
| --- | --- |
| gRNA-U6 片段 | 1 |
| Oligo 二聚体 | 1 |
| T4 ligase | 0.3 |
| T4 PNK | 0.1 |

23 ℃，1 h。

表 10-5 连接反应体系 2

| 组分 | 用量（μL） |
| --- | --- |
| 上述体系 | — |
| T4 ligase | 0.3 |
| Vector | 1 |
| $H_2O$ | 4 |

23 ℃，1 h（可放置 4 ℃冰箱连接过夜）。

#### 10.1.1.4 转化感受态

取 5 μL 上述反应液，加入 20 μL 感受态细胞（DH5α），混合后冰浴静置 30 min（不可晃动）；轻轻取出，42 ℃热激 35 s，立即置于冰上 2 min；加入 100 μL LB，37 ℃振荡培养 1 h；取 60 μL 菌液涂布于含有卡那霉素的 LB 平板上，37 ℃倒置过夜培养。

#### 10.1.1.5 质粒提取

挑选单克隆摇菌，抽提质粒，进行测序。测序引物 PUV4-R：5′-TC-CCAGTCACGACGTTGTAA。

#### 10.1.1.6 遗传转化信息（表 10-6）

表 10-6 遗传转化信息

| 物种 | 基因/载体名称 | 转化背景 | 植株抗性 |
| --- | --- | --- | --- |
| 番茄 | Solyc08g005400.2 | Alisa Craig | HYG |
| | 35S::Solyc08g005400.2-CDS-OE（先构建再转化）3 228 bp | Alisa Craig | HYG |

（1）无菌苗培养

挑选成熟番茄种子灭菌后于 MS 培养基培养。放置 24 ℃光照培养箱培养 6~8 d。

（2）侵染前准备

摇菌：用黄枪头蘸取少量农杆菌，28 ℃摇床 16~24 h。至 $OD_{600}$ = 0.8~1.0（可用分光光度计测量 $DO_{600}$）。

切割子叶：切割叶片，务必保证伤口平整，一片子叶一般切割 3~4 段，单层封口膜封口，放置 24 ℃培养箱，过夜培养。

(3) 农杆菌侵染

将部分悬浮菌液倒入玻璃皿（叶片），稍微有些浑浊即可。轻晃培养皿，使子叶充分接触菌液，侵染 150 s；侵染结束后，吸除多余菌液，稍保留 2~3 mL 菌液，用滤纸充分吸干叶片上的菌液，保证叶片干爽不粘连；用镊子轻轻摆放子叶，叶片反面向上，不要损伤子叶。

(4) 共培养

单层封口膜封口后，放置于暗盒中，保证空气流通，一盒不宜放置过多(保证氧气供应)，于 25 ℃共培养 2 d。

(5) 筛选分化培养

共培养 2 d 后将子叶转移至选择培养基上，叶片正面向上，伤口尽量接触培养基，双层封口膜封口后，置于 25 ℃温室，16 h 光照/8 h 黑暗，光照培养 2 周。筛选培养基培养 2 周后一般可见愈伤（伤口处），每 2 周继代一次选择培养基。

(6) 生根

筛选分化培养 6~8 周后，可见有小苗长出，挑选大小超过 2 cm，并包括至少 1 个节点的幼苗，从外植体切下幼芽（不包括愈伤组织），用镊子转移至生根培养基。

(7) 土培练苗

种子灭菌后播种于 MS 培养基上，8~10 d 幼苗长出真叶后即可洗去培养基移栽至土壤中，移栽完后注意盖上盖子保湿，放至 25 ℃光照下培养，待苗长大后即可移至大田。

### 10.1.2 器官形态参数的测量

为了研究野生型和突变株系之间器官形态的差异，本研究统计并测量了侧枝的数量、长度和直径，复叶的长度、宽度、周长和面积以及节间长度。用叶面积仪测定 3 月龄植物复叶的长度、宽度、周长和面积。侧枝生长 5 d 后测量其长度和直径。使用游标卡尺（0~150 mm）和电子天平（0~100 g）测量果实大小和重量。另外还统计了野生型和突变株系的坐果数量。

### 10.1.3 组织解剖学和细胞学分析

从野生型和突变株系收集的 5 d 龄侧枝和成熟叶片立即用 2.5%戊二醛固定。组织切片和染色的实验步骤如下：① 脱蜡和复水；② 番红染色；③ 脱色；④ 固绿染色；⑤ 将切片放入三瓶二甲苯中 5 min；⑥ 用中性树脂封片，在装有图像采集系统（日本，尼康，DS-U3）的显微镜（日本，尼康，ECLIPSE E100）下观察切片。使用 CaseViewer 2.3 软件计算和可视化侧枝和叶片的解剖结构并拍照。使用 IMAGE J（图像分析程序）估算细胞的数量和大小。

### 10.1.4 扫描电子显微镜

①取材固定：在开花时从野生型和突变株系的花序中收集雄蕊、雌蕊和花粉粒，样品在 2.5%戊二醛中固定 2 h，再转移至 4 ℃保存。

②后固定：固定好的样品经 0.1 M 磷酸缓冲液 PB（pH7.4）漂洗 3 次，每次 15 min。0.1 M 磷酸缓冲液 PB（pH7.4）配制 1%锇酸室温避光固定 1~2 h。0.1M 磷酸缓冲液 PB（pH7.4）漂洗 3 次，每次 15 min。

③脱水：组织依次进入 30%—50%—70%—80%—90%—95%—100%—100%酒精，每次 15 min，乙酸异戊酯 15 min。

④干燥：将样本放入临界点干燥仪内进行干燥。

⑤样本导电处理：将样本紧贴于导电碳膜双面胶上，再放入离子溅射仪样品台上进行喷金 30 s 左右。

⑥使用扫描电子显微镜（SEM）（日本，日立，SU8100）观察样品并拍摄图像。

### 10.1.5 植物 RNA 抽提及逆转录

为研究花粉发育和果实成熟相关基因的表达水平，本研究需要从野生型和突变株系中提取番茄花粉和果实总 RNA，并进行逆转录。

用液氮研磨组织，取约 100 mg 组织粉末，用 QIAGEN 植物抽提试剂盒进行 RNA 抽提，用 NANO Quant infinite M200PRO 检测 RNA 浓度，并电泳检测 RNA 质量。

mRNA 逆转录：

①按下列顺序在 1.5 mL 离心管中加入下列反应物（体积为 10.5 μL）：

| | |
|---|---|
| DEPC 水 | (8−$x$) μL |
| RNA 酶抑制剂（50 U/uL） | 0.5 μL |
| 随机引物（50 pM/uL） | 2 μL |
| RNA | $x$ μL（2 μg） |

总 RNA 体积与 DEPC 水的总体积是 8 μL，其中 RNA 的量是 2 μg；

②65℃处理 5 min；

③室温放置 10 min，高速（>5 000 g）离心 5 s；

④按下列顺序加在 1.5 mL 离心管加入下列反应物（加入之后总体积为 20 μL）：

| | |
|---|---|
| RNA 酶抑制剂（50 U/μL） | 0.5 μL |
| 5×buffer（invitrogen） | 4 μL |
| dNTP MIX（10 mM/each） | 2 μL |
| DTT | 2 μL |
| AMV（200 U/μL） | 1 μL |

⑤40 ℃反应 1 h；

⑥90 ℃处理 5~10 min；

⑦冰浴 5 min；

⑧高速（>5 000 g）离心 5 s。

## 10.1.6　实时定量 PCR 分析

### 10.1.6.1　序列与引物设计

序列参照 Gene Bank 数据库中各目的基因的序列，引物由 ABI 公司的 Primer Express Software v2.0 设计，由华大基因公司合成（表 10-7）。

表 10-7　序列与引物设计

| 引物名称 | 引物序列（5′→3′） |
|---|---|
| SlCMT4-F | CTTGGCACAAAACTCTCTGGTC |
| SlCMT4-R | TTCTCAACACCTTCATTCCTAACAT |
| SlCAC-F | CAGGAAGGTGTCCGGTCATC |
| SlCAC-R | TAAACAAGACCCTCCCTGCG |
| PMEI-F | GTCAAAACGTACCGGCATTT |
| PMEI-R | GGTGCACTTGAAGCCAATCT |
| PRALF-F | CGATGTCGAAGAACGCCATC |
| PRALF-R | CGACGTTGGCATCTGGTGAT |
| IMA-F | CATGCTGCTAGTGTCGGTGG |
| IMA-R | CCTTCTGTGGAAATTGCGGT |
| PE1-F | CCTTCCGCTCTGCCACTCTT |
| PE1-R | CCAACTCGAAGTGCCACTGC |

（续表）

| 引物名称 | 引物序列（5′→3′） |
| --- | --- |
| PG2-F | ACTTGTGGTCCAGGTCATGG |
| PG2-R | GATCCTCCCTGCCAAGTCTT |
| LOXB-F | CATAAGAGTTGGAAGAACAG |
| LOXB-R | TACAACACAACACACAAGAC |
| ACO1-F | TATATGCTGGACTCAAGTTTC |
| ACO1-R | TAATTTCACTAGAAGGCACC |

#### 10.1.6.2 PCR 反应体系（16 μL，表 10-8）

表 10-8 PCR 反应体系

| 组分 | 用量（μL） |
| --- | --- |
| $H_2O$ | 6.6 |
| 2×PCR MIX（QIAGEN） | 0.8 |
| 上游引物（50 pM/μL） | 0.2 |
| 下游引物（50 pM/μL） | 0.2 |
| 模板（就是反转录产物，亦即 cDNA） | 1 |

#### 10.1.6.3 PCR 反应条件

95 ℃　　2 min

94 ℃　　10 s ⎫

59 ℃　　10 s ⎬40 循环

72 ℃　　40 s ⎭

#### 10.1.6.4 试验结果

实时荧光定量 PCR 反应体系由 16 μL 的反应体系组成，反应在 ABI ViiA 7 PCR 仪上进行，每个样品做 3 次平行试验。反应中的 Ct 值数据的采集采用校正的阈值设定，实时荧光定量 PCR 的方法 mRNA 以 *CAC* 作为内参基因（Exposito－Rodriguez et al.，2008），采用 $2^{-\Delta\Delta C}$T 法进行相对定量（Livak and Schmittgen，2001）。

## 10.1.7 植物激素 IAA、tZR 的提取和定量

### 10.1.7.1 试剂配制

（1）提取缓冲液配制

样品提取液：乙腈。

（2）标曲溶液配制

取甲醇溶液 996 μL 加入 1.5 mL 离心管，加入 500 μg/mL 每种激素标准品储备液各 2 μL，振荡均匀，配制为终浓度 1 μg/mL 的内标使用母液以备后续使用。

取甲醇溶液 979.9 μL、979.8 μL、979.5 μL、978.0 μL、975.0 μL、960.0 μL、930.0 μL、780.0 μL 分别加入 1.5 mL 离心管，而后配制的母液分别取 0.1 μL、0.2 μL、0.5 μL、2.0 μL、5.0 μL、20.0 μL、50.0 μL、200.0 μL顺序加入上述甲醇溶液中，再加入配制的内标使用母液每管 10 μL 配制为终浓度 0.1 ng/mL、0.2 ng/mL、0.5 ng/mL、2.0 ng/mL、5.0 ng/mL、20.0 ng/mL、50.0 ng/mL、200.0 ng/mL 并含有 10.0 ng/mL 内标的标曲溶液。

（3）流动相配制

有机相：取色谱纯甲醇 900 mL 加入 1 L 容量瓶，加入 1 mL 甲酸，以甲醇定容至 1 L，颠倒混匀。

无机相：取超纯水 900 mL 加入 1 L 容量瓶，加入 1 mL 甲酸，以超纯定容至 1 L，颠倒混匀。

### 10.1.7.2 植物激素提取

从 3 月龄的番茄植株收集侧枝（每株植物 1.0 g）。

①将所有样品于液氮中研磨至粉碎，准确称量 0.2 g 新鲜植物样品于玻璃试管中，加入 10 倍体积乙腈溶液，并加入 4 μL 内标母液；

②4 ℃提取过夜，12 000 g 离心 5 min，取上清；

③沉淀再次加入 5 倍体积乙腈溶液，提取 2 次，合并所得上清液；

④加入 40 mg C18 填料，剧烈振荡 30 s，10 000 g 离心 5 min，取上清；

⑤氮气吹干，以 400 μL 甲醇复溶，过 0.22 μm 有机相滤膜，放入 -20 ℃冰箱待上机检测。

### 10.1.7.3 HPLC-MS/MS 方案

（1）液相条件

色谱柱：poroshell 120 SB-C18 反相色谱柱（2.1×150，2.7 μm）；

柱温：30 ℃；

流动相：A：B=（甲醇/0.1%甲酸）：（水/0.1%甲酸）；

洗脱梯度（表 10-9）：

**表 10-9 洗脱梯度**

| 时间（min） | 流速（mL/min） | A% |
|---|---|---|
| 0~1 | 0.3 | 20 |
| 1~3 | 0.3 | 由 20 递增至 50 |
| 3~9 | 0.3 | 由 50 递增至 80 |
| 9.0~10.5 | 0.3 | 80 |
| 10.5~10.6 | 0.3 | 由 80 递减至 20 |
| 10.6~13.5 | 0.3 | 20 |

进样体积：2 μL。

（2）质谱参数

电离方式：ESI 正离子模式

扫描类型：MRM

气帘气：15 psi

喷雾电压：+4 500 V

雾化气压力：65 psi

辅助气压力：70 psi

雾化温度：400 ℃

植物激素质子化或去质子化的选择反应监测条件（$[M+H]^+$ or $[M-H]^-$）如表 10-10 所示。

**表 10-10 选择反应监测条件**

| 物质名称 | 极性 | 母离子（m/z） | 子离子（m/z） | 解簇电压（V） | 碰撞能量（V） |
|---|---|---|---|---|---|
| IAA | — | 263.1 | 153.0*/204.2 | -60 | -14/-27 |
| TZR | — | 345.2 | 143.0*/239.2 | -80 | -30/-33 |

注：标记*的为定量离子。

仪器所测得浓度为最终提取液的浓度，经计算获得原样品中激素含量，计算方法如下：植物样品中激素含量（ng/g）= 检测浓度（ng/mL）×稀释体积（mL）/称取质量（g），其中稀释体积为样品最终溶解进样时所用的溶液体积，称取质量为提取时的取样质量。检测浓度由待测物质峰面积代入标曲方程，由仪器自动求得。

## 10.1.8　5DS、strigol 激素提取和定量

### 10.1.8.1　试剂配制

（1）提取缓冲液配制

样品提取液：丙酮。

（2）标曲溶液配制

取乙腈溶液 996 μL 加入 1.5 mL 离心管，加入 500 μg/mL 每种激素标准品储备液各 2 μL，振荡均匀，配制为终浓度 1 μg/mL 的使用母液以备后续使用。取乙腈溶液 999.5 μL、999.0 μL、998.0 μL、995.0 μL、980.0 μL、950.0 μL 分别加入 1.5 mL 离心管，而后取配制的母液分别 0.5 μL、1.0 μL、2.0 μL、5.0 μL、20.0 μL、50.0 μL 按顺序加入上述甲醇溶液中，配制为终浓度 0.5 ng/mL、1.0 ng/mL、2.0 ng/mL、5.0 ng/mL、20.0 ng/mL、50.0 ng/mL 的标曲溶液。

（3）流动相配制

有机相：色谱纯乙腈。

无机相：取超纯水 900 mL 加入 1 L 容量瓶，加入 1 mL 甲酸，以超纯定容至 1 L，颠倒混匀。

### 10.1.8.2　植物激素提取

①取样品约 1.0 g 研磨粉碎，取出加入 20 mL 预冷的丙酮；

②冰水浴超声提取 30 min，涡旋混匀，于摇床中 4 ℃浸提过夜；

③4 ℃ 12 000 g 离心 5 min，取上清；

④氮气吹干，以 2 mL 20%丙酮复溶，过预处理的 HLB 小柱，最终以 2 mL 100%丙酮洗脱。

⑤氮气吹干丙酮，以 200 μL 乙腈复溶，进 HPLC-MS/MS 检测。

### 10.1.8.3　HPLC-MS/MS 方案

（1）液相条件

色谱柱：poroshell 120 SB-C18 反相色谱柱（2.1×150，2.7 μm）；

柱温：30℃；

流动相：A：B=（乙腈）：（水/0.1%甲酸）；

洗脱梯度：液相梯度参数如表 10-11 所示。

**表 10-11 液相梯度参数**

| 时间（min） | 流速（mL/min） | A（%） |
|---|---|---|
| 0.0 | 0.3 | 80 |
| 0.5 | 0.3 | 80 |
| 3.0 | 0.3 | 10 |
| 5.0 | 0.3 | 10 |
| 5.1 | 0.3 | 80 |
| 8.0 | 0.3 | 80 |

进样体积：2 μL。

（2）质谱参数

电离方式：ESI 正离子模式

扫描类型：MRM

气帘气：15 psi

喷雾电压：+4 500 V

雾化气压力：65 psi

辅助气压力：70 psi

雾化温度：400℃

植物激素质子化或去质子化的选择反应监测条件（$[M^{+}H]^{+}$or $[M-H]^{-}$）如表 10-12 所示。

**表 10-12 选择反应监测条件**

| 物质名称 | 极性 | 母离子（m/z） | 子离子（m/z） | 解簇电压（V） | 碰撞能量（V） |
|---|---|---|---|---|---|
| 5-DS | + | 331.0 | 234.1/217.2* | 45 | 14/16 |
| 5-DS，5-脱氧独脚金醇 | + | 369.0（+Na）*/347.0（+H） | 272.0*/215.0 | 60 | 22/17 |

注：标记*的为定量离子。

仪器所测得浓度为最终提取液的浓度，经计算获得原样品中激素含量，计算方法如下：植物样品中激素含量（ng/g）= 检测浓度（ng/mL）×稀释体积（mL）/称取质量（g），其中稀释体积为样品最终溶解进样时所用的溶液体积，称取质量为提取时的取样质量。检测浓度由待测物质峰面积代入标曲方程，由仪器自动求得。

### 10.1.9 全基因组亚硫酸盐测序和数据分析

从 WT 和 CRISPR#08 株系的果皮组织中提取基因组 DNA，并使用 ZYMO EZ DNA Methylation-Gold 试剂盒进行亚硫酸盐处理。使用 SOAPnuke 软件过滤原始测序数据（Cock et al.，2010）。使用 Bismark 软件（Krueger and Andrews，2011）将 Clean date 与番茄参考基因组（NCBI 版本：GCF_000188115.4_SL3.0）进行比对，计算每个样本的比对率和亚硫酸盐转化率等统计信息。具有默认参数的 Bismark 也用于去除重复的序列读数。差异甲基化区域（DMR）是指不同样本中的某些 DNA 片段，它们在基因组中表现出不同的甲基化模式。DNA 甲基化水平是支持甲基化的 reads 数量与覆盖该位点的 reads 数量之比（Lister et al.，2009）。计算如下：$Rm_{average}=[Nm_{all}/(Nm_{all}+Nnm_{all})\times100\%]$。DMRcaller R（Catoni et al.，2018）用于计算和分析 DMR。使用 bedtools（Quinlan and Hall，2010）根据位置计算 DMR 相关基因或其他基因组元件。在默认情况下，DMR 与基因或其他元件之间的 1 bp重叠是 DMR 相关基因或 DMR 相关元件。此外，对这些相关基因进行了 GO 富集和 KEGG 通路富集分析。

## 10.2 结果与分析

### 10.2.1 *SlCMT4* RNAi 沉默载体构建和植株转化

使用引物（F：5′-GGTACCAAGCTTGAGGTCGCCGAGATTGGT-3′和 R：5′-CTCGAGTCTAGATGAATTGCTCTCAGCCGTTA-3′）从野生型番茄花器官 cDNA 中扩增出 442 bp 的 *SlCMT4* 特异性 DNA 片段；分别在 5′端加 KpnⅠ/HindⅢ和 XhoⅠ/XbaⅠ 限制性位点。扩增产物用 HindⅢ/XbaⅠ 和 KpnⅠ/XhoⅠ 消化并分别在正义链中的 HindⅢ/XbaⅠ 限制位点和反义链中的 KpnⅠ/XhoⅠ 限制位点插入 pKANNIBAL 质粒。最后，将包含花椰菜花叶病毒（CaMV）35S 启动子、*SlCMT4* 反向片段、PDK 内含子、*SlCMT4* 正向片段和 OCS 终止子的双链 RNA 表达单元连接到具有 SacI 和 XbaⅠ 限制位点的植物二元载体 pBIN19 上。通过农杆菌（*Agrobacterium* strain Gv3101）介导法，

利用*SlCMT4* RNAi沉默载体转化野生型番茄AC++子叶外植体；针对卡那霉素（50 mg/L）抗性筛选阳性转基因株系。用引物NPTII－F（5′－GACAATCGGCTGCTCTGA－3′）和NPTII－R（5′－AACTCCAGCATGAGATCC－3′）检测转基因植株。从野生型和转基因株系的花器官中提取总RNA来鉴定转基因株系中*SlCMT4*的沉默效率。定量实时PCR（qRT-PCR）结果表明，与野生型相比，*SlCMT4*转录水平在10个独立的转基因株系中显著减少。其中，第4、第10和第11株系中*SlCMT4*转录的积累显著减少到对照水平的大约20%~30%（图10-1）。因此，选择显著下调的第4、第10和第11株系作为进一步研究的对象。

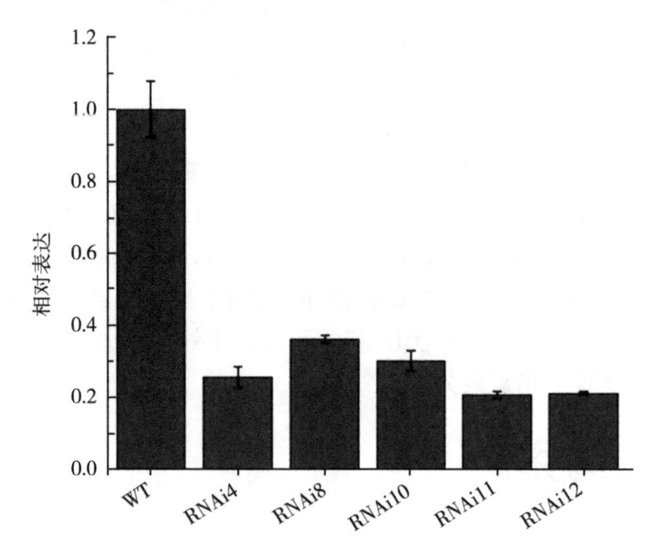


**图10-1　*SlCMT4*在野生型和沉默株系中的表达水平**

野生型植株的表达数据标准化为1。每个值代表3个重复的平均值±标准差。

## 10.2.2　*SlCMT4*基因沉默改变了番茄植株形态

*SlCMT4*沉默株系在幼苗期表现出侧芽增多的现象（图10－2A）。*SlCMT4* RNAi株系中独脚金内脂的含量降低（图10-2B），*SlCMT4*的RNAi抑制也产生了较小叶片（图10-3A）。通过测量叶长、叶宽、叶周长和叶面积可以证实该表型（图10-3B~E）。

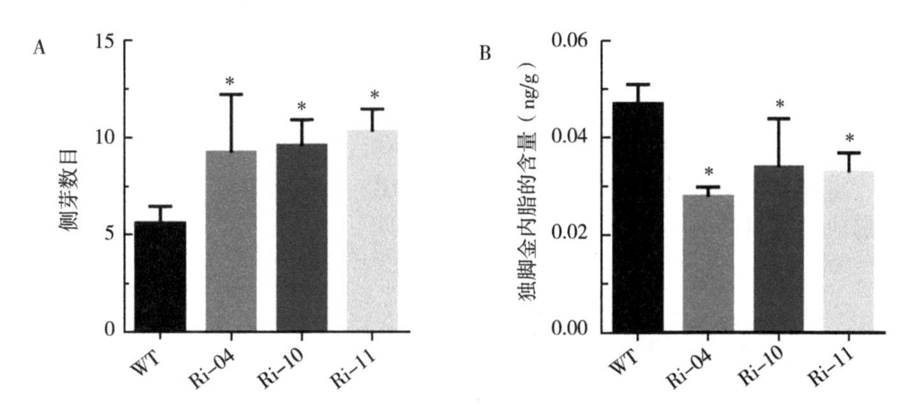


**图 10-2 野生型和 SlCMT4-RNAi 株系侧芽**

（A）野生型和 *SlCMT4*-RNAi 株系（生长 2 个月）的侧芽数量统计；（B）野生型和 *SlCMT4*-RNAi 株系侧芽中独脚金内脂的含量。数值为 3 个生物学重复的平均值±标准差。星号表示相对于野生型的统计学显著差异，并使用 t 检验确定。*，$P<0.05$。

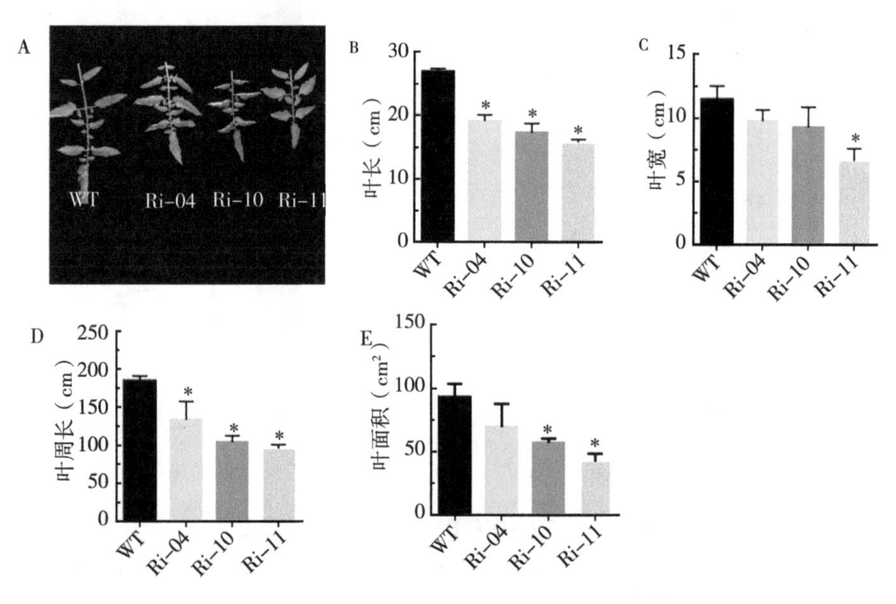


**图 10-3 野生型和 *SlCMT4*-RNAi 株系的叶片形态**

（A）野生型和 *SlCMT4*-RNAi 株系叶片的拍摄照片。（B~E）分别表示野生型和 *SlCMT4*-RNAi 株系的叶片长度、宽度、周长和面积。数据是 3 个生物学重复的平均值±标准差。星号表示相对于野生型的统计学显著差异，并使用 t 检验确定。*，$P<0.05$。

### 10.2.3 *SlCMT4* 沉默影响了番茄果实生长发育和成熟

与野生型相比，*SlCMT4* 沉默株系表现出较小的果实（图 10-4A）。数据表明，*SlCMT4* 沉默株系不同成熟期（MG、B、B4、B7）果实的水平直径、垂直直径和重量均有所降低（图 10-4B～D）。此外，*SlCMT4* RNAi 果实的成熟时间提前 3～5 d（表 10-13）。

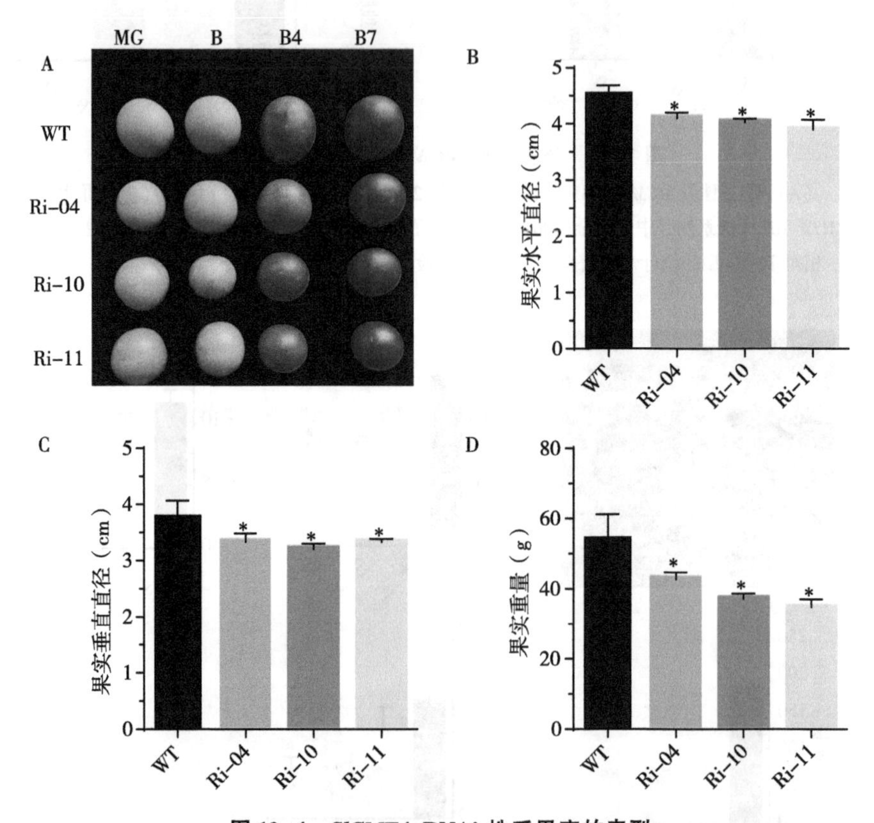


**图 10-4 *SlCMT4*-RNAi 株系果实的表型**

（A）野生型和转基因株系不同成熟阶段果实的拍摄照片；（B～D）分别表示野生型和 RNAi 株系不同时期果实的水平直径、垂直直径和重量。MG、B、B4 和 B7 分别表示成熟的青果实、破色期果实、破色后 4 d 的果实和破色后 7 d 的果实。

**表 10-13　野生型和 *SlCMT4* 沉默株系从开花期到破色期的天数**

| 番茄株系 | 天数（d） |
|---|---|
| Wild type | 38.0±0.5 |
| RNAi 4 | 32.3±0.5 |
| RNAi 10 | 35.5±0.6 |
| RNAi 11 | 35.5±0.6 |

## 10.2.4　通过 CRISPR/cas9 系统有效突变 *SlCMT4* 基因

包含 gRNA-U6 片段的 Oligo 二聚体连接到 CRISPR/Cas-BGK012-DSG 载体（15 250 bp）。使用农杆菌将得到的 BGK012-DSG-S1CMT4 载体（图 10-5）转化到野生型番茄 Ailsa Craig 中。从转化植株的幼叶中分离基因组 DNA，并使用靶位点侧翼序列作为引物进行 PCR 扩增。对 PCR 产物进行测序以鉴定突变。测序引物如下，前引物：5′-AATTAGCTCTGTTTTACCCTCAA-3′；后引物：5′-CTGCTTCCTCACACTTTTCTCTG-3′。

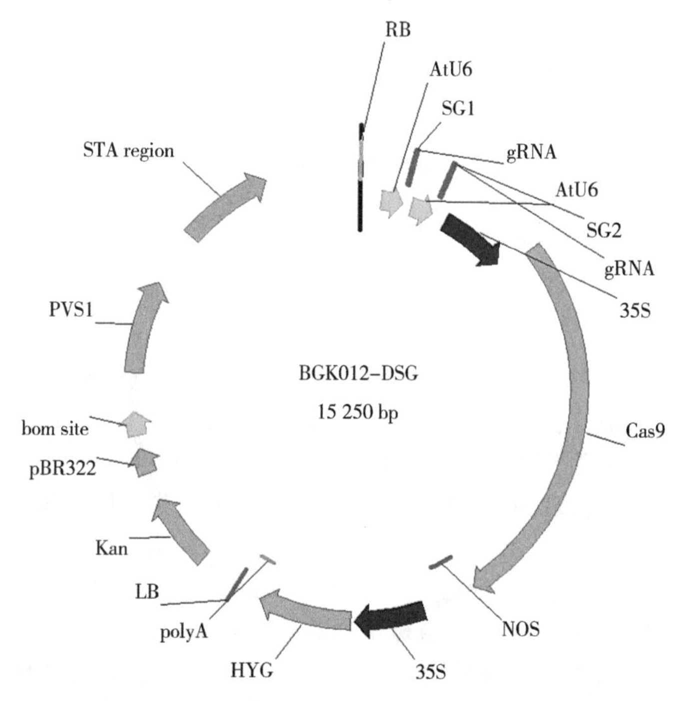


**图 10-5　基于 CRISPR/cas9 系统的 *SlCMT4* 载体构建**

为进一步研究 *SlCMT4*（Solyc08g005400.2）基因功能，本研究使用 CRISPR/Cas9 系统在 cv Ailsa Craig 中进行突变。2 个靶向位点位于 *SlCMT4* 基因的第一个外显子上（图 10-6）。从 $T_0$ 代转基因植株中共获得了 6 个卡那霉素抗性株系。其中，在第一个靶位点上，CR-01 发生 3 bp 插入，CR-02 发生 1 bp 缺失，CR-08 发生 1 bp 缺失，CR-09 发生 5 bp 缺失，在第二个靶位点上，CR-01 发生 3 bp 缺失，CR-02 发生 3 bp 缺失和 1 bp SNP，CR-08 发生 1 bp SNP，CR-09 出现 3 bp 缺失和 5 bp SNP（图 10-6）。本研究还从自花授粉的 $T_0$ 代株系中获得了 4 种类型的 *SlCMT4* 纯合突变体。通过 CRISPR/cas9 基因编辑和测序技术，获得了 4 个突变株系 CR-01、CR-02、CR-08、CR-09（图 10-6），其中 CR-08 和 CR-09 株系出现明显的表型变化，因此，将这 2 个株系作为主要研究对象。

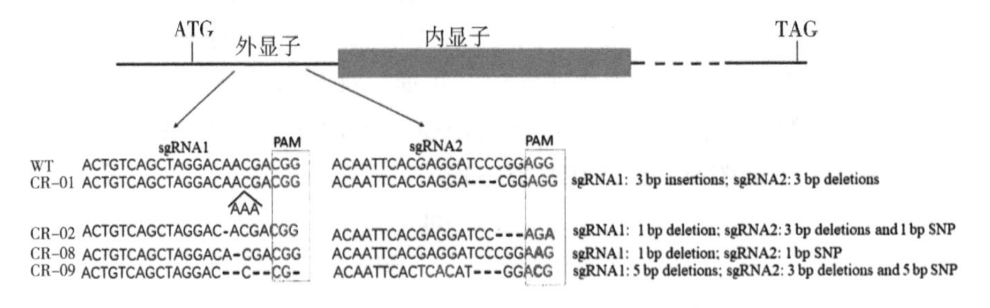


**图 10-6　CRISPR/Cas9 系统介导的 *SlCMT4* 基因突变**

*SlCMT4* 基因组区域上 sgRNA 靶向位点的示意图，以及 $T_1$ 代的 *SlCMT4* 纯合突变株系的测序结果。被编辑的外显子显示为直线，相邻的内含子显示为蓝色框，PAM 基序（NGG）显示在红色框中，黑色箭头表示插入，虚线表示删除。

## 10.2.5　CRISPR/Cas9 介导的 *SlCMT4* 基因敲除促进了番茄侧芽生长

*SlCMT4* 突变株系 CR-08 和 CR-09 在幼苗期表现出侧芽增多的现象（图 10-7A）。统计表明，CR-08 和 CR-09 突变株系的侧芽数在成熟期（生长 3 个月）显著高于野生型（图 10-7B）。通过比较生长 5 d 的侧芽（图 10-7C），本研究发现 *SlCMT4* 突变株系 CR-08 中侧芽的长度和直径显著大于野生型（图 10-7D、E）。解剖分析表明，*SlCMT4* 基因突变株系侧芽横切面和纵切面髓内薄壁组织细胞变大（图 10-8），与突变株系皮层细胞的大小变化相似。基于 *SlCMT4* 突变植株增加的侧芽表型，进一步研究了 *SlCMT4* 基因敲除对侧枝激素水平的影响。结果表明，*SlCMT4* 基因突变株系侧芽中 IAA 和 tZR 含量增加（图 10-9A、B），其中突变株系 CR-08 侧枝中 tZR 含

量增加约 4 倍。在 CR-08 株系中独脚金内脂的含量降低（图 10-9C）。上述激素水平变化的结果与 *SlCMT4* 突变植株中的多侧芽表型一致。此外，本研究还发现突变株系植株压缩、节间短、叶片小而厚，通过叶片形态学测量和解剖分析证实了这一点。这些结果表明 *SlCMT4* 作为 DNA 甲基转移酶在番茄植株形态建成中起重要作用。

**图 10-7 *SlCMT4* 基因的 CRISPR/Cas9 靶向突变诱导了番茄侧枝生长**

（A）从左到右依次为野生型、CR-08 和 CR-09 株系的幼苗（生长 45 d）形态；（B）野生型和突变株系（生长 3 个月）的侧芽数；（C）野生型和突变株系生长 5 d 的侧芽；（D、E）分别表示侧芽的长度和直径。数值表示 3 个生物学重复的平均值±标准差。星号表示相对于野生型的统计学显著差异，并使用 t 检验确定。*，$P<0.05$。

## 10.2.6 CRISPR/Cas9 介导的 *SlCMT4* 敲除导致叶片形态发生变化

*SlCMT4* 突变株系表现出紧凑的株型（图 10-10A）和较短的节间（图 10-10B）。突变株系也表现出较小叶片（图 10-10C），通过测量叶长、叶宽、叶周长和叶面积可以证实（图 10-10D～G）。野生型和突变株系叶片纵切分析（图 10-10H）进一步揭示突变株系叶片厚度、栅栏组织和海绵组织厚度显著增加，栅栏组织和海绵组织之间的间隙变大（图 10-10K～M）。这些结果表明，野生型和突变植株之间的叶片结构在微观水平上存在差异。

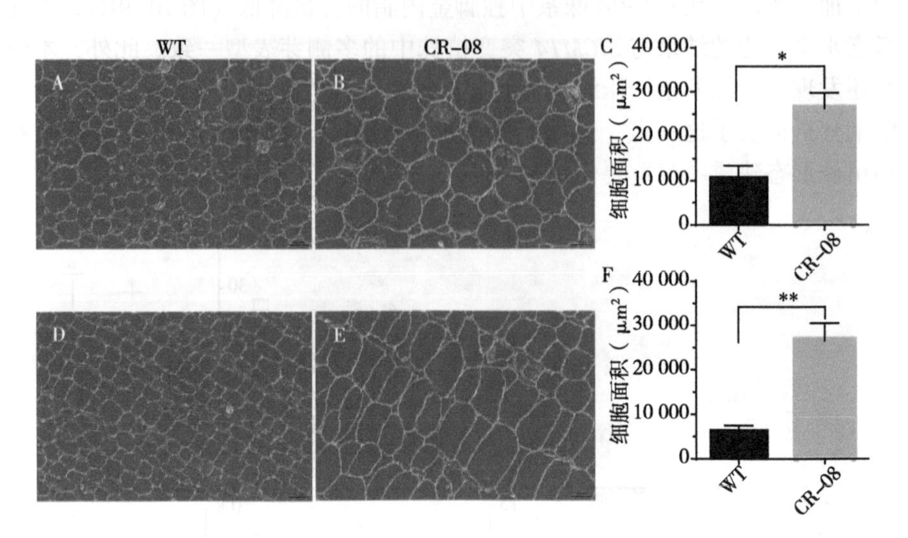


**图 10-8　野生型（A、D）和 CR-08（B、E）植株侧芽的解剖学分析**

（A、B）表示侧芽横切髓内薄壁细胞；（C）侧芽横切面薄壁细胞的面积；（D、E）表示侧芽纵切髓内薄壁细胞；（F）侧芽纵切面薄壁细胞的面积。标尺为 100 μm，样品采自生长 5 d 的侧芽。

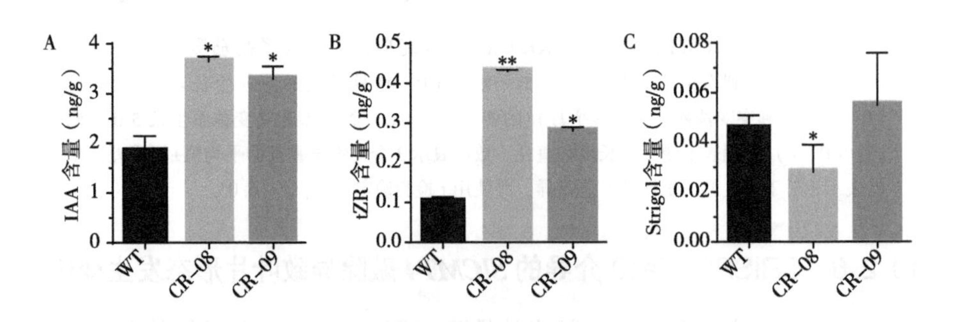


**图 10-9　*SlCMT4* 敲除在激素水平对侧芽的影响**

（A~C）分别表示野生型和突变株系侧芽中 IAA、tZR 和 Strigol 的含量。每个值代表 3 个重复的平均值±标准差。星号表示相对于野生型的统计学显著差异，并使用 t 检验确定。*，$P<0.05$，**，$P<0.01$。

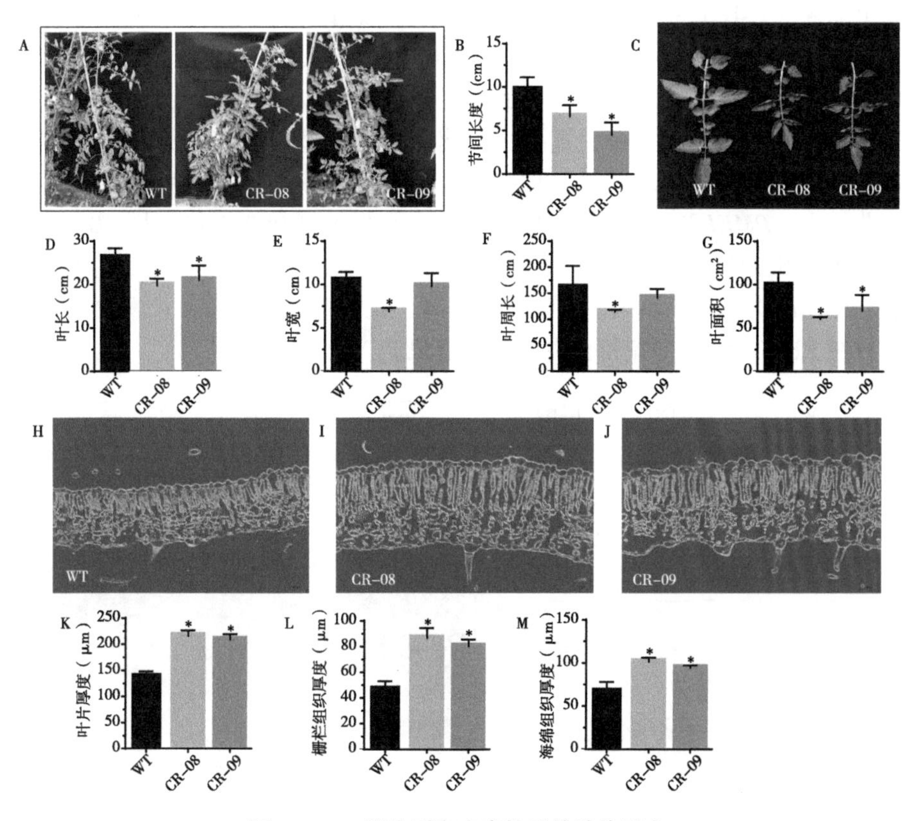


**图 10-10 野生型和突变株系的叶片形态**

（A）从左到右依次为野生型、CR-08 和 CR-09 植株总体形态；（B）生长 3 个月的野生型和突变植株的节间长度；（C）野生型和突变株系的叶片形态；（D~G）分别表示野生型和突变株系叶片长度、宽度、周长和面积；（H~J）野生型和突变株系（CR-08、CR-09）叶片的纵切。标尺为 50 μm；（K~M）分别表示野生型和突变株系的叶片、栅栏组织和海绵组织的厚度测量。每个值代表 3 个重复的平均值±标准差。星号表示野生型和突变株系之间存在显著差异（$P<0.05$）。

## 10.2.7 CRISPR/Cas9 介导的 *SlCMT4* 敲除影响花器官形态和花粉发育

CR-08 株系花器官出现明显缺陷（图 10-11A、B）。扫描电镜揭示突变株系的雄蕊细胞（图 10-11C）和花粉粒（图 10-12）存在不规则和缺陷。与野生型相比，突变株系 CR-08 表现出短而粗的雌蕊。此外，进一步研究了番茄中 2 种花粉特异性表达基因（*SlPMEI* 和 *SlPRALF*）的转录水平。果胶甲酯酶（PME）是一种重要的果胶侧链修饰酶。果胶甲酯酶抑制子基因 *SlPMEI* 是果胶甲酯酶（*PME*）的关键调节因子（Kim et al.，2014）；果胶作为内壁的主要成分，其修饰过程将直接影响内壁的发育。花粉壁的发育对花粉形态和功能的维持至关重要。快速碱化因子基因 *SlPRALF* 负向调节番茄花粉管伸长（Covey et al.，2010）。本研究结果表明，在突变株系 CR-08 的花粉中，*PMEI* 和 *PRALF* 基因分别上调了约 4 倍和 2.5 倍（图 10-13），这说明 CRISPR/Cas9 介导的 *SlCMT4* 敲除诱导了这 2 个花粉特异性基因的表达。*PMEI* 和 *PRALF* 基因的上调表达抑制了花粉壁和花粉管伸长发育，从而导致在 CR-08 株系中花粉育性降低的现象。

**图 10-11 *SlCMT4* 突变株系雄蕊的表型**

（A）花瓣半开的花；（B）花瓣全开的花；（C）野生型和突变株系雄蕊的扫描电子显微镜照片。

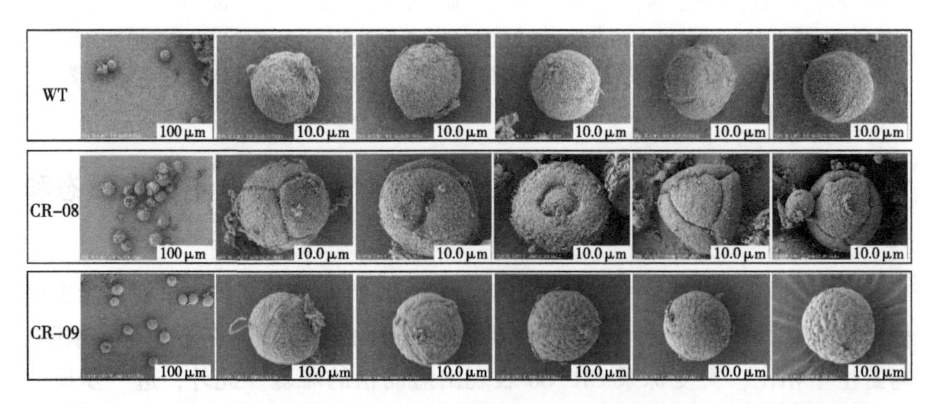


**图 10-12 野生型和突变株系（CR-08 和 CR-09）花粉的扫描电子显微镜照片**

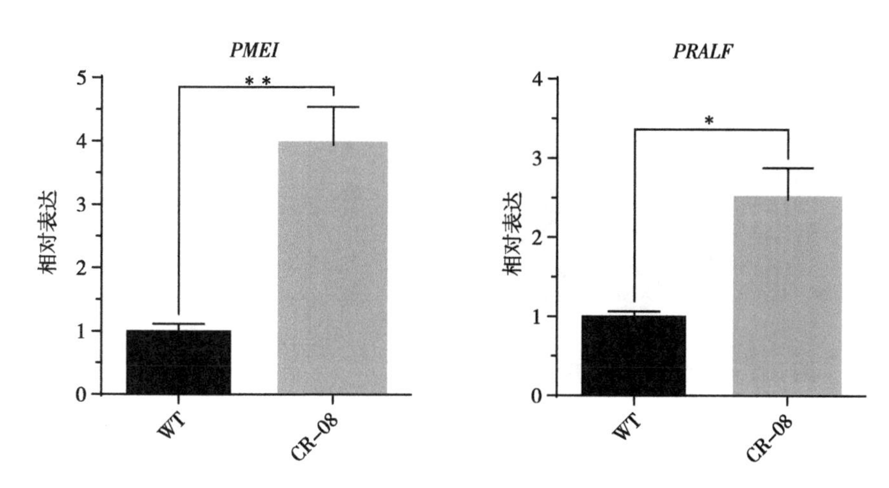


**图 10-13 野生型和 CR-08 株系中花粉特异性基因的转录分析**

每个值代表 3 个重复的平均值±标准差。星号表示野生型和 CR-08 株系之间的显著差异（*，$P<0.05$，**，$P<0.01$）。

## 10.2.8 CRISPR/Cas9 介导的 *SlCMT4* 敲除导致果实变小

与野生型相比，*SlCMT4* 突变体表现出较小的果实（图 10-14A）。数据表明，*SlCMT4* 突变株系不同成熟期（IMG、MG、B、B3）果实的水平直径、垂直直径和重量均有所降低（图 10-14B～D）。与野生型相比，IMG 时期果实的横向解剖分析表明，CR-08 株系的种子减少（图 10-14A）。转录组测序数据表明果实大小相关基因 *IMA* 的表达水平在 CR-08 株系 IMG 时期果实中上调（图 10-14B）。实时定量 PCR 技术被用于验证该基因的相对表达水平。结果表明，在突变株系 IMG 时期果实中，*IMA* 基因上调了约 2.3 倍（图 10-14C）。据报道，*IMA* 在番茄果实生长中起关键作用（Sicard et al.，2008）。分生组织活性抑制子 *IMA* 基因参与番茄果实中的细胞分裂、分化和激素相关的多种调控途径。在过表达 *IMA* 的植株中，心皮细胞数量减少，心皮变小，产生较小花和果实，表明 *IMA* 的表达抑制了细胞分裂（Sicard et al.，2008）。研究结果表明，突变株系果实中果实大小相关基因 *IMA* 在未成熟青果期上调。因此，本研究推断突变株系中果实变小的表型可能与突变株系中种子减少和 *IMA* 基因表达上调有关。此外，与野生型相比，CR-08 株系 IMG 时期果实的种子较小（图 10-15D～E）。

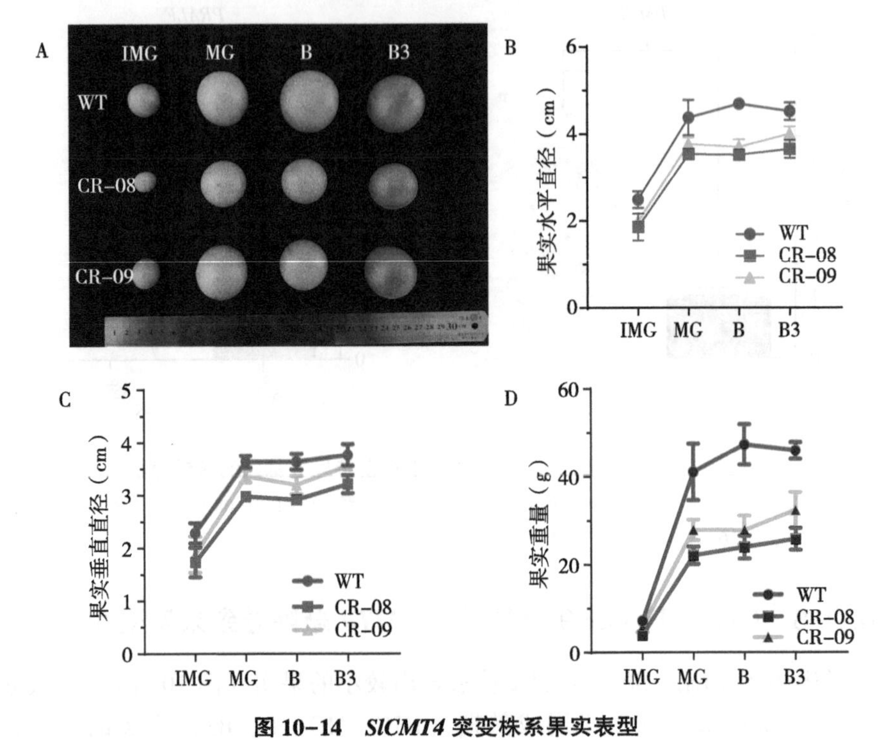


**图 10-14 *SlCMT4* 突变株系果实表型**

（A）野生型和突变株系不同成熟时期果实的拍摄照片；（B～D）分别表示野生型和突变株系不同时期果实的水平直径、垂直直径和重量。IMG、MG、B 和 B3 分别代表未成熟的青果、成熟的青果、破色期果实以及破色后 3 d 的果实。

## 10.2.9 差异表达基因及富集分析

从野生型和 CR-08 株系果实中采集果皮组织样本，进行比较转录组分析。由 3 个生物学重复的皮尔逊相关系数（PCC＞0.90），可得转录组数据是可靠的（图 10-16A）。6 个样品（PCA）的主成分分析表明野生型和 CR-08 株系存在 2 个水平的基因表达（图 10-16B）。本研究特别关注在 CR-08 株系的果皮样品中差异表达的基因。使用差异倍数 FC≥1.5 倍，错误发生率 FDR＜0.05 作为差异表达基因的筛选条件（图 10-16C）。鉴定了 4 102 个差异表达基因，其中 2 524 个上调，1 578个下调（图 10-16D）。对于差异表达基因，图 10-17 列出了使用 GOseq（Young et al.，2010）进行基因本体（GO）分类富集分析的结果。与关键细胞组分相关的 GO 二级功能

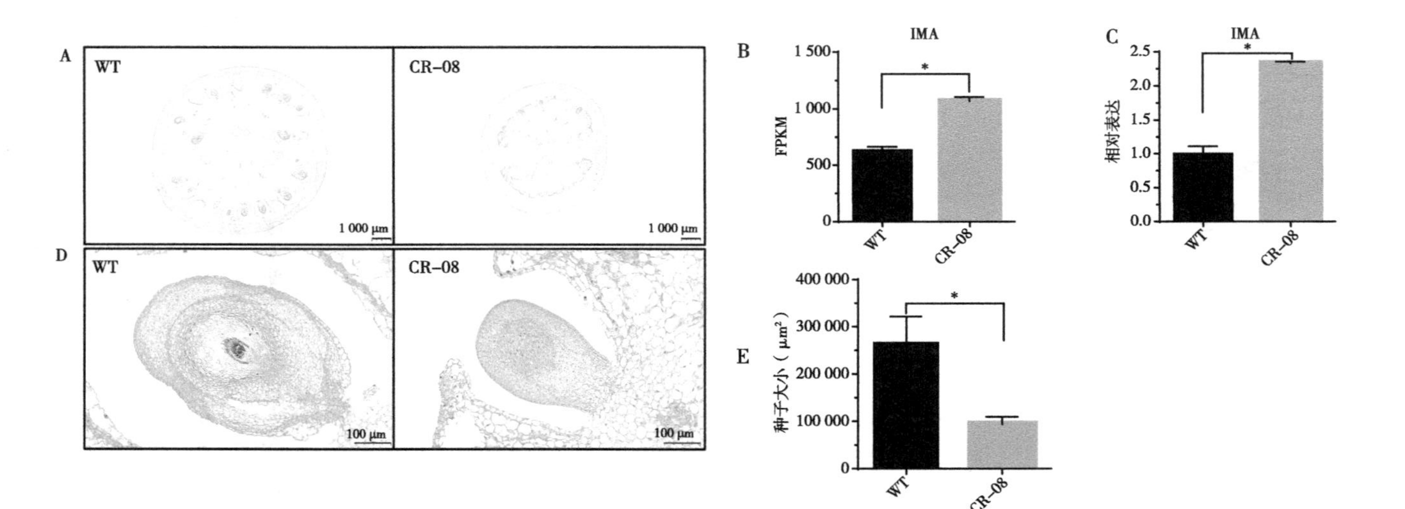


**图10-15 野生型和CR-08株系果实解剖及相关基因表达分析**

（A）野生型和CR-08株系IMG时期果实横切面,标尺为1 000 μm;（B）基于转录组测序数据的果实大小相关基因*IMA*的FPKM值;（C）通过实时定量PCR验证果实大小相关基因*IMA*的相对表达水平;（D）IMG时期果实的种子形态,标尺为100 μm;（E）IMG时期果实的种子大小。每个值代表3个重复的平均值±标准差。星号表示相对于野生型的统计学显著差异，并使用t检验确定。*，$P<0.05$。

在 CR-08 株系的果皮中富集，包括细胞器部分、大分子复合物、膜封闭腔、胞外区、细胞连接、共质体。分子功能包括结构分子活性、转运蛋白活性、核酸结合转录因子活性、分子转导活性和营养库活性。图 10-18 列出了差异表达基因的 KEGG 分析结果。大多数差异表达基因被归类为参与以下功能通路：① 代谢，包括碳代谢、氨基酸生物合成、苯丙烷生物合成、氨基糖和核苷酸糖代谢，以及淀粉和蔗糖代谢；② 遗传信息处理，如内质网蛋白质加工；③ 环境信息处理，如植物激素信号转导。

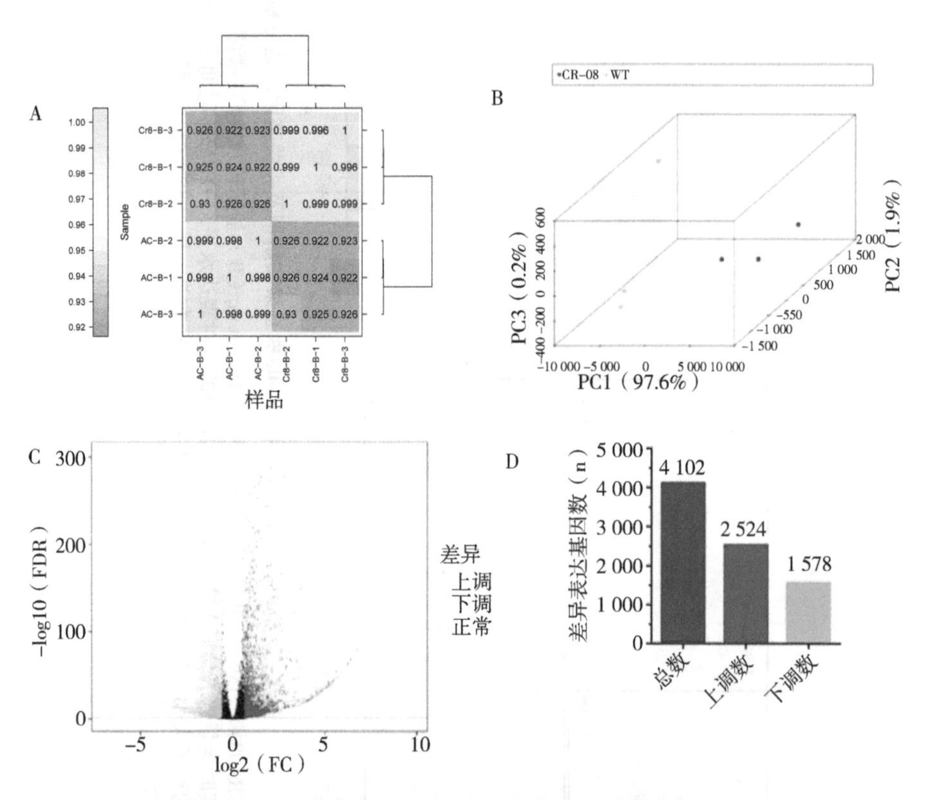


**图 10-16　野生型和 CR-08 株系番茄果皮转录组分析**

（A）6 个样本间所有基因分析的 Pearson 相关系数（PCC）；（B）所有样品的主成分分析，红色和浅蓝色分别表示 CR-08 和野生型的样品；（C）差异表达基因的火山图；（D）总基因、上调基因和下调基因的数量。

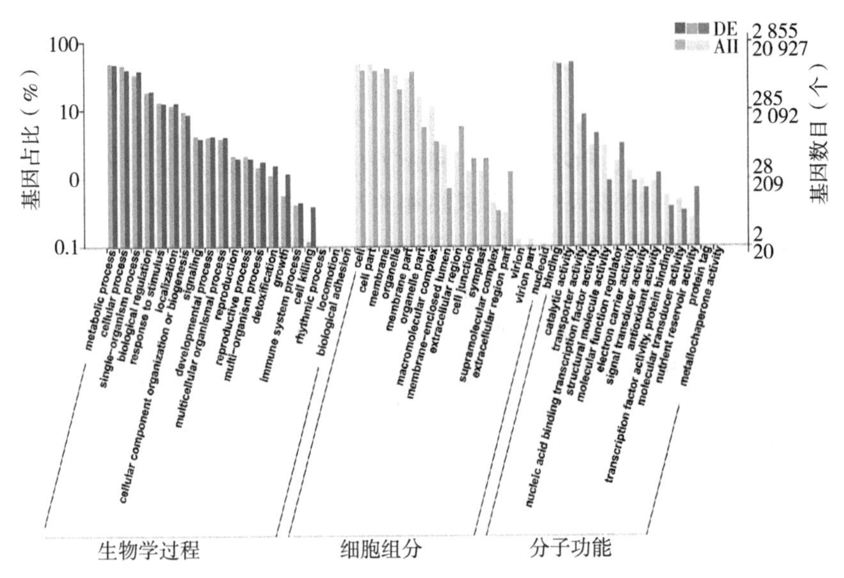


**图 10-17　差异表达基因的 GO 富集分析**

X 轴表示这些差异表达基因的 3 种生物学功能，即分子功能、生物学过程和细胞组分；Y 轴表示被分为不同功能通路的基因的百分比（左）或数量（右）。

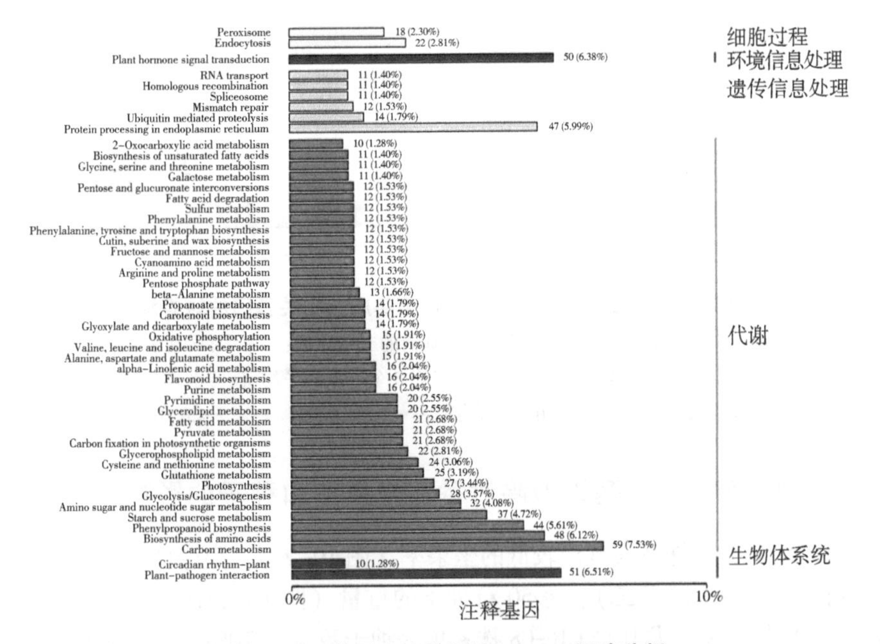


**图 10-18　差异表达基因的 KEGG 通路分析**

## 10.2.10 *SlCMT4* 突变体果实成熟相关基因的转录分析

以野生型和 CR-08 株系果实为材料，采用转录组测序技术研究果实成熟相关基因（如 *PE1*、*PG2*、*LOXB* 和 *ACO1*）的转录水平。结果发现，基于转录组测序的 CR-08 株系中所有成熟相关基因均被上调（图 10-19A～D）。为了验证转录组测序的结果，本研究进行了实时定量 PCR 实验。结果表明，突变株系 CR-08 果实中与果壁代谢相关的 *PE1* 和 *PG2* 基因分别上调了约 5 倍和 6 倍。此外，番茄红素合成相关基因 *LOXB* 在突变体破色期果实显著上调。与乙烯合成相关的 *ACO1* 基因在突变株系的破色期果实也上调（图 10-19E～H）。这些结果表明 CRISPR/Cas9 介导的 DNA 甲基转移酶基因 *SlCMT4* 的敲除可能会促进番茄果实的成熟。

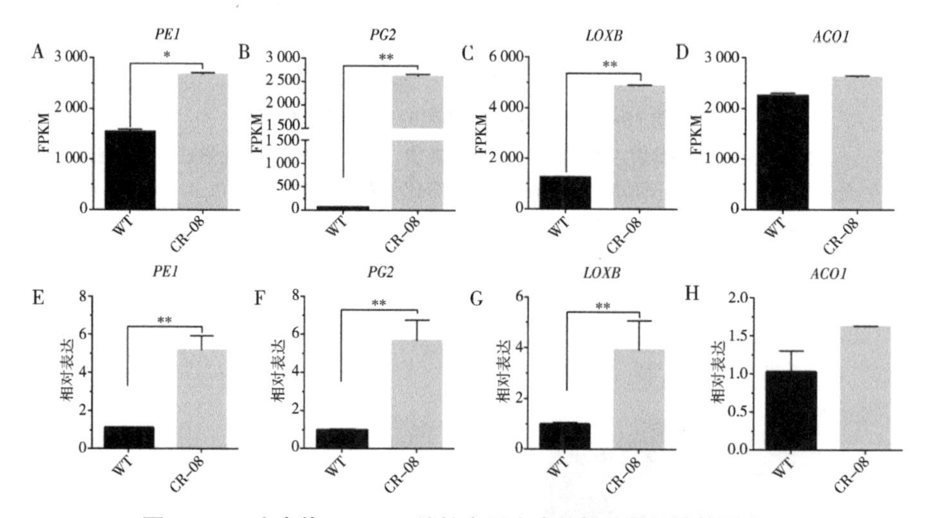


**图 10-19 突变体 *SlCMT4* 植株中果实成熟相关基因的转录水平**

（A～D）基于转录组数据的果实成熟相关基因的 FPKM 值；（E～H）基于实时定量 PCR 的果实成熟相关基因的相对转录水平。每个值代表 3 个重复的平均值±标准差。星号表示相对于野生型的统计学显著差异，并使用 t 检验确定。*，$P<0.05$，**，$P<0.01$。

## 10.2.11 *SlCMT4* 基因敲除对番茄坐果率和种子的影响

*SlCMT4* 突变株系表现出较低的坐果率（图 10-20）。突变株系中，每个果实的种子数（图 10-21C）、每 50 粒种子的重量（图 10-21D）和发芽率（图 10-21E）均减少，尤其是 CR-08 株系单果种子数减少 70%左右，部分种子不能正常发育（图 10-21A、B），此外，突变体种子的中间凹陷（图 10-21I），

在扫描电镜下观察发现 CR-08 株系种子的表皮毛增加（图 10-21J、K）。本研究通过扫描电镜观察了野生型和突变株系的花粉，结果发现 CR-08 株系的大部分花粉粒是异常和有缺陷的，这表明 *SlCMT4* 的敲除显著影响了花粉粒的发育并形成了缺陷花粉粒。此外，*SlCMT4* 基因敲除株系产生扭曲的雄蕊和较短的雌蕊。雄蕊、花粉粒和雌蕊的这些变化严重影响了番茄授粉。因此，突变株系 CR-08 的坐果率较低。在被子植物中，分枝模式极大地决定了植株的整体结构并影响植物生命活动，例如养分分配、高度、光收集效率和传粉媒介的可见性（Martín-Trillo et al.，2011）。因此，*SlCMT4* 突变植株旺盛的营养生长可能是突变株系坐果率降低的另一个原因。

**图 10-20　野生型和突变株系的坐果率**

每个值代表 3 个重复的平均值±标准差。星号表示野生型和 CR-08 株系之间的显著差异。*，$P<0.05$。

## 10.2.12　*SlCMT4* 功能缺失降低全基因组胞嘧啶甲基化

与野生型植株相比，*SlCMT4* 突变株系中全基因组 CHH 甲基化水平显著降低至 5.82%（图 10-22A）。在 *SlCMT4* 突变体 12 条染色体中的每条染色体

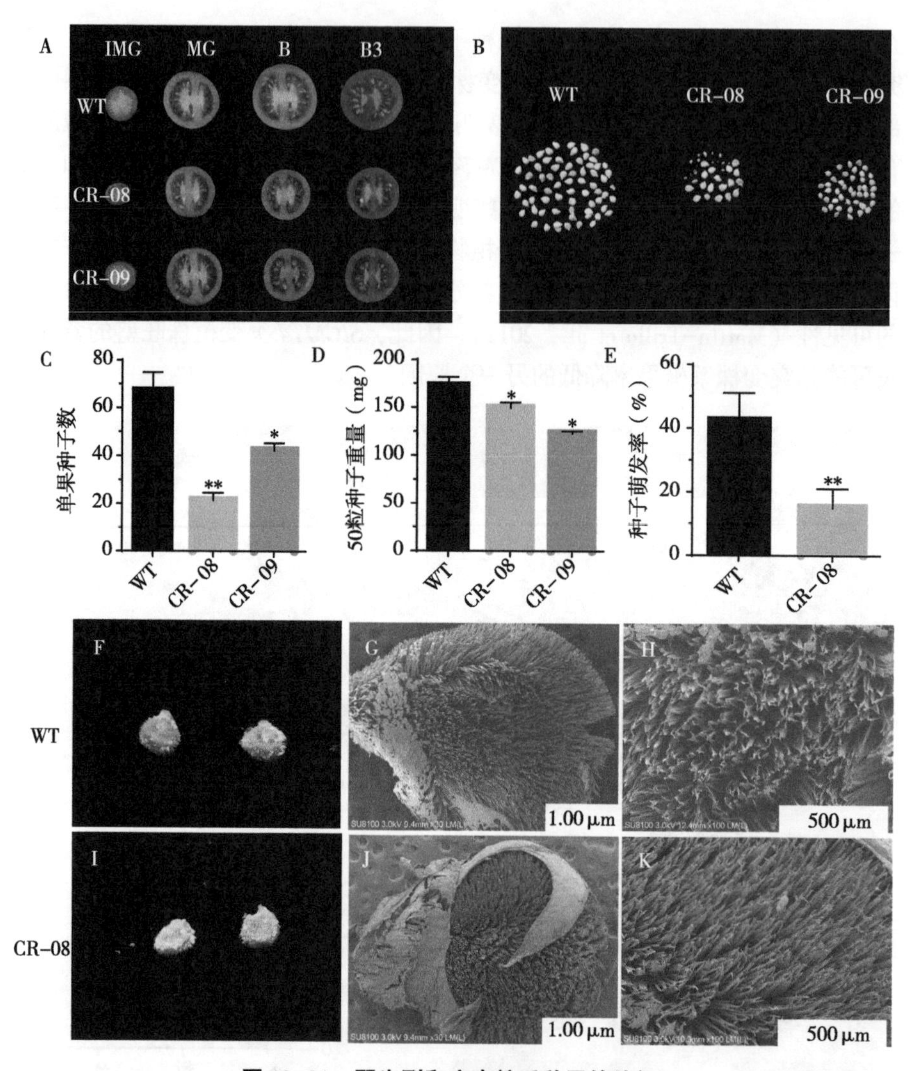


**图 10-21　野生型和突变株系种子的特征**

（A）野生型和突变株系不同时期果实的横切面；（B）每个果实种子的数码照片；（C）单果种子数；（D）B3 时期每 50 粒种子重量；（E）种子发芽率；（F、I）为种子特写照片；（G、H、J、K）为扫描电子显微镜图像。数值代表 3 个重复的平均值±标准差。星号表示相对于野生型的统计学显著差异，并使用 t 检验确定。*，$P<0.05$，**，$P<0.01$。

上都观察到了 CHH 低甲基化，例如 8 号染色体（图 10-22B）。CHH 甲基化水平的大幅降低与 CMT4 负责植物 CHG 和 CHH 甲基化的功能一致（Law and Jacobsen，2010）。除了全基因组 CHH 低甲基化，*SlCMT4* 突变体在 CHG 类型中也显示出降低的 DNA 甲基化水平（图 10-22A、B）。总体而言，与野生型相比，*SlCMT4* 功能缺失对全基因组 DNA 甲基化的影响较大（图 10-22A、B）；在全基因组水平上，基因区域和转座子（TE）区域都在 *SlCMT4* 突变体中表现出 CHH 低甲基化（图 10-22C）。因此，由于在不同胞嘧啶类型中 DNA 甲基化的综合调控，*SlCMT4* 功能的破坏改变了番茄 DNA 甲基化组。

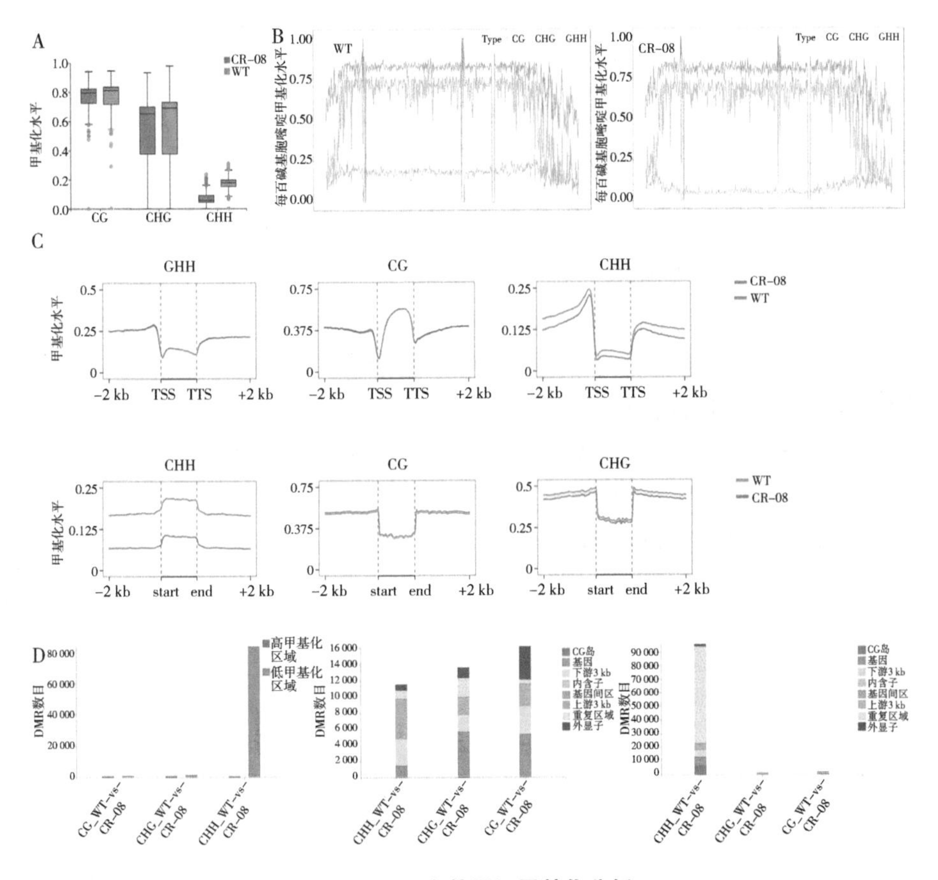


**图 10-22　全基因组甲基化分析**

（A）野生型和 CR-08 突变体中 CG、CHG 和 CHH 的胞嘧啶甲基化水平；（B）在野生型和 CR-08 突变体中 8 号染色体每 100 kb 胞嘧啶甲基化水平；（C）基因和转座子附近的甲基化状态；横轴是基因区域的位置，纵轴是样品的甲基化水平；（D）差异甲基化区域的数目；X 轴表示各组差异比较方案，Y 轴表示对应的不同差异甲基化区域的数目。不同的颜色代表不同的类型。

由于 *SlCMT4* 功能缺失对 CG、CHG 和 CHH 胞嘧啶类型中的 DNA 甲基化有不同的影响，本研究使用 DMRcaller 在整个基因组中分别搜索了 CG、CHG

和 CHH 的差异甲基化区域（DMR）（Catoni et al.，2018）。在 CHH 类型中，*SlCMT4* 突变体表现出较多的低差异甲基化区域（图 10-22D）。这些模式与全基因组 DNA 甲基化水平的评估一致。*SlCMT4* 突变体中的 CHH 差异甲基化区域绝大多数受低甲基化支配，这支持了 *SlCMT4* 作为 CHH 甲基化酶的作用。本研究进一步将差异甲基化区域分为 8 种类型，即 CGI、基因、下游 3 kb、内含子、基因间区、上游 3 kb、重复区域和外显子区域。在 *SlCMT4* 突变体 CHH 高差异甲基化区域中，上游 3 kb 和下游 3 kb 区域分别占 43.46% 和 28.13%（图 10-22D）。同时，在 *SlCMT4* 突变体 CHH 低差异甲基化区域中，重复区域和 CGI 区域分别占 74.18%和 7.82%（图 10-22D）。

## 10.2.13 CRISPR/Cas9 介导的 *SlCMT4* 敲除降低了候选基因启动子区域的胞嘧啶甲基化

在野生型和 *SlCMT4* 突变株系，采用全基因组重亚硫酸盐测序（WGBS）技术检测番茄中候选基因（如 *IMA*、*LOXB* 等）启动子序列（2 kb）的 DNA 甲基化水平。在 *SlCMT4* 突变果实中 *IMA* 和 *LOXB* 基因 2 kb 区域启动子甲基化水平显著减少（图 10-23）。这些结果表明 CHH 的高甲基化状态对于抑制 *IMA* 和 *LOXB* 启动子活性至关重要，并且这些甲基化水平的减少可能会增加 *IMA* 和 *LOXB* 基因的表达。

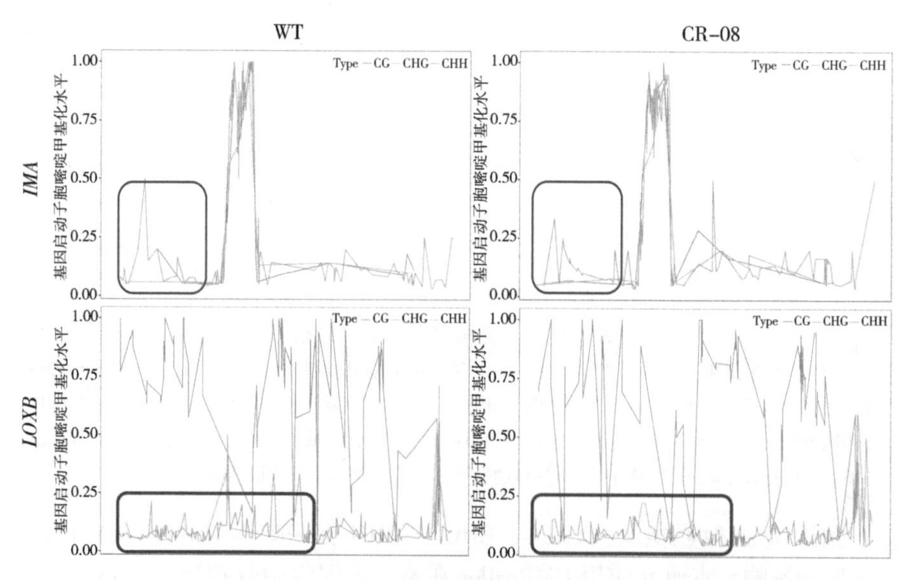


**图 10-23　在野生型和 CR-08 株系中候选基因启动子区胞嘧啶甲基化水平**

## 10.3 讨论与结论

DNA 甲基化在调控植物多种发育途径中起着重要作用。在本研究构建了 *SlCMT4* 基因的 RNAi 和 CRISPR/Cas9 载体，转化了野生型番茄，并筛选了 *SlCMT4* 基因的 RNAi 沉默株系和敲除突变体。基于沉默和突变株系的表型，本研究从形态、生理、生化、解剖和分子水平研究了 *SlCMT4* 基因的一些可能功能。*SlCMT4* 沉默株系和突变体表现出严重的发育缺陷，包括叶片小而厚、侧芽增多、花器官缺陷、果实小、坐果率降低和种子发育缺陷，表明植物 DNA 的低甲基化可导致发育异常。DNA 甲基化可以调节植物的许多发育过程。在拟南芥中进行了类似的实验，甲基化降低的反义 *MET1* 株系表现出一系列表型和发育改变，包括植株变小、顶端优势降低、叶片大小和形状改变、开花时间改变以及生育力降低（Finnegan et al.，1996；Ronemus et al.，1996）。此外，DNA 甲基化降低的拟南芥突变体 *ddm*（Vongs et al.，1993）在几代自花受精后出现形态异常（Kakutani et al.，1996）。

CRISPR/Cas9 介导的 *SlCMT4* 敲除改变了番茄植株的形态发生并促进了侧枝生长，这通过侧芽数量的增加和较快的生长速度得到证实。解剖分析表明，*SlCMT4* 基因突变株侧芽的皮层细胞和髓内薄壁细胞在横切面和纵切面均变大，皮层细胞层厚度增加。在本研究中，*SlCMT4* 突变株系侧芽中 IAA 和 tZR 的含量增加，而独脚金内酯的含量降低。上述激素水平的结果与 *SlC-MT*4 突变体植株的多侧芽表型一致。此外，本研究发现突变株系株型压缩，节间短，叶片小而厚，通过叶片形态测量和解剖分析证实。这些结果表明，*SlCMT4* 作为 DNA 甲基转移酶在番茄植物形态发生中起关键作用。

CRISPR/Cas9 介导的 *SlCMT4* 敲除严重影响了番茄花器官的结构和功能，包括有缺陷和外翻的雄蕊，以及短而粗的雌蕊。扫描电镜显示，突变株系的雄蕊细胞和花粉粒不规则且有缺陷。果胶甲酯酶（PME）是一种重要的果胶侧链修饰酶，受番茄果胶甲酯酶抑制剂 *SlPMEI* 基因调控（Kim et al.，2014）。果胶作为内壁的主要成分，其修饰过程将直接影响内壁的发育。花粉壁的发育对于花粉形态和功能的维持至关重要。快速碱化因子 *Sl-PRALF* 负调控番茄花粉管的伸长（Covey et al.，2010）。在本研究中，进一步评估了番茄两种花粉特异性表达基因（*SlPMEI* 和 *SlPRALF*）的转录水平。结果显示，突变株系 Cr-08 的花粉中 *PMEI* 和 *PRALF* 基因分别上调约 4 倍和 2.5 倍。研究结果表明，CRISPR/Cas9 介导的 *SlCMT4* 敲除诱导了这 2 个花粉特异性基因的表达，这可能解释了突变株系不规则和有缺陷的花粉表型。一个可能的原因是 *PMEI* 和 *PRALF* 基因的上调表达抑制了花粉壁的发育和花粉管伸长，从而导致 CR-08 株系中花粉生育力降低。

CRISPR/Cas9 介导的 *SlCMT4* 敲除影响果实生长和成熟。本研究中，*SlCMT4* 突变株系的果实大小和重量减小，这通过测量不同成熟阶段果实的水平直径、垂直直径和重量得到证实。此外，IMG 阶段果实的横向解剖分析显示 CR-08 株系中种子减少。基于上述果实表型变化，对果实大小相关基因（如 *IMA*）进行了相对转录分析，结果表明，果实大小相关基因 *IMA* 在突变株系未成熟青果实阶段上调。据报道，该基因在番茄果实生长中起关键作用（Sicard et al.，2008）。来自番茄的分生组织活性抑制基因 *IMA* 参与了与番茄果实的细胞分裂、分化和激素调控相关的多种调控途径。在过表达 *IMA* 的植株中，心皮细胞数量减少，心皮变小，产生较小的花和果实，表明 *IMA* 的表达抑制了细胞分裂（Sicard et al.，2008）。因此，推断突变株系中的小果实表型可以部分由突变株系中种子减少和 *IMA* 基因表达上调来解释。

甲基化在决定果实成熟起始中的作用是由 Zhong 等（2013）首先揭示的。他们发现用甲基转移酶抑制剂 5-氮杂胞苷处理未成熟的番茄果实会诱导提前成熟，并证实 DNA 甲基化促进果实成熟的调节。番茄果实成熟相关转录因子 MADS-RIN 的结合位点通常位于许多成熟相关基因的启动子去甲基化区域。MADS-RIN 与这些启动子的结合正好与这些位点的去甲基化相吻合，表明 DNA 甲基化也是调控果实成熟的重要途径。此外，成熟突变体 *Cnr* 是由 SBP-CNR 基因启动子甲基化引起的自发表观遗传变化（Manning et al.，2006；Giovannoni，2007）。考虑到果实成熟与细胞壁变化（Orfila et al.，2002）、类胡萝卜素和乙烯的合成有关，因此进一步研究了 4 个成熟相关基因 *PE*1（果胶酶）（Phan et al.，2007）、*PG*2（多聚半乳糖醛酸酶）（Giovannoni et al.，2017）、*LOXB*（Beaudoin and Rothstein，1997；Ferrie et al.，1994）和 *ACO*1（Alexander and Grierso，2002；Barry et al.，1996）在野生型和突变株系破色期果实中的相对转录水平。在本研究中，与果壁代谢相关的 *PE*1 和 *PG*2 基因在突变株系破色期果实中显著上调。此外，番茄红素合成相关基因 *LOXB*、乙烯合成相关基因 *ACO*1 也在突变株系破色期果实中显著上调。这些结果表明，CRISPR/Cas9 介导的 DNA 甲基转移酶基因 *SlCMT4* 敲除可能促进番茄果实成熟，这与前期的另一研究结果一致，与野生型果实相比，*SlCMT4* RNAi 果实的成熟时间提前了 3~5 d。

在本研究中，突变株系的种子数量和重量均有所下降，尤其是 CR-08

株系中单果种子数量下降了 70%，部分种子不能正常发育成熟。扫描电镜观察 CR-08 株系种子中部凹陷，CR-08 株系种子表皮毛增多。通过扫描电子显微镜对野生型和突变株系的花粉进行了观察。结果表明，CR-08 株系花粉粒大部分是异常或有缺陷的，说明 *SlCMT4* 基因敲除显著影响花粉粒发育，形成了有缺陷的花粉粒。此外，*SlCMT4* 敲除的雄蕊和雌蕊分别表现出弯曲和变短。雄蕊、花粉粒和雌蕊的这些变化对授粉很敏感。因此，突变株系 CR-08 坐果率较低。在被子植物中，分枝模式极大地决定了植物的形态结构，并影响养分分配、高度、光吸收效率和可见传粉者（Martín-Trillo et al.，2011）。因此，*SlCMT4* 突变体的旺盛营养生长可能是坐果率较低的另一个原因。

DNA 甲基化调节植物不同部位和不同发育阶段的基因表达，导致植物形态发生一些变化。在 *SlCMT4* 突变体果实中 *IMA* 和 *LOXB* 基因启动子的 2 kp 区域观察到甲基化减少，表明 CHH 的高甲基化状态对于抑制 *IMA* 和 *LOXB* 启动子活性至关重要。这些残基甲基化的减少导致 *IMA* 和 *LOXB* 表达增加。本研究阐明，*SlCMT4* 可以通过调控关键转录因子的甲基化模式协同表观遗传调控番茄果实的生长、发育和成熟。

## 10.4 小结

近年来，人们越来越认识到 DNA 甲基转移酶在植物发育、转录调控和代谢途径控制中的重要性。目前，关于番茄生长发育和果实成熟相关转录因子的研究较多，但从表观遗传学特别是 DNA 甲基化方面阐明果实发育成熟调控的报道较少。番茄果实发育和成熟的表观遗传调控机制尚不清楚。初步研究表明，番茄 DNA 甲基转移酶基因 *SlCMT4* 在花器官和未成熟的青果实中高量表达，但在叶片发育和果实成熟过程中表达量下降。为了研究番茄中的 DNA 甲基化，本章构建了 *SlCMT4* 基因的 RNAi 沉默载体和 CRISPR/Cas9 载体，转化了野生型番茄，并筛选了 *SlCMT4* 的转基因和突变株系。基于转基因和突变株系的表型，从形态学、生理学、生化、解剖学和分子水平研究了 *SlCMT4* 基因的调控功能。通过观察发现 *SlCMT4* 转基因株系和突变株系出现严重的发育缺陷和缺失突变，这表明植物 DNA 的低甲基化会导致发育异常，DNA 甲基化可能调节植物的多种发育过程。本研究增加了对 *SlCMT4* 甲基转移酶基因在番茄不同发育过程中功能的理解，对阐明 *SlCMT4* 基因的功能具有重要的科学意义。

# 参考文献

ALEXANDER L, GRIERSON D, 2002. Ethylene biosynthesis and action in tomato: a model for climacteric fruit ripening [J]. Journal of Experimental Botany, 53: 2039-2055.

BARRY C S, BLUME B, BOUZAYEN M, et al., 1996. Differential expression of the 1-aminocyclopropane-1-carboxylate oxidase gene family of tomato [J]. Plant Journal, 9: 525-35.

BEAUDOIN N, ROTHSTEIN S J, 1997. Developmental regulation of two tomato lipoxygenase promoters in transgenic tobacco and tomato [J]. Plant Molecular Biology, 33: 835-846.

CATONI M, TSANG J M, GRECO A P, et al., 2018. DMRcaller: a versatile R/Bioconductor package for detection and visualization of differentially methylated regions in CpG and non-CpG contexts [J]. Nucleic Acids Research, 46: e114.

COCK P, FIELDS C, GOTO N, et al., 2010. The Sanger FASTQ file format for sequences with quality scores, and the Solexa/Illumina FASTQ variants [J]. Nucleic Acids Research, 38: 1767-1771.

COVEY P A, SUBBAIAH C C, PARSONS R L, et al., 2010. A pollen-specific RALF from tomato that regulates pollen tube elongation [J]. Plant Physiology, 153: 703-715.

EXPOSITO-RODRIGUEZ M, BORGES A A, BORGES-PEREZ A, et al., 2008. Selection of internal control genes for quantitative real-time RT-PCR studies during tomato development process [J]. BMC Plant Biology, 8: 131.

FERRIE B J, BEAUDOIN N, BURKHART W, et al., 1994. The cloning of two tomato lipoxygenase genes and their differential expression during fruit ripening [J]. Plant Physiology, 106: 109-118.

FINNEGAN E J, PEACOCK W J, DENNIS E S, 1996. Reduced DNA methylation in *Arabidopsis thaliana* results in abnormal plant development [J]. Proceedings of the National Academy of Sciences, 93: 8449-8454.

GIOVANNONI J J, 2007. Fruit ripening mutants yield insights into ripening control [J]. Current Opinion in Plant Biology, 10: 283-289.

GIOVANNONI J, NGUYEN C, AMPOFO B, et al., 2017. The epigenome and transcriptional dynamics of fruit ripening [J]. Annual Review of Plant Biology, 68: 61-84.

KAKUTANI T, JEDDELOH J A, FLOWERS S K, et al., 1996. Developmentalabnormalities and epimutations associated with DNA hypomethylation mutations [J]. Proceedings of the National Academy of Sciences, 93: 12406-12411.

KIM W B, LIM C J, JANG H A, et al., 2014. *SlPMEI*, a pollen-specific gene in tomato [J]. Canadian Journal of Plant Science, 94: 73-83.

KRUEGER F, ANDREWS S R, 2011. Bismark: a flexible aligner and methylation caller for Bisulfite-Seq applications [J]. Bioinformatics, 27: 1571-1572.

LAW J A, JACOBSEN S E, 2010. Establishing, maintaining and modifying DNA methylation patterns in plants and animals [J]. Nature Reviews Genetics, 11: 204-220.

LIVAK K J, SCHMITTGEN T D, 2001. Analysis of relative gene expression data using realtime Quantitative PCR and the $2^{-\Delta\Delta C}$T method [J]. Methods, 25: 402-408.

MANNING K, TOR M, POOLE M, et al., 2006. A naturally occurring epigenetic mutation in a gene encoding an SBP-box transcription factor inhibits tomato fruit ripening [J]. Nature Genetic, 38: 948-952.

MARTÍN-TRILLO M, GRANDÍO E G, SERRA F, et al., 2011. Role of tomato branched1-like genes in the control of shoot branching [J]. Plant Journal, 67: 701-714.

ORFILA C, HUISMAN M M, WILLATS W G, et al., 2002. Altered cell wall disassembly during ripening of *Cnr* tomato fruit: implications for cell adhesion and fruit softening [J]. Planta, 215: 440-447.

PHAN T D, BO W, WEST G, et al., 2007. Silencing of the major salt-dependent isoform of pectinesterase in tomato alters fruit softening [J]. Plant Physiology, 144: 1960-1967.

QUINLAN A R, HALL I M, 2010. BEDTools: a flexible suite of utilities for comparing genomic features [J]. Bioinformatics, 26: 841-842.

RONEMUS M J, GALBIATI M, TICKNOR C, et al., 1996. Demethylation-induced developmental pleiotropy in *Arabidopsis* [J]. Science, 273: 654-657.

SICARD A, PETIT J, MOURAS A, et al., 2008. Meristem activity during flower and ovule development in tomato is controlled by the mini zinc finger gene [J]. Plant Journal, 55: 415-427.

VONGS A, KAKUTANI T, MARTIENSSEN R A, et al., 1993. *Arabidopsis thaliana* dna methylation mutants [J]. Science, 260: 1926-1928.

YOUNG M D, WAKEFIELD M J, SMYTH G K, et al., 2010. Gene ontology analysis for RNA-seq: accounting for selection bias [J]. Genome Biology, 11: 14.

ZHONG S, FEI Z, CHEN Y R, et al., 2013. Single-base resolution methylomes of tomato fruit development reveal epigenome modifications associated with ripening [J]. Nature Biotechnology, 2: 154-159.

# 11　基于转录组分析的 *SlCMT4* 基因敲除对番茄花器官的影响

## 11.1　材料与方法

### 11.1.1　植物材料和生长条件

在本研究中，选择经典番茄栽培品种 Ailsa Craig（$AC^{++}$）作为野生型（wild type，WT）。植株在标准温室条件下［16 h/8 h 昼/夜循环、25 ℃/18 ℃昼/夜温度、80%湿度和 250 μmoL/($m^2$ · s) 光强度］进行培养。当番茄开花时开始做标记，根据开花后天数（DPA）和果实颜色，野生型番茄果实成熟被分为 IMG、MG、B、B4 和 B7 5 个时期。其中，开花后 20 d 的果实被定义为未成熟的绿色（IMG）果实。开花后 35 d 的果实被定义为成熟的绿色（MG）果实，其特征是果实为绿色、有光泽，没有明显的颜色变化。开花后 38 d 的果实被定义为破色期果实（B），其果实颜色从绿色转变为黄色。另外还使用了破色后 4 d（B4）和破色后 7 d（B7）的果实。采收果实样品后立即用液氮冷冻并储存在-80 ℃ 冰箱以备使用。

### 11.1.2　番茄 *SlCMT4* 基因表达特性的研究

从野生型番茄（$AC^{++}$）和突变体（*Rin*、*Nr*）不同发育时期果实中提取总 RNA，以 *SlCMT4* 基因特异片段设计引物（F：5′ - CTTGGCACAAAACTCTCTGGTC - 3′，R：5′ - TTCTCAACACCTTCATTCCTAACAT - 3′），采用荧光实时定量 PCR 技术，研究 *SlCMT4* 基因在番茄不同果实发育时期的表达模式。

### 11.1.3　*SlCMT4* 基因敲除载体构建及遗传转化

利用 CRISPR/Cas9 筛选 2 个靶向番茄 *SlCMT4* 的特异性 sgRNA。包含扩增 gRNA - U6 片段的寡聚体与 CRISPR - Cas - BGK012 - DSG 载体

（15 250 bp）相连。使用农杆菌将得到的 BGK012-DSG-*SlCMT4* 载体转化到野生型番茄中。从转化植株的幼叶中提取基因组 DNA，并使用靶位点两侧的引物（F：5′-AATTAGCTCTGTTTTACCCTCAA-3′，R：5′-CTGCTTCCT-CACACTTTTCTCTG-3′）进行 PCR 扩增。对 PCR 产物进行测序来鉴定突变。2 个靶向位点位于 *SlCMT4* 基因的第一个外显子上。从 $T_0$ 代转基因植株中共获得了 6 个卡那霉素抗性株系。通过 CRISPR-cas9 基因编辑和测序技术，共获得了 4 个突变株系 CR-01、CR-02、CR-08、CR-09，其中 CR-08 和 CR-09 株系出现明显的表型变化，因此，将这 2 个株系作为主要研究对象（Guo et al.，2022）。

### 11.1.4　扫描电子显微镜观察

在开花时从野生型和突变株系花器官中收集花器官材料，样品在 2.5%戊二醛中固定 2 h，再转移至 4 ℃保存；固定好的样品经 0.1 M 磷酸缓冲液 PB（pH 7.4）漂洗 3 次，每次 15 min。0.1M 磷酸缓冲液 PB（pH 7.4）配制 1%锇酸室温避光固定 1~2 h，0.1M 磷酸缓冲液 PB（pH 7.4）漂洗 3 次，每次 15 min；样品组织依次进入 30%—50%—70%—80%—90%—95%—100%—100%乙醇，每次 15 min，乙酸异戊酯 15 min；将样本放入临界点干燥仪内进行干燥；将样本紧贴于导电碳膜双面胶上放入离子溅射仪样品台上进行喷金 30 s 左右；使用扫描电子显微镜（SEM；日本，日立，SU8100）观察样品并拍摄图像。

### 11.1.5　RNA 提取、文库构建及测序

使用 RNAprep 纯化植物试剂盒从野生型和 *SlCMT4* 突变株系中提取番茄花器官的总 RNA。使用 NanoDrop 2000 测量 RNA 浓度和纯度。使用 Agilent Bioanalyzer 2100 系统的 RNA Nano 6000 Assay Kit 评估 RNA 完整性。共用 1 μg 纯化的 mRNA 构建 cDNA 文库。在 Illumina 平台上对文库制备进行测序，并生成配对末端读数。对野生型和 *SlCMT4* 突变体进行了 3 个生物复制。

### 11.1.6　转录组数据质控和比较分析

收集野生型和 *SlCMT4* 突变株系花器官样本。用于转录组测序所有样品都具有 3 个生物学重复。fastq 格式的原始数据（原始读取）首先通过内部 perl 脚本进行处理，以从原始数据中删除包含适配器的读取、包含 ploy-N

的读取和低质量的读取。同时计算 Clean Data 的 Q20、Q30、GC 含量和序列重复水平。所有下游分析均基于高质量的 Clean Data。然后使用 HISAT2 和 StringTie 将 Clean Reads 匹配到番茄基因组版本 SL4.0 和注释版本 ITAG4.0。只有完全匹配或一个不匹配的读数被保留来计算表达量。

### 11.1.7 基因表达水平定量和差异表达基因分析

基因表达水平通过每千碱基转录本的片段数/百万匹配的片段（fragments per kilobase of transcript per million mapped reads，FPKM）来量化，公式如下：FPKM = cDNA 片段/［匹配片段（百万）×转录物长度（kb）］。使用 DESeq2 对 2 组进行差异表达分析（Love et al.，2014）。使用 Benjamini 和 Hochberg 控制错误发现率（FDR）的方法调整得到 $P$ 值。$P<0.05$，以及 1.5 倍或更大表达变化的基因被指定为差异表达基因。

### 11.1.8 差异表达基因功能注释和富集分析

用于 DEG 功能注释的数据库包括 GO（gene ontology）、KO（KEGG Ortholog database）、COG（clusters of orthologous groups of proteins）、Pfam（the database of homologous protein families）、nr（NCBI non-redundant protein sequences）等。差异表达基因（DEG）的基因本体论（GO）富集分析由基于 Wallenius 非中心超几何分布的 GOseq R 包进行（Young et al.，2010）。KOBAS 软件用于测试 KEGG 通路中差异表达基因的统计富集。

### 11.1.9 统计分析方法

采用 Excel 整理数据、GraphPad Prism 6 进行统计分析并作图，每个数值代表 3 个生物重复的平均值±SD。使用 t 检验比较野生型和 *SlCMT4* 突变株系之间差异显著性，检验标准 $\alpha=0.05$。从野生型和 CR-08 株系中采集花器官样本，进行比较转录组分析，将 3 个生物学重复的 Pearson 相关系数 r（pearson's correlation coefficient）作为生物学重复相关性的评估指标，其越接近 1，说明 2 个重复样品相关性越强。

# 11.2 结果与分析

## 11.2.1 *SlCMT4* 基因在野生型和突变体番茄植株中的表达模式

研究表明番茄 DNA 甲基转移酶基因 *SlCMT4* 在番茄花器官和青果时期表达水平相对较高，在番茄其他器官及果实成熟期表达水平较低（Guo et al.，2020）。使用 qPCR 进一步研究该基因在突变体番茄（*Nr* 和 *Rin*）不同果实发育阶段的表达模式，发现 *SlCMT4* 基因在番茄成熟突变体 *Nr* 和 *Rin* 果实中，该基因的表达水平显著高于野生型番茄 AC$^{++}$（图 11-1），这些结果表明 *SlCMT4* 可能在番茄花器官和果实发育过程中发挥重要作用。

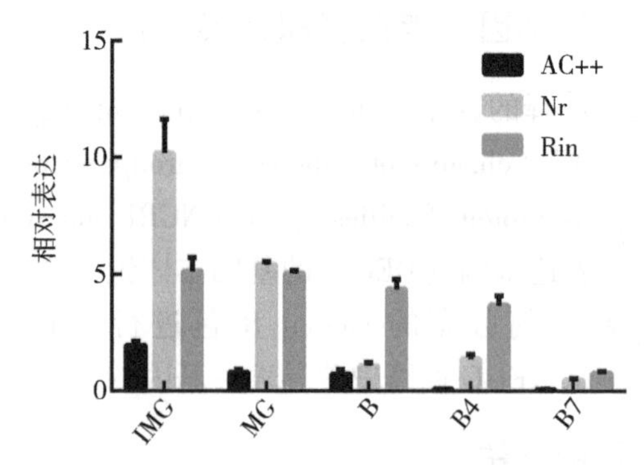


**图 11-1　基于 qPCR 的 *SlCMT4* 在野生型（AC$^{++}$）和突变体（*Nr* 和 *Rin*）番茄果实不同发育阶段中的相对表达模式**

IMG，未成熟的青果实；MG，成熟的青果实；B，破色期的果实；B4，破色后 4 d 的果实；B7，破色后 7 d 的果实。

## 11.2.2 CRISPR/Cas9 介导的 *SlCMT4* 基因敲除影响番茄花器官形态

为了深入研究 *SlCMT4* 的功能，通过 CRISPR/Cas9 技术获得 *SlCMT4* 突变株系（CR-08）。在番茄 *SlCMT4* 突变株系的花器官中，观察到一系列表型变化，包括雄蕊外翻卷曲、雌蕊变短变粗（图 11-2）。

**图 11-2　番茄花器官**

（A）野生型番茄花器官；（B）CR-08 株系花器官；（C）CR-08 株系花序。

## 11.2.3　转录组测序

去除含有接头的低质量序列以及污染读数后，在野生型文库（WT-1、WT-2 和 WT-03）中获得 22.70 Gb 高质量 Clean bases，突变体文库（CR08-1、CR08-2 和 CR08-3）中获得 22.81 Gb 的高质量 Clean bases（表 11-1）。使用番茄基因组版本 SL4.0，对于野生型文库，匹配的 Clean Reads 为 42.42 百万～47.32 百万（94.99%～95.29%匹配；91.85%～92.12%唯一匹配），对于突变体文库，匹配的 Clean Reads 为 39.70 百万～50.27 百万（92.45%～95.58%匹配；89.60%～92.57%唯一匹配；表 11-2）。

**表 11-1　番茄 6 个花器官样品的转录组测序数据的特征**

| 样品编号 | 筛选读数 | 筛选碱基数 | GC 含量（%） | ≥Q30 比例（%） |
| --- | --- | --- | --- | --- |
| WT-1 | 23 246 146 | 6 938 335 960 | 42.86 | 93.84 |
| WT-2 | 21 207 724 | 6 336 799 126 | 42.69 | 95.02 |
| WT-3 | 23 660 004 | 7 068 206 708 | 42.79 | 95.11 |
| CR08-1 | 25 136 055 | 7 509 434 608 | 42.82 | 94.85 |
| CR08-2 | 23 431 504 | 6 807 507 168 | 42.34 | 93.25 |
| CR08-3 | 19 848 587 | 5 930 661 576 | 42.77 | 94.33 |

注：WT 和 CR08 分别代表野生型和 *SlCMT4* 突变株系。

表 11-2 番茄 6 个花器官样本 RNA 测序 Clean Reads 的匹配结果

| 样品编号 | 总序列数 | 比对基因组数目 | 单一比对序列 | 多处比对序列 | 正链比对 Reads 数目 | 负链比对 Reads 数目 |
|---|---|---|---|---|---|---|
| WT-1 | 46 492 292 | 44 161 232 (94. 99%) | 42 704 037 (91. 85%) | 1 457 195 (3. 13%) | 22 633 469 (48. 68%) | 22 630 071 (48. 67%) |
| WT-2 | 42 415 448 | 40 311 637 (95. 04%) | 39 011 362 (91. 97%) | 1 300 275 (3. 07%) | 20 651 313 (48. 69%) | 20 642 742 (48. 67%) |
| WT-3 | 47 320 008 | 45 091 651 (95. 29%) | 43 592 130 (92. 12%) | 1 499 521 (3. 17%) | 23 120 947 (48. 86%) | 23 107 355 (48. 83%) |
| CR08-1 | 50 272 110 | 48 006 043 (95. 49%) | 46 470 791 (92. 44%) | 1 535 252 (3. 05%) | 24 564 169 (48. 86%) | 24 549 807 (48. 83%) |
| CR08-2 | 46 863 008 | 43 324 054 (92. 45%) | 41 988 815 (89. 60%) | 1 335 239 (2. 85%) | 22 245 058 (47. 47%) | 22 212 647 (47. 40%) |
| CR08-3 | 39 697 174 | 37 942 546 (95. 58%) | 36 745 720 (92. 57%) | 1 196 826 (3. 01%) | 19 399 102 (48. 87%) | 19 406 000 (48. 89%) |

注：WT 和 CR08 分别代表野生型和 *SlCMT4* 突变株系。括号内百分比表示比对到参考基因组相应位置的 Reads 数目在 Clean Reads 中占的百分比。

### 11. 2. 4 *SlCMT4* 突变株系花器官中的差异表达基因

从野生型和 CR-08 株系中采集花器官样本，进行比较转录组分析。由 3 个生物学重复的 Pearson 相关系数，可得转录组数据是可靠的（图 11-3A）。6 个样品（PCA）的主成分分析表明野生型和 CR-08 株系存在 2 个水平的基因表达（图 11-3B）。本研究关注在 CR-08 株系的花器官样品中差异表达的基因。使用差异倍数 FC1. 5 倍，错误发生率 FDR＜0. 01 作为差异表达基因的筛选条件（图 11-3C）。鉴定 1 398个差异表达基因，其中 512 个上调，886 个下调（图 11-3D）。

### 11. 2. 5 差异基因富集分析

对于差异表达基因，本研究使用基于 Wallenius 非中心超几何分布的 GOseq R 包对 DEG 进行了基因本体论（GO）富集分析（Young et al., 2010）。图 11-4 表明，与重要生物过程相关的 GO 条目在 *SlCMT4* 突变株系中富集，包括生长、细胞杀伤。细胞组分，如细胞膜、胞外区、大分子复合物等也得到了富集。分子功能富集包括分子功能调控、结构分子活

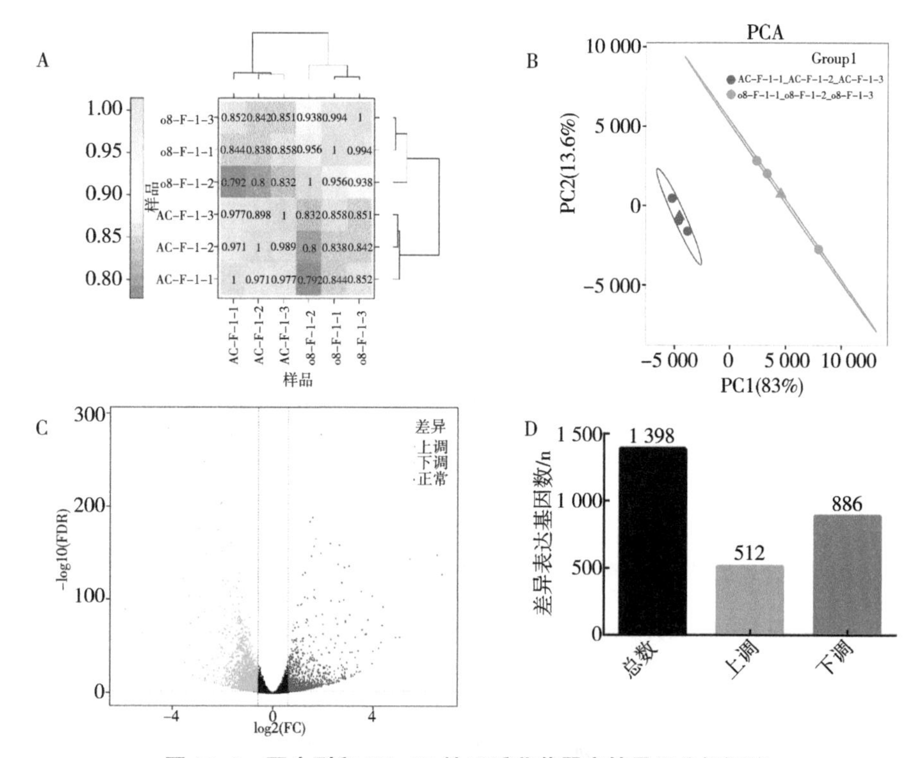


**图 11-3　野生型和 CR-08 株系番茄花器官转录组分析概述**

（A）6 个样本间所有基因分析的 Pearson 相关系数（PCC）；（B）所有样品的主成分分析，红色和浅蓝色分别表示野生型和 CR-08 的样品；（C）差异表达基因的火山图；（D）差异表达基因的数量，包括总基因、上调基因和下调基因的数量。

性、转录因子活性和养分储库活性。COG 数据库对基因功能和同源性进行分类的结果表明，大多数差异表达基因与碳水化合物转运和代谢、信号转导机制、脂质转运和代谢、次级代谢物生物合成，转运和分解代谢等有关（图 11-5）。

进行 KEGG 通路分析，以进一步为 DEG 的功能分类提供信息。差异表达基因的 KEGG 分析结果表明，大多数 DEG 被归类为以下功能通路：①代谢，包括淀粉和蔗糖代谢、戊糖和葡糖醛酸转换、氨基糖和核苷酸糖代谢、苯丙烷生物合成等；②环境信息处理，包括植物激素信号转导；③细胞过程包括内吞作用；④有机体系统包括植物病原菌互作（图 11-6）。DEGs 表达上调的 KEGG 途径主要包括苯丙烷生物合成、淀粉和蔗糖代谢、氨基糖和

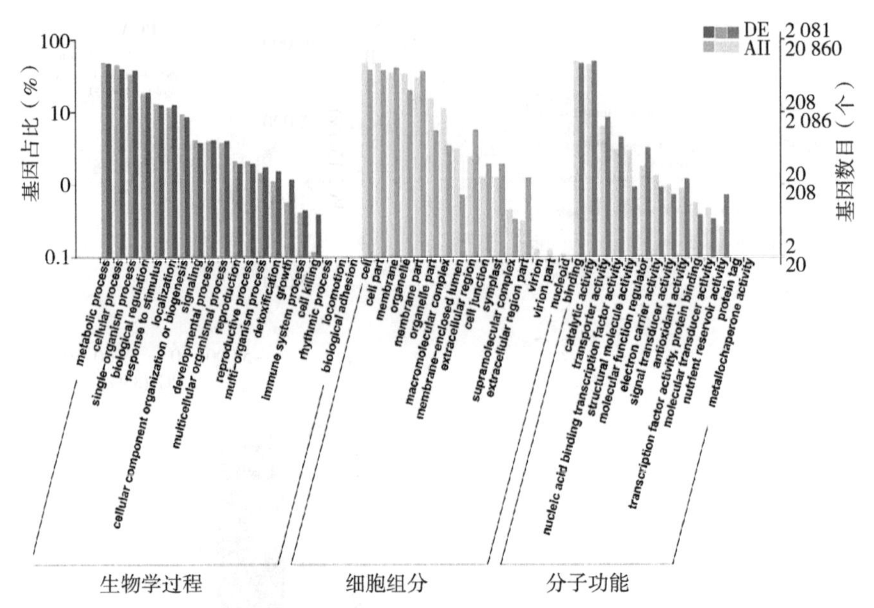


**图 11-4 差异表达基因（DEGs）的基因本体（GO）富集分析**

X 轴代表这些 DEGs 的生物学功能（生物学过程、细胞组分和分子功能）。

核苷酸糖代谢、玉米素生物合成（图 11-7A）。相反，DEGs 表达下调的 KEGG 途径主要包括植株—病原菌互作、淀粉和蔗糖代谢、内吞作用以及戊糖和葡糖醛酸盐相互转化（图 11-7B）。上述结果表明，*SlCMT4* 可能调控花器官发育相关基因的表达，导致番茄中这些基因的表达上调或下调。富集分析表明，*SlCMT4* 对番茄花器官发育过程具有明显影响。

## 11.2.6 *SlCMT4* 突变株系差异表达基因的转录水平

以野生型和 CR-08 株系花器官为材料，采用转录组测序技术研究差异表达基因的转录水平。基于转录组测序，发现在 CR-08 株系中生长素响应基因 *IAA29*、花粉类受体蛋白激酶基因 *LePRK2*，以及木葡聚糖内转葡萄糖酶水解酶基因 *LeXTH3* 均显著下调，乙烯生物合成相关基因 *LeACS2*、细胞分裂素代谢相关基因 *SlCKX7* 显著上调（图 11-8）。其中，*LeACS2* 和 *SlCKX7* 在突变株系 CR-08 花器官中分别上调了约 9 倍和 8 倍。

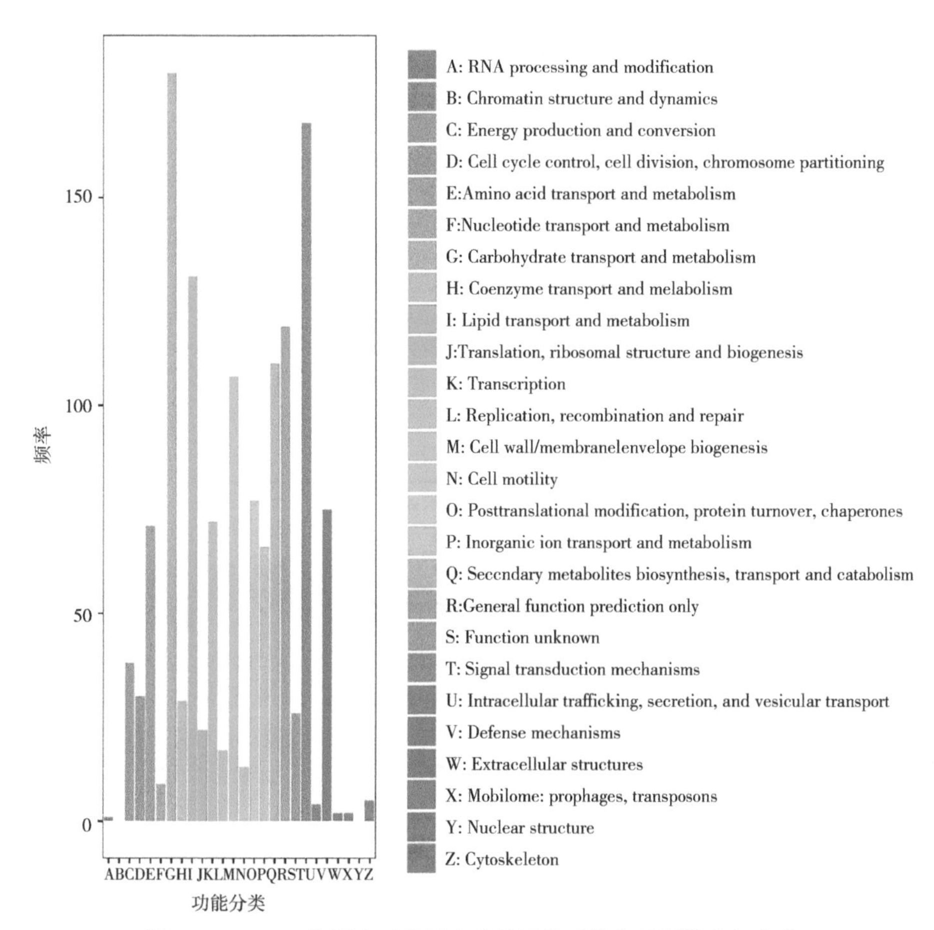


**图 11-5　COG 数据库对差异表达基因的功能和同源性进行分类**

## 11.2.7　*SlCMT4* 突变植株中富集的差异表达转录因子

转录因子是在基因转录调控中起关键作用的 DNA 结合蛋白。本研究发现，GO 条目转录因子活性显著富集在 *SlCMT4* 突变植株中（图 11-5）。番茄花器官中的许多转录因子对 *SlCMT4* 基因的突变作出响应，关于上调或下调的反应不同（表 11-3）。根据 PlantTFDB（Jin et al., 2017）分类为 8 个家族的 169 个番茄转录因子在响应 *SlCMT4* 的突变时差异表达，包括 AP2、NAC、MYB、WRKY、bHLH、bZIP、C2H2 和 MADS-box。其中，88 个转录因子基因上调，81 个下调。

**表 11-3　野生型和 *SlCMT4* 突变体花器官之间差异表达的转录因子**

| 转录因子家族 | 总数 | 上调 | 下调 |
|---|---|---|---|
| AP2 | 46 | 19 | 27 |
| NAC | 40 | 26 | 14 |
| MYB | 21 | 17 | 4 |
| WRKY | 19 | 6 | 13 |
| bHLH | 13 | 8 | 5 |
| bZIP | 13 | 6 | 7 |
| C2H2 | 10 | 1 | 9 |
| MADS-box | 7 | 5 | 2 |
| 总计 | 169 | 88 | 81 |

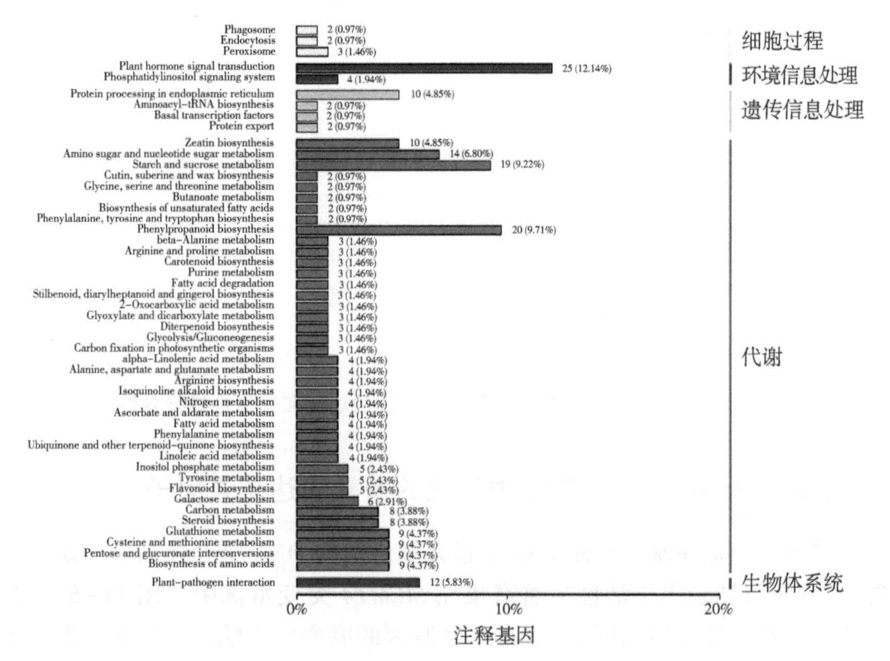


**图 11-6　差异表达基因的 KEGG 通路分析**

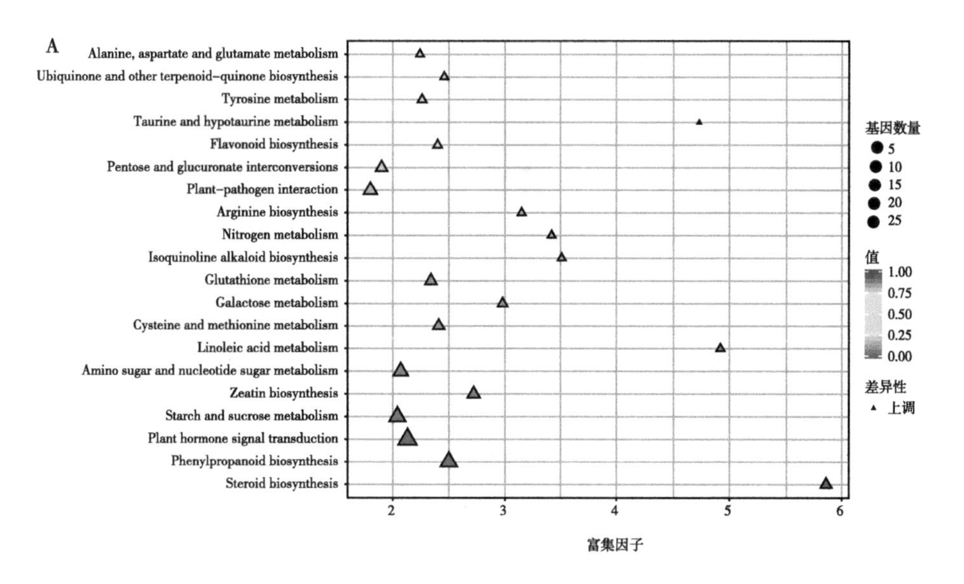


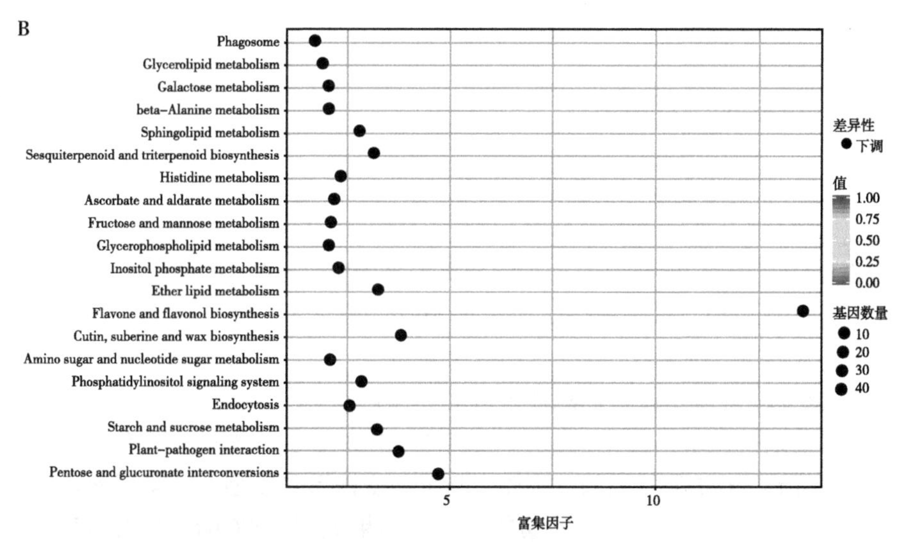


**图 11-7　富集差异表达基因的 KEGG 通路分析**

（A）显著上调的 20 条通路；（B）显著下调的 20 条通路。

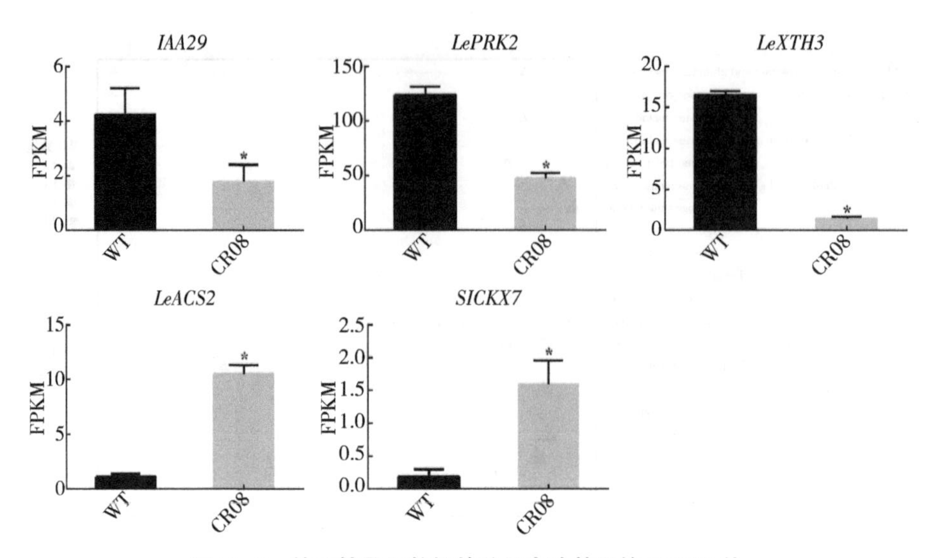


**图 11-8 基于转录组数据的差异表达基因的 FPKM 值**

星号表示相对于野生型的统计学显著差异，并使用 t 检验确定。*，$P<0.05$。

## 11.3 讨论与结论

DNA 甲基化在调控植物的许多发育途径中起着重要作用。在本研究中，发现 *SlCMT4* 在番茄成熟突变体 *Nr* 和 *Rin* 果实中的表达水平显著高于野生型番茄 AC$^{++}$，表明 *SlCMT4* 基因的表达可能受激素乙烯信号和成熟相关转录因子 RIN 的负调控，推测突变体番茄 *Nr* 和 *Rin* 果实不能正常成熟，部分原因可能与这些突变体的 *SlCMT4* 基因高水平表达，导致许多成熟相关基因启动子被 *SlCMT4* 高度甲基化而降低表达水平有关。

在前期研究中，构建 *SlCMT4* 基因的 CRISPR/Cas9 载体，转化野生型番茄，并筛选 *SlCMT4* 基因的突变体。基于突变株系的表型，从多层次水平表征了 *SlCMT4* 基因的一些可能功能。研究结果表明，*SlCMT4* 基因的突变引起番茄植株形态和繁殖器官的变化。其中，CRISPR/Cas9 介导的 *SlCMT4* 敲除严重影响了番茄花器官的形态和结构，包括有缺陷和外翻的雄蕊，以及短而粗的雌蕊（Guo et al.，2022）。上述研究并没有从转录组水平深入挖掘其分子机理。在本研究中，进行比较转录组分析，以深入了解 *SlCMT4* 调控番茄花器官发育的分子机制，确定 *SlCMT4* 突变后番茄花器官的转录组学响应。使用 RNA-seq 在 *SlCMT4* 突变植株的番茄花器官中鉴定了 1 398个差异表达基因，其中下调的差异表达基因数量高于上调的差异表达基因。差异表达基因的 KEGG 分析结果表明，大多数 DEG 被归类为植物激素信号转导、苯丙烷生物合成、淀粉和蔗糖代谢、氨基糖和核苷酸糖代谢、玉米素生物合成等功能代谢通路。参与生长素激活信号通路与木葡聚糖代谢过程的基因下调表达较多，乙烯生物合成与细胞分裂素代谢过程的基因上调表达较多，这些代谢途径可能在番茄花器官形成和发育过程中发挥了重要的作用。基于转录组测序分析，发现在突变株系 CR-08 中参与生长素激活信号通路基因 *IAA29*、花粉受体激酶基因 *LePRK2* 以及木葡聚糖代谢过程基因 *LeXTH3* 均显著下调，乙烯生物合成基因 *LeACS2*、细胞分裂素代谢相关基因 *SlCKX7* 显著上调。这些结果表明，*SlCMT4* 是参与番茄花器官发育过程的重要调控因子。

转录因子在植物生长、代谢以及繁殖器官发育、成熟和衰老等过程中发挥重要作用（Kou et al.，2018；Wu et al.，2020；Jofuku et al.，1994；Goossens et al.，2017；Zhao et al.，2021；Lovisetto et al.，2013；Vrebalov et al.，2009）。在本研究中，鉴定了几种响应 *SlCMT4* 突变的差异表达转录因子，包括 NAC、MYB、AP2、bHLH、WRKY、bZIP、MADS-box 等。这表明 *SlCMT4* 基因可能直接或间接调控这些转录因子基因的表达。

*SlCMT4* 基因在番茄果实成熟突变体 *Nr* 和 *Rin* 中的表达水平显著高于野生型，表明 *SlCMT4* 基因的表达可能受激素乙烯信号和成熟相关转录因子 RIN 的负调控。基于 CRISPR/Cas9 介导的突变株系的表型，从形态学和转录组水平研究了 *SlCMT4* 基因的调控功能。结果发现，*SlCMT4* 突变株系出现严重的花器官发育缺陷，这表明 DNA 的低甲基化会导致植株发育异常。本研究增加了对 *SlCMT4* 甲基转移酶基因在番茄不同发育过程中功能的理解，对阐明 *SlCMT4* 基因的功能具有重要的理论意义。

## 11.4　小结

DNA 甲基化是由 DNA 甲基转移酶催化的重要表观遗传修饰，DNA 甲基转移酶在植物发育、转录控制和代谢途径调控中具有重要作用。本研究旨在明确 DNA 甲基转移酶基因 *SlCMT4* 调控番茄花器官形成和发育的表观遗传机制。以经典番茄栽培品种 Ailsa Craig（$AC^{++}$）为背景材料，采用 CRISPR/Cas9 基因编辑技术，获得 *SlCMT4* 突变株系。提取番茄花器官 RNA，进行转录组测序，根据差异表达基因进行基因功能及代谢通路分析。研究 *SlCMT4*

基因在野生型（$AC^{++}$）和突变体番茄（*Nr* 和 *Rin*）不同果实发育阶段的表达模式，发现该基因在番茄成熟突变体 *Nr* 和 *Rin* 果实中的表达水平显著高于野生型番茄，表明 *SlCMT4* 基因的表达可能受激素乙烯信号和成熟相关转录因子 RIN 的负调控。*SlCMT4* 基因敲除导致番茄花器官出现多种表型，包括雄蕊卷曲、雌蕊变粗变短等。此外，还在突变株系（CR-08）的花器官样品中鉴定了1 398个差异表达基因（DEG），其中 512 个上调，886 个下调。差异表达基因的 KEGG 分析结果表明，大多数 DEG 被归类为以下 5 条功能代谢通路：植物激素信号转导、苯丙烷生物合成、淀粉和蔗糖代谢、氨基糖和核苷酸糖代谢、玉米素生物合成。参与生长素激活信号通路与木葡聚糖代谢过程的基因下调表达较多，乙烯生物合成与细胞分裂素代谢过程的基因上调表达较多。从转录组水平研究 DNA 甲基转移酶基因 *SlCMT4* 基因的功能，研究结果表明，*SlCMT4* 基因可能在调控番茄花器官形成和发育中发挥重要作用，为进一步探索番茄 DNA 甲基转移酶基因的功能提供新的理论基础。

## 参考文献


GOOSSENS J，MERTENS J，GOOSSENS A，2017. Role and functioning of bHLH transcription factors in jasmonate signalling [J]. Journal of Experimental Botany，68（6）：1333-1347.

GUO X H，XIE Q，LI B Y，et al.，2020. Molecular characterization and transcription analysis of DNA methyltransferase genes in tomato（*Solanum lycopersicum*）[J]. Genetics and Molecular Biology，43（1）：e20180295.

GUO X H，ZHAO J G，CHEN Z W，et al.，2022. CRISPR/Cas9-targeted mutagenesis of *SlCMT4* causes changes in plant architecture and reproductive organs in tomato [J]. Horticulture Research，9：81.

JIN J P，TIAN F，YANG D C，et al.，2017. PlantTFDB 4.0：toward a central hub for transcription factors and regulatory interactions in plants [J]. Nucleic Acids Research，45（1）：1040-1045.

JOFUKU K D，DEN BOER B G，VAN MONTAGU M，et al.，1994. Control of *Arabidopsis* flower and seed development by the homeotic gene APETALA2 [J]. The Plant Cell，6（9）：1211-1225.

KOU X H，ZHAO Y N，WU C E，et al.，2018. *SNAC4* and *SNAC9* transcription factors show contrasting effects on tomato carotenoids biosynthesis and softening [J]. Postharvest Biology and Technology, 144: 9-19.

LOVISETTO A, GUZZO F, TADIELLO A, et al., 2013. Characterization of a bZIP gene highly expressed during ripening of the peach fruit [J]. Plant Physiology and Biochemistry, 70: 462-470.

VREBALOV J, PAN I L, ARROYO A J M, et al., 2009. Fleshy fruit expansion and ripening are regulated by the tomato SHATTERPROOF gene *TAGL1* [J]. The Plant Cell, 21 (10): 3041-3062.

WU M B, XU X, HU X W, et al., 2020. SlMYB72 regulates the metabolism of chlorophylls, carotenoids, and flavonoids in tomato fruit [J]. Plant Physiology, 183 (3): 854-868.

YOUNG M D, WAKEFIELD M J, SMYTH G K, et al., 2010. Gene ontology analysis for RNA-seq: accounting for selection bias [J]. Genome Biology, 11 (2): 14.

ZHAO W H, LI Y H, FAN S Z, et al., 2021. The transcription factor WRKY32 affects tomato fruit colour by regulating YELLOW FRUITED-TOMATO 1, a core component of ethylene signal transduction [J]. Journal of Experimental Botany, 72 (12): 4269-4282.

# 12 番茄环境胁迫响应转录因子调控

植物在其生命活动周期的不同阶段经常遭受各种非生物（干旱、热害、冷害、盐害和金属等）和生物（病害、虫害、草害等）环境胁迫，大量研究表明，很多转录因子家族包括 NAC、MYB、WRKY 和 MADS-box 等在植物胁迫或防御响应上扮演重要调控角色。

## 12.1 NAC 家族环境胁迫响应

NAC 转录因子是一个复杂的植物特异性家族，是植物中第四大转录因子家族，广泛存在于多个物种中。NAC 转录因子通过结合靶基因启动子上的特定位点 NACRS（NAC 识别位点）和 CDBS（核心 DNA 结合序列，CACG）的顺式元件调控基因表达（Tran et al.，2004）。NAC 家族蛋白在番茄生长发育、果实成熟、响应非生物与生物胁迫等方面发挥着重要功能，深入研究并构建番茄 NAC 家族调控网络，为番茄遗传分子育种和提高番茄抗性奠定理论基础。

### 12.1.1 NAC 基因对非生物环境胁迫的响应

在干旱处理下，*SlNAC3* 基因表达量下降 20%～30%，ABA 处理 1 h 和 12 h，表达量下降 20%～35%；NaCl 处理 1～3 h，表达量下降，而处理 6 h 后表达水平趋于正常（Han et al.，2012）。*SlNAC1* 基因能够被低温、高温、高盐、渗透胁迫和机械损伤诱导，过表达该基因能够增强番茄植株的耐冷性（Ma et al.，2013）。番茄 *SlNAC4* 基因也参与了低温、NaCl、机械损伤和干旱等非生物胁迫应答。*SlNAC4* 干扰株系对干旱和盐胁迫的耐受能力降低，说明 SlNAC4 转录因子在番茄非生物逆境胁迫应答中起正调控作用（Zhu et al.，2014）。Li 等（2016）研究发现，*SlNAM1* 通过增加渗透调节物质，降低过氧化物含量，减轻细胞膜的氧化损伤程度，从而提高番茄的抗低温能力。明楠（2019）研究表明，*SlNAC73* 受高温、低温和多种激素（ABA、MeJA、GA、ET）诱导。*SlNAC73* 可以降低番茄的高温抗性，并且它可能通过参与叶绿素的代谢过程，影响番茄的光合能力。干扰 *SlNAC6* 转基因植株在 PEG 胁迫条件下遭受了更严重的损伤，超表达 *SlNAC6* 基因能有效提高番茄植株对 PEG 胁迫的耐受性（Jian et al.，2021）。近期研究发现，*SlTAF1* 通过提高对渗透胁迫和离子毒害抗性，从而增加番茄耐盐性。在铝处理条件下 *SlNAC063* 在番茄根中特异性受铝诱导上调，且在根尖处尤为明显（Devkar et al.，2020）。Dong 等（2022）通过生物信息学和生理学分析筛选出受 Sl-miR164a/b-5p 靶向抑制且受低温显著诱导的 *SlNAM3*。低温抗性研究发现 *NAM3* 超表达株系和 *Sl-miR164a/b-5p* 沉默株系低温抗性显著提高，相反，基因编辑突变体 *nam3* 低温抗性显著减弱。此外，研究还发现无论在野生型植株还是在 *Sl-miR164a/b-5p* 沉默植株中，沉默 *SlNAM3* 均导致番茄植株低温抗性出现相同程度的显著减弱，这表明 *Sl-miR164a/b-5p* 和 *SlNAM3* 分别负调控和正调控番茄植株低温抗性，并且 *SlNAM3* 位于 *Sl-miR164a/b-5p* 的下游共同调控低温抗性。随后实验证实了 *SlNAM3* 能够直接结合在乙烯合成基因的启动子上并激活其转录，以诱导乙烯的生物合成来提高番茄植株的低温抗性。该研究不仅为理解植物响应低温胁迫的应答机制奠定了基础，还为生产中利用基因编辑、植物生长调节剂等手段提高番茄等喜温作物的低温抗性提供了科学依据。*SlNAC063* 在根端表达量较高，受铝胁迫诱导显著。Jin 等（2022）通过构建该基因 CRISPR/Cas9 敲除突变体，发现 *slnac063* 突变体对铝的敏感性增加。然而，突变体积累的铝比野生型植株少，这表明 *slnac063* 介导的番茄铝耐受性与内部耐受机制有关，而与外部排斥机制无关。Du 等（2023）在番茄中鉴定了一个 NAC 转录因子 SlNAP1，并对其进行了功能表征，发现盐胁迫显著诱导了 *SlNAP1*。进一步研究表明，*SlNAP1* 通过调节离子稳态和 ROS 代谢正向调节番茄的耐盐性。

### 12.1.2 NAC 基因对生物环境胁迫的响应

NAC 转录因子既能响应非生物胁迫，又能响应生物胁迫。*SlSRN1* 不仅可以通过促进防御相关基因表达，提高番茄对灰霉菌（*B. cinerea*）和丁香假单胞菌（*Pst DC*3000）的抗性，还可以负调控番茄对氧化和干旱胁迫的响应（Liu et al.，2014a）。Huang 等（2017）研究发现，在番茄中有 6 个 NAC 转录因子响应黄曲叶病毒，其中 4 个（SlNAC20、SlNAC24、SlNAC47 和 SlNAC61）受该病毒的诱导表达，并且 SlNAC61 正向调节病毒的响应过程。*NAC29* 过表达番茄植株对 *Pst*DC3000 的防御能力显著增强（郑晨飞，2019）。最新研究表明，*SlNAP2* 基因在番茄茎中高量表达，并参与番茄对青枯菌胁迫以及水杨酸和茉莉酸刺激的响应。陈娜和邵勤（2023）利用病毒诱导的基因沉默（VIGS）技术发现，沉默 *SlNAP2* 降低了番茄植株对青枯病的抗性，这表明 *SlNAP2* 在番茄抗青枯病过程中起正调控作用。

## 12.2 MYB 家族环境胁迫响应

MYB 转录因子是植物中最大的转录因子家族之一，不仅在植物生长发育各个阶段发挥调控作用，而且也参与了植物对环境胁迫的响应过程。其中 R2R3 型 MYB 转录因子亚家族是 MYB 转录因子中数量最多的一类，在转录、转录后和蛋白质水平上发挥功能，广泛参与调控与非生物胁迫相关的下游基因网络。

### 12.2.1 MYB 基因对非生物环境胁迫的响应

*SlMYBL* 基因表达受高温、低温、高盐和机械损伤处理不同程度的诱导。抗性试验结果表明，在模拟干旱条件下 *SlMYBL* 超表达株系抗旱能力增强，沉默和野生型植株抗旱能力较弱；在脱水环境条件下，*SlMYBL* 超表达株系脱水较野生型植株缓慢（刘霞，2014）。陈丽琛（2017）研究表明，过表达番茄 R2R3 型 MYB 基因 *SlMYB102* 能够提高植株对 NaCl 胁迫的抗性。赵盼盼（2017）在番茄基因组中鉴定出 121 个 R2R3 型 MYB 转录因子，筛选出 51 个可能响应非生物胁迫的基因。差异表达基因分析表明，在 *SlMYB41* 过表达株系中，许多与胁迫响应相关的基因表达量显著上调。抗旱试验结果表明，*SlMYB41* 过表达株系耐旱性显著高于野生型株系。刁鹏飞（2020）进一步研究表明，*SlMYB41* 过表达株系对低温更加敏感，而 RNAi 沉默株系则具有更强的低温抗性，这表明 *SlMYB41* 是番茄低温抗性的负调控因子。低温可以诱导 *MYB15* 转录水平的提高，Zhang 等（2020）通过对 *MYB15* 过表达和 CRISPR/Cas9 突变体植株的表型研究发现，*MYB15* 可以直接与 CBFs 的启动子结合，激活 CBF1、CBF2 和 CBF3 的转录，在番茄低温抗性的 CBF 途径中起正调控作用。Zhang 等（2022）进一步研究发现 *SlMYB15* 是 sly-miR156e-3p 的靶标，并通过 ABA 和 ROS 信号正调控番茄的耐寒性。沈峰屹（2021）鉴定出 127 个番茄 MYB 转录因子，利用 VIGS 技术对 *SLMYB14* 基因进行功能分析，结果表明沉默 *SLMYB14* 基因后，番茄植株的抗旱性与耐盐性减弱。

番茄 *SlMYB1R-1* 基因属于 MYB-related 亚家族，陈静（2017）研究表

明，在盐和干旱胁迫下，*SlMYB1R-1* 干扰株系的种子萌发率提高、耐旱性增强。刘俊芳（2018）对番茄植株进行低温、干旱和高盐 3 种胁迫处理，结果发现部分 G2-like 基因表达量发生改变，其中 *SlGlk29* 基因在干旱和低温胁迫中应答最为显著。沉默 *SlGlk29* 基因会降低番茄植株对干旱和低温的抗性。邱见方（2022）研究表明，G2-like 家族 *SlPCL1* 基因能够响应多种逆境和激素应答，过表达该基因导致番茄和烟草植株的耐旱和耐寒能力降低，因此 *SlPCL1* 对番茄和烟草植株的耐旱和耐寒具有负调控作用。另外，在烟草中超表达番茄 *SlICE1a* 基因提高了 CBF/DREB 及其靶基因的诱导，增加了植株游离脯氨酸、可溶性糖的总体含量，增强了转基因烟草对低温逆境胁迫、水分渗透压胁迫和盐分失水胁迫下的植株耐受性（Feng et al.，2013）。

### 12. 2. 2 MYB 基因对生物环境胁迫的响应

在胁迫响应过程中，番茄 R2R3 - MYB 亚家族成员 *SlAIM1*（即 *SlMYB78*）基因通过调控 ABA 信号参与番茄应对病原菌、高盐和氧化胁迫（Abuqamar et al.，2009）。番茄 *MYB49* 基因能响应晚疫病菌的侵染，过表达该基因的番茄离体叶片在接种晚疫病菌后，其死细胞数和病斑直径均显著低于野生型；整株喷施病原菌后，病情指数和病原孢子数都显著低于野生型植株，SOD 和 POD 的活性、MDA 含量和相对电导率都显著高于野生型植株，这表明 *MYB49* 过表达植株的抗病性显著增强。Li 等（2014 ）从醋栗番茄中克隆了一个番茄 R2R3-MYB 基因 *SpMYB*，过表达该基因的烟草显著增加了对赤星病、枯萎病和灰霉病的抗性（Liu et al.，2016）。同样 R2R3-MYB 亚家族成员 *SlMYB28* 基因能够被番茄黄化曲叶病毒 TYLCV 诱导，沉默该基因会减少 TYLCV 病毒的积累，表明该基因是番茄植株应对 TYLCV 病毒侵染的负调控子（Li et al.，2018）。

## 12. 3 WRKY 家族环境胁迫响应

### 12. 3. 1 WRKY 蛋白分类及结构

WRKY 转录因子家族是近年来研究广泛而深入的一类重要的转录因子，也是植物中最大的调控转录因子家族之一，其蛋白具有一段由 60 个氨基酸组成的保守域，在 N 端含有 7 个高度保守的标志性氨基酸残基 WRKYGQK，在C端含有一段特殊的锌指结构，即C2H2或C2HC结构。根据WRKY结构域中WRKY结构和锌指结构的特征，WRKY家族蛋白通常分为3类，第1类包含2个WRKY结构域，其锌指结构的氨基酸组成模式为C-X4-5-C-X22-23-H-X-H（X为任意氨基酸），即Cys2His2型；第2类包含1个WRKY结构域及C-X4-5-C-X22-23-H-X-H锌指结构；第3类包含1个WRKY结构域，其锌指结构是C2-HC类型（C-X7-C-X23-H-X-C）。目前，第3类WRKY转录因子只在高等植物中被发现（Eulgem et al.，2000）。WRKY转录因子参与信号分子传递、植物器官发育、植物损伤、生物和非生物胁迫应答反应等一系列生理活动（刘戈宇 等，2006；Pandey and Somssich，2009；颜君 等，2015），同时还受到茉莉酸、水杨酸、脱落酸、病原诱导子等许多环境因子的诱导（Jiang et al.，2012）。

## 12.3.2 WRKY基因对环境胁迫的响应

Huang等（2012）从番茄基因组数据库中鉴定出81个WRKY家族成员，利用基因芯片技术分析了它们在番茄不同组织以及盐、干旱、病毒、细菌、真菌激活子处理后的表达水平，推测它们可能在番茄生长发育和胁迫响应过程中发挥关键性作用。Huang等（2012）研究还发现，过表达*SlWRKY1*的转基因植株对*Pst DC*3000的感染表现出敏感性，表明*SlWRKY1*基因可以减弱由*Pst DC*3000引起的植物防御反应，在相关信号通路中起负调控作用。此外，*SlWRKY1*转基因植株对盐胁迫表现出抗逆性，在胁迫条件下转基因植株中积累了大量的脯氨酸。因此*SlWRKY1*基因可能参与番茄脯氨酸代谢调控（张凝 等，2015）。而*SlWRKY80*基因也在抗病信号转导中扮演负调控作用，过表达该基因减弱了由*PstDC*3000引起的抗病反应，但转基因番茄可表现出耐盐性（曾辉 等，2014）。研究发现还有一些在番茄抗虫抗病反应中具有正调控作用的WRKY成员，例如，沉默*SlWRKY70*、*SlWRKY72a*和*SlWRKY72b*基因降低了番茄对线虫和蚜虫的抗性。*SlWRKY72*、*SlWRKY73*和*SlWRKY74*正调控番茄的PTI反应和Mi-1介导的ETI反应，进而响应根结线虫的侵染（Bhattarai et al.，2010；Atamian et al.，2012），然而过表达*SlWRKY45*基因的番茄却显著降低了对根结线虫的抗性（Chinnapandi et al.，2017）。番茄*SlWRKY39*受干旱、盐和生物胁迫诱导表达，该基因上调表达后增强了番茄抗盐、抗干旱和抗病菌的能力。同时，转基因植株中病程相关基因*SlPR1*、*SlPR1a1*及胁迫相关基因*SlRD22*、*SlDREB2A*上调表达，这说明*SlWRKY39*是番茄抗生物和非生物胁迫的正调控因子（Sun et al.，2015）。

沉默 *SlDRW1* 后导致番茄植株更易感染灰霉病（Liu et al.，2014b）。异源表达 *SpWRKY1* 可显著增强转基因烟草对疫霉的抗性。过表达 *SpWRKY1* 能够显著提高番茄对盐和干旱胁迫的耐受性。在烟草中异源表达 *SpWRKY1* 可显著提高植株的耐盐和抗旱性（Li et al.，2012、2014）。番茄 WRKY3 转录因子能响应晚疫病菌的侵染，过表达该基因能显著增强番茄抗晚疫病能力；沉默该基因能显著降低番茄的抗病性。另一个响应晚疫病菌侵染的番茄 WRKY 转录因子为 SpWRKY1，在烟草和番茄中过表达该基因分别增强了对黑胫病和晚疫病的抗性（Li et al.，2015a、2015b）。植物激素茉莉素（JAs）调控番茄对根结线虫的抗性，然而其作用机制尚不清楚。Huang 等（2022）最近研究证实 SlWRKY45 与大多数茉莉素信号转导途径的抑制子 SlJAZs 互作。*SlWRKY45* 过表达减弱了番茄对南方根结线虫的抗性，而 *slwrky45* 突变体增强了其抗性。进一步研究表明，SlWRKY45 直接结合茉莉素合成基因 *SlAOC* 的启动子，并抑制其表达，进而调控南方根结线虫操控的茉莉素的合成。该研究揭示了转录因子 SlWRKY45 参加茉莉素合成和信号转导途径负调控番茄对南方根结线虫的抗性。最新研究证实，*SlWRKY81* 的沉默降低了番茄对青枯病抗性，而且 SlWRKY81 直接与启动子中的 W-box 结合来激活 SlPR-STH2 的表达。进一步利用烟草瞬时表达系统和 EMSA 证实了 SlWRKY30 与 SlWRKY81 通过蛋白互作协同激活了相关蛋白 SlPR-STH2 的表达。因此，SlWRKY30 和 SlWRKY81 通过协同激活 SlPR-STH2 的表达提高了番茄对青枯病的抗性（Dang et al.，2023）。

## 12.4　MADS-box 家族环境胁迫响应

MADS-box 家族转录因子在植物体几乎所有器官以及整个植物生命周期中都起着重要作用。在番茄中，关于 MADS-box 家族转录因子的功能研究主要集中在花器官和果实成熟调控方向，而随着对该家族基因功能研究不断深入，发现 MADS-box 家族基因在番茄非生物胁迫响应中也存在着至关重要的作用，其中一些基因同时参与了调控植物的生长发育、果实成熟以及非生物胁迫响应。封叶（2016）研究发现 *SlMADS23-like* 基因在抗冷胁迫中起正调控作用，该基因的沉默降低了番茄植株的抗冷胁迫能力。*SlMBP11* 基因参与了番茄盐胁迫响应，在其过程中发挥着正调控因子的作用（Guo et al.，2016）。*SlMBP8* 在干旱胁迫中起负调控因子的作用，该基因沉默后的番茄植株抗旱能力明显增强（Yin et al.，2017）。超表达 *SlMBP9* 基因不仅抑制了番茄侧根的形成，阻碍了植株生长，增加了侧芽数量，而且超表达该基因降低了番茄植株对高盐和干旱胁迫的耐受能力（Li et al.，2019）。Li 等（2020）研究发现 *SlMADS83* 基因的沉默增加了番茄下胚轴基部不定根的形成；高盐和干旱胁迫处理结果表明，干扰 *SlMADS83* 基因降低了番茄植株对高盐和干旱胁迫的抗性。秦子栋（2021）研究发现，番茄 MADS-box 家族 *SlFYFL* 基因可以同时调控番茄的生长发育、果实成熟以及对非生物胁迫响应。对 *SlFYFL* 的 $T_3$ 代超表达及敲除株系进行干旱处理，结果表明 *SlFYFL* 超表达植株相较于野生型番茄植株表现出了明显的抗旱性，相反 *SlFYFL* 敲除株系表现出对干旱胁迫的敏感性。进一步研究表明，*SlFYFL* 基因可能通过调控 *APX2* 和 *CAT1* 的表达来调控番茄对干旱胁迫的响应过程。

## 参考文献

陈静，2017. 番茄 *SlMYB1R-1* 基因的克隆和功能研究［D］. 重庆：重庆大学.

陈丽琛，2017. 番茄 *SlMYB102* 基因的克隆及耐盐功能的初步鉴定［D］. 泰安：山东农业大学.

陈娜，邵勤，2023. 番茄 NAC 转录因子 SlNAP2 的克隆、表达及功能分析［J］. 核农学报，37（2）：251-261.

刁鹏飞，2020. *SlMYB41* 基因的克隆及其在番茄低温胁迫响应中的功能分析［D］. 泰安：山东农业大学.

刘戈宇，胡鸢雷，祝建波，2006. 植物 WRKY 蛋白家族的结构及其功能［J］. 生命的化学，26（3）：231-233.

刘俊芳，2018. 番茄 G2-like 转录因子家族生物信息学分析及抗逆相关基因鉴定［D］. 哈尔滨：东北农业大学.

刘霞，2014. 番茄 *SlMYBL* 基因的表达分析及功能研究［D］. 重庆：重庆大学.

明楠，2019. 番茄转录因子 *SlNAC73* 基因的克隆以及功能分析［D］. 泰安：山东农业大学.

秦子栋，2021. *SlFYFL* 在番茄响应干旱胁迫中的功能及其作用机制分析［D］. 重庆：西南大学.

邱见方，2022. 番茄转录因子 *PHYTOCLOCK1*（*SlPCL1*）基因的耐旱和耐寒功能研究［D］. 重庆：西南大学.

沈峰屹，2021. 番茄 *SLMYBl4* 基因响应非生物胁迫的功能分析［D］. 哈尔滨：东北农业大学.

颜君，郭兴启，曹学成，2015. WRKY 转录因子的基因组水平研究现状［J］. 生物技术通报，31（11）：9-17.

曾辉，高永峰，浏继恺，等，2014. 番茄 *SlWRKY80* 基因共抑制表达影响转基因植株抗逆性的研究．［J］. 四川大学学报（自然科学版），51（5）：1035-1042.

张凝，高永峰，孙晓春，等，2015. 番茄 SlWRKY1 转录因子在植物生物和非生物胁迫中的调控［J］. 四川大学学报（自然科学版），52（2）：435-440.

赵盼盼，2017. 番茄 R2R3MYB 转录因子家族鉴定及 *SlMYB41* 和 *SlMYB64* 基因功能研究［D］. 泰安：山东农业大学.

郑晨飞，2019. 番茄转录因子 NAC29 在调控生长和细菌性叶斑病抗性中的功能研究［D］. 杭州：浙江大学.

ABUQAMAR S，LUO H，LALUK K，et al.，2009. Crosstalk between biotic and abiotic stress responses in tomato is mediated by the AIM1 transcription factor［J］. Plant Journal，58：347-360.

ATAMIAN H S，EULGEM T，KALOSHIAN I，2012. *SlWRKY70* is required for Mi-1-mediated resistance to aphids and nematodes in tomato［J］. Planta，235（2）：299-309.

BHATTARAI K K，ATAMIAN H S，KALOSHIAN L，et al.，2010. WRKY72-type transcription factors contribute to basal immunity in tomato and *Arabidopsis* as well as gene-for-gene resistance mediated by the tomato R gene Mi-1［J］. Plant Journal，63：229-240.

CHINNAPANDI B，BUCKI P，BRAUN-MIYARA S，2017. *SlWRKY45*，nematode-responsive tomato WRKY gene，enhances susceptibility to the root knot nematode；M. javanica infection［J］. Plant Signaling & Behavior，12（12）：e1356530.

DANG F，LIN J，LI Y，et al.，2023. *SlWRKY30* and *SlWRKY81* synergistically modulate tomato immunity to ralstonia solanacearum by directly regulating SlPR-STH2［J］. Horticulture Research，10（5）：uhad050.

DEVKAR V，THIRUMALAIKUMAR V P，XUE G P，et al.，2020. Multifaceted regulatory function of tomato S1TAF1 in the response to salinity stress [J]. New Phytologist, 225: 1681-1698.

DONG Y, TANG M, HUANG Z, et al., 2022. The miR164a - NAM3 module confers cold tolerance by inducing ethylene production in tomato [J]. Plant Journal for Cell and Molecular Biology, 111 (2): 440-456.

DU N S, XUE L, XUE D Q, et al., 2023. The transcription factor SlNAP1 increases salt tolerance by modulating ion homeostasis and ROS metabolism in *Solanum lycopersicum* [J]. Gene, 849: 146906.

EULGEM T, RUSHTON PJ, ROBATZEK S, et al., 2000. The WRKY superfamily of plant transcription factors [J]. Trends in Plant Science, 5 (5): 199-206.

FENG H L, MA N N, MENG X, et al., 2013. A novel tomato MYC-type ICE1-like transcription factor, SlICE1a, confers cold, osmotic and salt tolerance in transgenic tobacco [J]. Plant Physiology and Biochemistry, 73: 309-320.

GUO X H, CHEN G P, CUI B L, et al., 2016. Solanum lycopersicum agamous-like MADS-box protein AGL15-like gene, *SlMBP11*, confers salt stress tolerance [J]. Molecular Breeding, 36 (9): 125.

HAN Q Q, ZHANG J H, LI H X, et al., 2012. Identification and expression pattern of one stress-responsive NAC gene from solanum lycopersicum [J]. Molecular Biology, 39: 1714-1720.

HUANG H, ZHAO W, QIAO H, et al., 2022. SlWRKY45 interacts with jasmonate-ZIM domain proteins to negatively regulate defense against the root-knot nematode Meloidogyne incognita in tomato [J]. Horticulture Research, 9: uhac197.

HUANG S, GAO Y, LIU J, et al., 2012. Genome-wide analysis of WRKY transcription factors in *Solanum lycopersicum* [J]. Molecular Genetics and Genomics, 287 (6): 495-513.

HUANG Y, LI T, XU Z S, et al., 2017. Six NAC transcription factors involved in response to TYLCV infection in resistant and susceptible tomato cultivars [J]. Plant Physiology and Biochemistry, 120: 61-74.

JIANG Y, LIANG G, YU D, 2012. Activated expression of WRKY57 confers drought tolerance in *Arabidopsis* [J]. Molecular Plant, 5 (6): 1375-88.

JIAN W, ZHENG Y X, YU T T, et al., 2021. SlNAC6, A NAC transcription factor, is involved in drought stress response and reproductive process in tomato [J]. Journal of Plant Physiology, 264, 153483.

JIN J F, ZHU H H, HE Q Y, et al., 2022. The tomato transcription factor SlNAC063 is required for aluminum tolerance by regulating *SlAAE3-1* Expression [J]. Frontiers in Plant Science, 13: 826954.

LI A, CHEN G, WANG Y, et al., 2020. Silencing of the MADS-box gene *SlMADS83* enhances adventitious root formation in tomato plants [J]. Journal of Plant Growth Regulation, 39: 941-953.

LI A, CHEN G, YU X, et al., 2019. The tomato MADS-box gene *SlMBP9* negatively regulates lateral root formation and apical dominance by reducing auxin biosynthesis and transport [J]. Plant Cell Report, 38: 951-963.

LI J B, LUAN Y S, JIN H, 2012. The tomato *SlWRKY* gene plays an important role in the regulation of defense responses in tobacco [J]. Biochemical and Biophysical Research Communications, 427 (3): 671-676.

LI J B, LUAN Y S, YIN Y L, 2014. SpMYB overexpression in tobacco plants leads to altered abiotic and biotic stress responses [J]. Gene, 547: 145-151.

LI J, LUAN Y, LIU Z, 2015a. SpWRKYl mediates resistance to Phytophthora infestans and tolerance to salt and drought stress by modulating reactive oxygen species homeostasis and expression of defense-related genes in tomato [J]. Plant Cell, Tissue and Organ Culture, 123: 67-81.

LI J, LUAN Y, LIU Z, 2015b. Overexpression of *SpWRKYl* promotes resistance to Phytophthora nicotianae and tolerance to salt and drought stress in transgenic tobacco [J]. Physiology Plant, 155: 248-266.

LI T, ZHANG X Y, HUANG Y, et al., 2017. An R2R3 - MYB transcription factor, SlMYB28, involved in the regulation of TYLCV infection in tomato [J]. Scientia Horticulturae, 237: 192-200.

LI X D, ZHUANG K Y, LIU Z M, et al., 2016. Overexpression of a novel NAC-type tomato transcription factor, SlNAM1, enhances the chilling stress tolerance of transgenic tobacco [J]. Journal of Plant Physiology, 204: 54-65.

LIU B, HONG Y B, ZHANG Y F, et al., 2014b. Tomato WRKY transcriptional factor SlDRW1 is required for disease resistance against *Botrytis cinerea* and tolerance to oxidative stress [J]. Plant Science, 227: 145-156.

LIU B, OUYANG Z G, ZHANG Y F, et al., 2014a. Tomato nac transcription factor SlSRN1 positively regulates defense response against biotic stress but negatively regulates abiotic stress response [J]. PLoS ONE, 9: e102067.

LIU Z, LUAN Y, YIN Y, 2016. Expression of a tomato MYB gene in transgenic tobacco increases resistance to *Fusarium oxysporum* and *Botrytis cinerea* [J]. European Journal of Plant Pathology, 144: 607-617.

MA N N, ZUO Y Q, LIANG X Q, et al., 2013. The multiple stress-responsive transcription factor SlNAC1 improves the chilling tolerance of tomato [J]. Physiologia Plantarum, 149 (4): 474-486.

PANDEY S P, SOMSSICH I E, 2009. The role of WRKY transcription factors in plant immunity [J]. Plant physiology, 150 (4): 1648-1655.

SUN X C, GAO Y F, LI H R, et al., 2015. Over-expression of *SlWRKY39* leads to enhanced resistance to multiple stress factors in tomato [J]. Journal plant biology, 58 (1): 52-60.

TRAN L S, NAKASHIMA K, SAKUMA Y, et al., 2004. Isolation and functional analysis of *Arabidopsis* stress-inducible NAC transcription factors that bind to a drought-responsive cis-element in the early responsive to dehydration stress 1 promoter [J]. Plant Cell, 16 (9): 2481-2498.

YIN W, HU Z, HU J, et al., 2017. Tomato (*Solanum lycopersicum*) MADS-box transcription factor SlMBP8 regulates drought, salt tolerance and stress - related genes [J]. Plant Growth Regulation, 83 (1): 55-68.

ZHANG L Y, JIANG X C, LIU Q Y, et al., 2020. The HY5 and MYB15 transcription factors positively regulate cold tolerance in tomato via the CBF pathway [J]. Plant, Cell and Environment, 43 (11): 2712-2726.

ZHANG L Y, SONG J N, LIN R, et al., 2022. Tomato SlMYB15 transcription factor targeted by sly-miR156e-3p positively regulates ABA-mediated cold tolerance [J]. Journal of Experimental Botany, 73 (22):

7538-7551.

ZHU M K, CHEN G P, ZHANG J L, et al., 2014. The abiotic stress-responsive NAC-type transcription factor SlNAC4 regulates salt and drought tolerance and stress-related genes in tomato (*Solanum lycopersicum*) [J]. Plant Cell Reports, 33: 1851-1863.

# 13 番茄 *SlMBP11* 基因参与盐胁迫响应研究

## 13.1 材料与方法

### 13.1.1 野生型番茄非生物胁迫处理

在野生型番茄种子萌发后，幼苗被种植在标准温室中。本研究选择了大小、长势基本一致且苗龄为 35 d 的番茄幼苗进行激素处理。分别用双蒸水（对照）、100 μM ABA、50 μM $GA_3$和 100 μM ACC 溶液对番茄幼苗叶面进行喷洒（Fujita et al.，2004），直到叶面微滴，立即套袋密封，分别在处理后 1 h、2 h、4 h、8 h、12 h、24 h 和 36 h 收取叶片样品用于生理生化分析和分子检测。对于盐胁迫处理，用 250 mM NaCl 浸入番茄幼苗的根部，分别在处理后 0 h、1 h、2 h、4 h、8 h、12 h 和 24 h 收取番茄根部用于后续分析。机械损伤处理的方法是通过剪刀将番茄幼苗的叶片剪成小片，放置在铺有湿滤纸的密封培养皿中，（25±1）℃ 下在不同时间段取样。对于脱水处理，将整个番茄幼苗从培养钵中轻轻拔出，仔细去除根部泥土，（25±1）℃下放置在湿滤纸上，在不同时间段收取叶片（Pan et al.，2012；Tang et al.，2012）。所有胁迫实验均为 3 个生物重复，收集的所有样品立即使用液氮冷冻，保存于-80 ℃超低温冰箱。

### 13.1.2 转基因番茄盐胁迫试验

将表面消毒的野生型和 *SlMBP11* 转基因株系 $T_2$ 代种子播种在 MS 培养基（3%蔗糖，W/V 和 0.7%琼脂 W/V）上。为了检测幼苗生长对盐胁迫的敏感性，选择萌发一致的野生型和转基因株系的种子，将其转移到包含 0 mM 和 100 mM 氯化钠的 MS 培养基上，培养瓶放置在光照气候箱培养 7 d，用于芽和根的测量。进一步使用苗龄为 35 d、植株大小基本一致的土壤盆栽幼苗用作盐胁迫试验。用含有 0 mM、100 mM、200 mM 和 300 mM NaCl 的自来水浇灌营养钵的底部，每 48 h 浇灌 100 mL，在标准温室持续 15 d。此外，盐胁迫处理 0 h、24 h 和 48 h 后收取番茄苗的根部用作胁迫相关基因的表达水平检测；盐胁迫处理后 7 d 的番茄叶片被用来叶绿素合成基因转录水平检测。盐处理后的番茄苗被收割，在 65 ℃烘干至恒重，称取其干物质重量。所有胁迫试验至少重复 3 次。

### 13.1.3　相对含水量的测定

相对含水量的测定参考以前报道的方法（Pan et al.，2012）。

### 13.1.4　相对电导率的测定

为了测定叶片的相对电导率，把 4 ℃处理 6 d 的叶片放置在含有 6 mL 去离子水的试管中。25 ℃，200 r/min，振荡 2 h，用电导率仪测定其电导率设定为 C1。其后样品进行 121 ℃高温高压处理 20 min，冷却至室温，测定其总电导率设定为 C2。相对电导率表示为总电导率的百分比，即相对电导率（%）= C1/C2 × 100。

### 13.1.5　丙二醛含量的测定

对于丙二醛含量的测定，叶片称重，在 5 mL 10% TCA 溶液中混匀。匀浆离心，往上清液中加入 0.6%硫代巴比土酸。混合物在沸水中孵育 15 min，在冰浴中终止反应。然后离心样品在 450 nm、532 nm、600 nm 处测量其上清液的吸光度。丙二醛含量（nmol/g 鲜重）的计算公式如下：[6.45×（$A_{532}$−$A_{600}$）−0.56×$A_{450}$]/鲜重（Zhang et al.，2009）。

### 13.1.6　盐胁迫对叶绿素合成、光合作用以及胁迫相关基因表达的影响

本研究分别提取盐处理后 *SlMBP11* 沉默株系、超表达株系以及野生型番茄叶片和根的 RNA，并反转录合成 cDNA。以该 cDNA 为模板，利用实时定量 PCR 技术检测叶绿素合成、光合作用以及胁迫相关基因在野生型以及转基因番茄株系中的表达。其中叶绿素合成基因包括 *GLK1* 和 *GLK2*，光合作用相关基因包括 *rbcS3B* 和 Cab-7，以及胁迫相关基因 *Cat2*、*APX1*、*GME2* 和 *P5CS*。番茄 *EF1α* 基因用作胁迫条件下的内参基因。引物序列见表 13-1。特异 mRNA 水平的相对定量分析采用 $2^{-\Delta\Delta C}$T 方法（Livak and Schmittgen，2001）。

**表 13-1 实时定量 PCR 引物序列**

| 引物代码 | 引物序列（5′ → 3′） |
| --- | --- |
| SlEF1α-Q-F | ACCTTTGCTGAATACCCTCCATTG |
| SlEF1α-Q-R | CACACTTCACTTCCCCTTCTTCTG |
| SlMBP11-Q-F | GTGCTAGTTTACCGCCACCTT |
| SlMBP11-Q-R | TGGAAGCCCCAATTGCAAAG |
| SlrbcS3B-Q-F | TGCTCAGCGAAATTGAGTACCTAT |
| SlrbcS3B-Q-R | AACTTCCACATGGTCCAGTATCTG |
| SlCab-7-Q-R | TAGACTTGCTATGTTAGCCGTTATG |
| SlCab-7-Q-R | TTCTGCTTCTCACTTGGGACTG |
| SlGLK1-Q-F | GAATTTTCCGTAAGCAGTGGTG |
| SlGLK1-Q-R | CTTCTCCTTGATTTAGGCTCGT |
| SlGLK2-Q-F | ACAATCGGAGGCGGAGGA |
| SlGLK2-Q-R | CAAGGAGTGCCTGGTACAAGAG |
| Cat2-Q-F | TTCTGCCCTTCTATTGTGGTTC |
| Cat2-Q-R | GTGATGAGCACACTTTGGAGC |
| APX1-Q-F | CTGATGTTCCCTTTCACCCTG |
| APX1-Q-R | ATTTCAATAGAAGTTCCCAGTAGCA |
| GME2-Q-F | CCATCACATTCCAGGACCAGA |
| GME2-Q-R | CGTAATCCTCAACCCATCCTTC |
| P5CS-Q-F | TGCTGTAGGTGTTGGTCGTCA |
| P5CS-Q-R | TGCCATCAAGCTCAGTTTGTG |

## 13.2 结果与分析

### 13.2.1 *SlMBP11* 基因在多种胁迫处理下的表达模式

为了证明 *SlMBP11* 参与了胁迫响应，该研究分析了 *SlMBP11* 在番茄幼苗中多种胁迫处理下的表达模式。如图 13－1A～C 所示，盐处理后，

*SlMBP11* 在根中的表达被显著诱导，在处理后 4 h 达到峰值。在脱水条件下，*SlMBP11* mRNA 被诱导，呈现逐渐增加的趋势，在处理后 36 h 达到最大值 113 倍。损伤处理后，*SlMBP11* 的表达增加，在处理后 8 h 达到峰值。以上结果表明 *SlMBP11* 可能参与植物非生物胁迫响应。基于植物激素参与复杂的信号途径，而且在调控植物响应多种发育过程和环境胁迫中扮演重要角色（Bari and Jones，2009），本研究进一步通过定量 PCR 分析了 *SlMBP11* 在多种激素处理下的表达模式（图 13-1D）。结果表明 *SlMBP11* 被 $GA_3$显著诱导，在 $GA_3$处理后 8 h 达到峰值。ACC 处理 8 h，*SlMBP11* 的表达增加，随后开始下降，在处理后 36 h 该基因表达恢复到正常水平。在 ABA 处理 4 h 前，*SlMBP11* 的转录水平没有明显变化，而在处理后 4～12 h 其转录水平明显增加。此外，在 *SlMBP11* 启动子区域发现一些参与非生物胁迫响应的顺式作用调控元件（表 13-2）。上述结果表明 *SlMBP11* 可能在激素响应和信号转导上发挥重要作用。

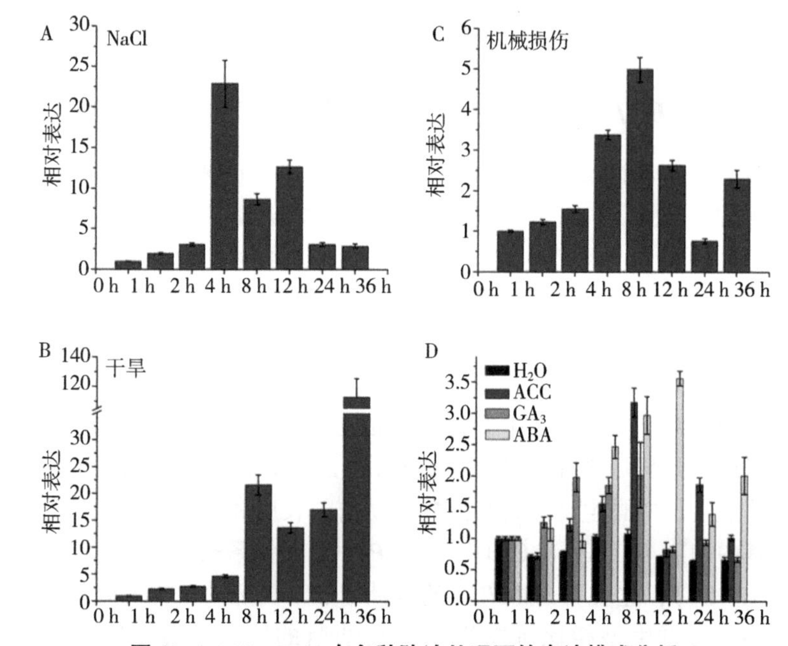


**图 13-1　*SlMBP11* 在多种胁迫处理下的表达模式分析**

（A～C）分别表示 *SlMBP11* 在响应盐胁迫（250 mM NaCl）、脱水和损伤处理不同时间段的表达分析；（D）*SlMBP11* 对于不同植物激素（ACC、$GA_3$和 ABA）处理的表达响应。野生型植株的表达数据标准化为 1。每个数值表示 3 个生物重复的平均值±SE。

表 13-2　番茄 *SlMBP*11 基因启动子顺式作用元件分析

| 顺式作用元件名称 | 序列 | 位点数目 | 刺激物 |
|---|---|---|---|
| MYB1AT | WAACCA | 3 | 干旱 |
| ABRELATERD1 | ACGTG | 1 | 干旱 |
| ACGTATERD1 | ACGT | 4 | 干旱 |
| GT1GMSCAM4 | GAAAAA | 15 | 盐和病原菌 |
| WBOXNTERF3 | TGACY | 11 | 机械损伤 |
| OSE2ROOTNODULE | CTCTT | 11 | 机械损伤 |
| WRKY71OS | TGAC | 6 | 赤霉素 |
| LECPLEACS2 | TAAAATAT | 2 | 乙烯 |
| MYB1AT | WAACCA | 3 | 脱落酸 |
| MYB2CONSENSUSAT | YAACKG | 1 | 脱落酸 |

注：N=A/T/G/C；W=A/T；Y=T/C.

### 13.2.2　*SlMBP11* 基因沉默增加了番茄幼苗对盐分的敏感性

在种子萌发和后续幼苗生长期间番茄对盐分的敏感性是非常明显的（Kaveh et al.，2011）。在野生型盐处理中，*SlMBP11* 的表达被显著诱导，表明 *SlMBP11* 可能参与番茄的耐盐性。为了研究野生型和转基因番茄幼苗的盐分敏感性，本研究首先观察了野生型和 *SlMBP11* 转基因番茄在种子萌发后受到盐胁迫时的生长状况。结果表明野生型和 *SlMBP11* 沉默株系的幼苗生长均受到盐分的明显抑制（图 13-2A），这种抑制作用与培养基中盐分浓度呈正相关关系，然而与野生型相比，*SlMBP11* 超表达株系幼苗的生长没有表现出明显的差异（图 13-2B）。如图 13-2C、D 所示，在含有 0 mM NaCl 的培养基上生长的野生型和转基因株系幼苗的长度和重量没有明显差异，而在培养基中加入 100 mM NaCl 时，*SlMBP11* 沉默株系幼苗根的生长被显著抑制（图 13-2C），这表明 *SlMBP11* 的沉默增加了番茄幼苗生长对盐分的敏感性。此外，与野生型相比沉默株系番茄幼苗的鲜重也显著减小。在含有 100 mM NaCl 培养基上的超表达株系幼苗的长度和重量没有显著的差异（图 13-2C、D）。

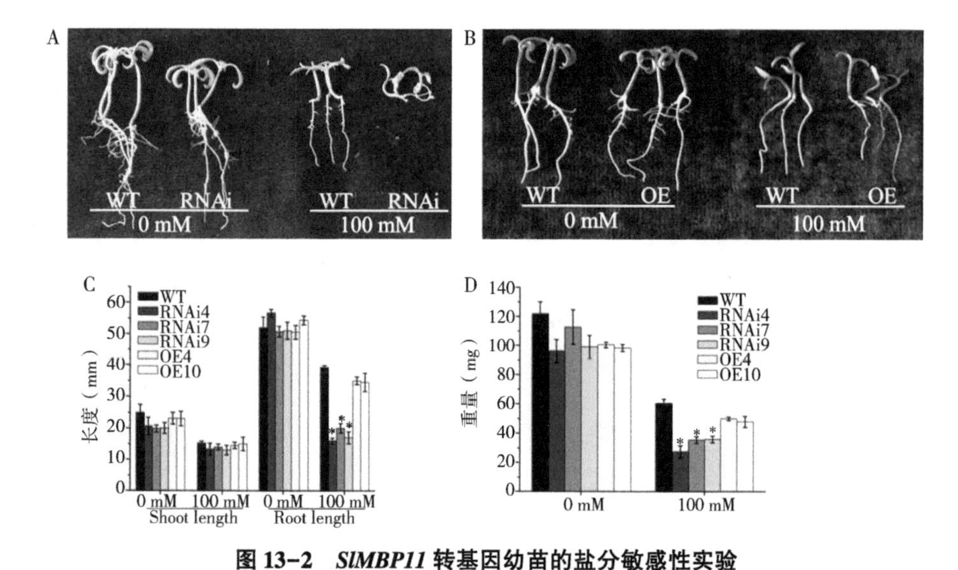


**图 13-2　*SlMBP11* 转基因幼苗的盐分敏感性实验**

（A~D）分别表示萌发后的野生型和转基因番茄种子在含有 0 mM 和 100 mM NaCl 的 MS 培养基上培养 7 d 的生长状况（A 和 B）、芽根的长度（C）和重量（D）（$n \geqslant 20$）。每个数值表示 3 个生物重复的平均值±SE。星号表示野生型和转基因株系之间的显著分析（$P<0.05$）。

## 13.2.3　*SlMBP11* 基因的表达变化影响了番茄的抗盐性

为了研究 *SlMBP11* 沉默株系在土壤盐胁迫中的生长状况，本研究采用含有 0 mM、100 mM、200 mM、300 mM NaCl 的自来水浇灌 35 d 苗龄的野生型和转基因番茄幼苗，每 48 h 浇灌 100 mL。在正常条件下（0 mM NaCl），与野生型植株相比，*SlMBP11* 沉默株系并没有表现出异常的形态变化（图 13-3A）。然而，当野生型和沉默株系受到盐胁迫处理后，都表现出一个清晰的盐敏感性表型，且呈现剂量依赖效应，如减小的植株高度（图 13-3B）、生物量（图 13-3C）和根长度（图 13-3D、E）。较为重要的是在 300 mM NaCl 处理 7 d 后，胁迫诱发的表型已被明显地观察到，*SlMBP11* 沉默株系较低位置的叶片尖端已开始皱缩，但在野生型植株没有观察到明显的盐损伤现象。在 300 mM NaCl 处理 15 d 后，*SlMBP11* 沉默株系表现为生长减慢、萎黄和坏死的叶片增加，然而野生型植株的叶片呈现出较少的萎黄和坏死（图 13-4）。上述结果表明盐胁迫对 *SlMBP11* 沉默株系的损伤比野生型更为严重。

试验进一步研究了 *SlMBP11* 超表达株系的抗盐性，采用 300 mM NaCl

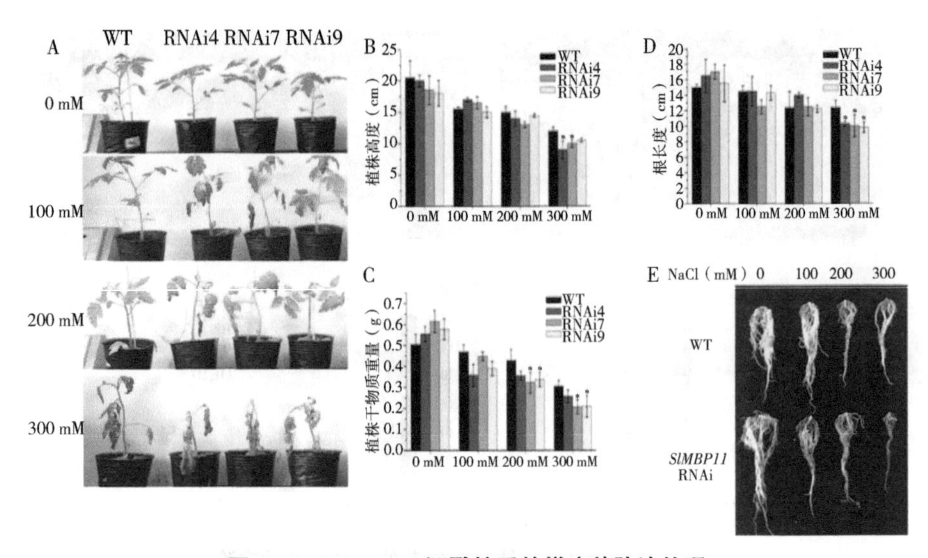


**图 13-3　*SlMBP11* 沉默株系的梯度盐胁迫处理**

（A）沉默株系受到盐分梯度诱导胁迫时的表型；（B）植株高度（$n$=9）；（C）植株干物质重量（$n$=9）；（D）盐分诱导的根长度的变化；（E）野生型和沉默株系受到盐分胁迫时的根系表型（$n$=9）。照片拍摄于盐处理后 15 d。每个数值表示 3 个生物重复的平均值±SE。星号表示野生型和沉默株系之间的显著分析（$P$<0.05）。

处理 15 d 后，野生型植株表现出皱缩萎黄的叶片，而 *SlMBP11* 超表达株系受到的影响较小（图 13-4），表明 *SlMBP11* 的超表达使得番茄的抗盐性增加。总之，这些结果表明 *SlMBP11* 在番茄中的表达水平与番茄的耐盐性呈正相关关系，就像 *SlMBP11* 的沉默减小了番茄对盐胁迫的耐受性一样。

**图 13-4　300 mM NaCl 处理 15 d 后野生型、*SlMBP11* 沉默和超表达株系的表型**

### 13.2.4　盐胁迫条件下 *SlMBP11* 转基因植株的生理变化

随着 *SlMBP11* 表达水平的变化转基因植株的耐盐性也发生改变，为了探索其生理机制，本研究检测了野生型和 *SlMBP11* 转基因株系在响应盐胁迫过程中相对含水量（RWC）、相对电导率、总叶绿素和丙二醛含量的变化。在正常条件下，转基因株系与野生型中这 4 个生理指标的变化并没有明显差异（图 13-5A～D）。在盐处理 7 d 后，野生型植株的相对含水量下降到约 86%，而 *SlMBP11* 沉默株系中的该指标下降到约 65%～69%（图 13-5A），表明 *SlMBP11* 沉默株系具有较低的相对水分含量。*SlMBP11* 超表达株系相对含水量的减少遵循着类似的方式，在盐处理 7 d 后，该指标仅下降到 90%，这表明与野生型和沉默株系相比 *SlMBP11* 超表达株系具有较高的相对水分含量。此外，测定与叶片萎黄相关的总叶绿素含量，在盐处理 7 d 后野生型叶片损失了约 20% 的叶绿素，而 *SlMBP11* 沉默和超表达叶片中，该指标则分别减少了大约 36%～55% 和 10%（图 13-5B）。在盐处理条件下，

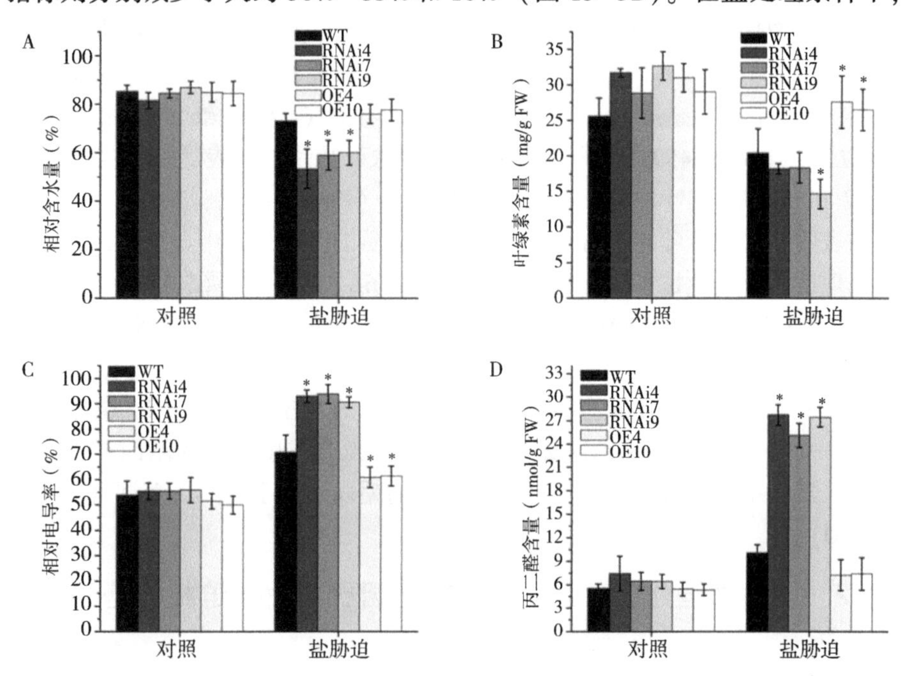


**图 13-5　300 mM NaCl 处理 7 d 后，野生型和转基因株系的生理变化**

（A～C）分别为相对含水量、叶绿素含量、相对电导率和丙二醛。每个数值表示 3 个生物重复的平均值±SE。星号表示野生型和转基因株系生理指标的显著分析（$P<0.05$）。

与野生型和沉默株系相比，*SlMBP11* 超表达株系叶片具有较高的叶绿素含量，这进一步证明 *SlMBP11* 基因的超表达改善了番茄植株的抗盐性。在非胁迫条件下，检测的所有株系（包括 WT、RNAi4、RNAi7、RNAi9、OE4 和 OE10）均表现出较低的相对电导率。当盐胁迫处理 7 d 后，与野生型相比 3 个沉默株系的叶片具有较高的相对电导率，而超表达株系叶片的相对电导率则低于野生型（图 13-5C）。由于胁迫环境（像盐分和干旱）会产生活性氧（ROS），从而诱导对膜脂大分子的氧化损伤。因此，可以通过测定丙二醛（MDA）的含量来衡量脂质过氧化程度。在盐胁迫处理后，*SlMBP11* 沉默株系叶片的丙二醛含量迅速增加，约为超表达株系叶片丙二醛含量的 3.7 倍（图 13-5D），这表明 *SlMBP11* 的超表达诱导了潜在的抗氧化作用，进而防止了较大的膜损伤。

### 13.2.5 盐胁迫处理下叶绿素合成和光合作用相关基因的 mRNA 转录水平

基于 *SlMBP11* 沉默和超表达株系在盐胁迫处理下叶片总叶绿素含量的变化，研究转录水平上叶绿素合成的响应。本研究检测了叶绿素合成途径正调控子基因 *Golden2-like1*（*SlGLK1*）（JQ316460）和 *Golden2-like2*（*SlGLK2*）（JQ316459）在野生型和转基因株系叶片中的表达。据报道，*SlGLK1* 和 *SlGLK2* 在叶片、子叶和雄蕊中表达（Powell et al.，2012）。本研究结果表明，这 2 个叶绿素合成基因在盐处理后的沉默株系中显著下调，而在盐处理后的超表达株系中显著上调（图 13-6A、B）。二磷酸核酮糖羧化酶小链 3B（*SlrbcS3B*）（NM_001309210）在番茄中编码核酮糖-1,5-二磷酸羧化酶（rbcS）小亚基（Sugita et al.，1987），叶绿素 a/b-结合蛋白 7（*SlCab-7*）（NM_001309247）编码光系统Ⅰ的Ⅱ型叶绿素 a/b-结合多肽（Pichersky et al.，1988），这 2 个包含了主要光合作用元件的基因在盐处理后的沉默株系中显著下调，而在盐处理后的超表达株系中显著上调（图 13-6C、D）。

### 13.2.6 盐胁迫处理下野生型和转基因株系中胁迫相关基因的表达分析

为了揭示其潜在的分子机制，本研究在盐处理后的 0 h、24 h 和 48 h 的野生型和转基因番茄株系中检测了已报道的胁迫相关基因的转录水平，这些基因通常被用作植物胁迫响应的生物标记，包括过氧化氢酶（CAT）基因

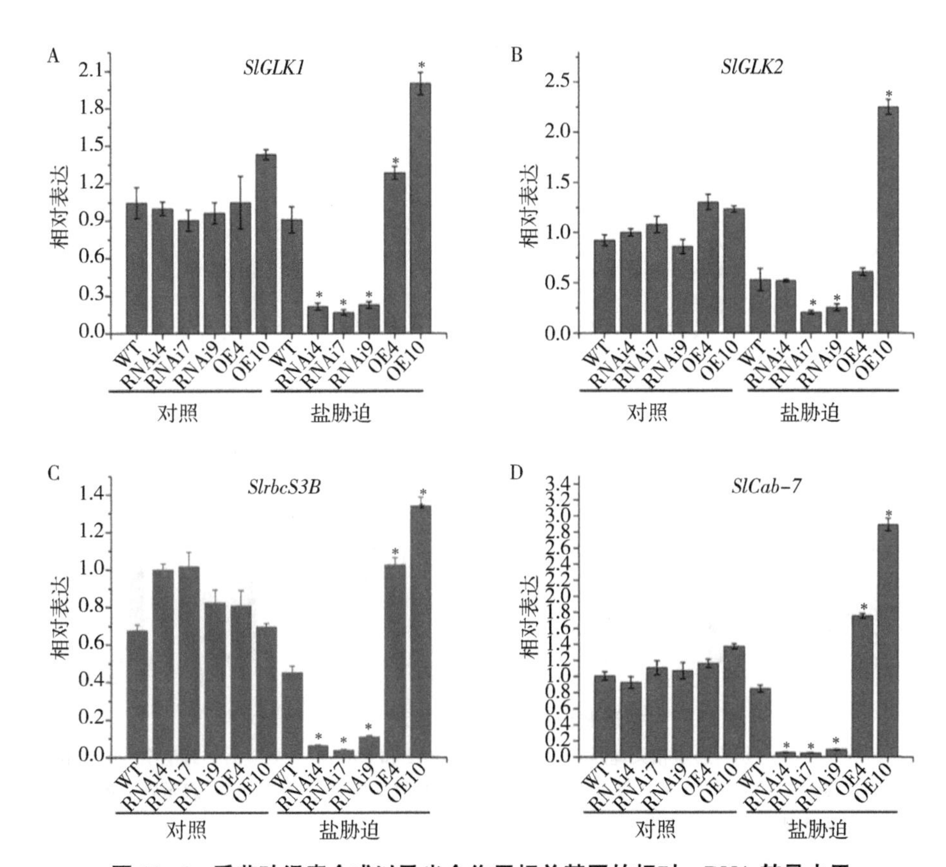


**图 13-6　番茄叶绿素合成以及光合作用相关基因的相对 mRNA 转录水平**

（A~D）分别为叶绿素合成基因 *SlGLK1* 和 *SlGLK2*，光合作用相关基因 *SlrbcS3B* 和 *SlCab-7* 在盐处理后的野生型、沉默和超表达株系叶片中的表达。每个数值表示 3 个生物重复的平均值±SE。星号表示野生型和转基因株系基因表达的显著分析（$P<0.05$）。

*Cat2*（Bussink and Oliver，2001）、抗坏血酸（AsA）合成酶基因 *GME2*（Zhang et al.，2011）、抗坏血酸过氧化物酶（APX）基因 *APX1*（Najami et al.，2008）和一个关键的脯氨酸（Pro）合成酶基因 *P5CS*（Kishor et al.，1995）。结果表明，在非胁迫和胁迫条件下这些基因在 *SlMBP11* 沉默株系中的相对转录水平显著低于野生型（图 13-7A~D），这说明 *SlMBP11* 可能参与调控番茄中有关胁迫信号途径基因的表达。同时本研究也检测了胁迫相关基因（*Cat2*、*GME2*、*APX1* 和 *P5CS*）在盐处理后超表达株系中的表达，数据表明这些基因的表达水平在盐胁迫后的超表达株系中显著增加（图 13-7A~D）。

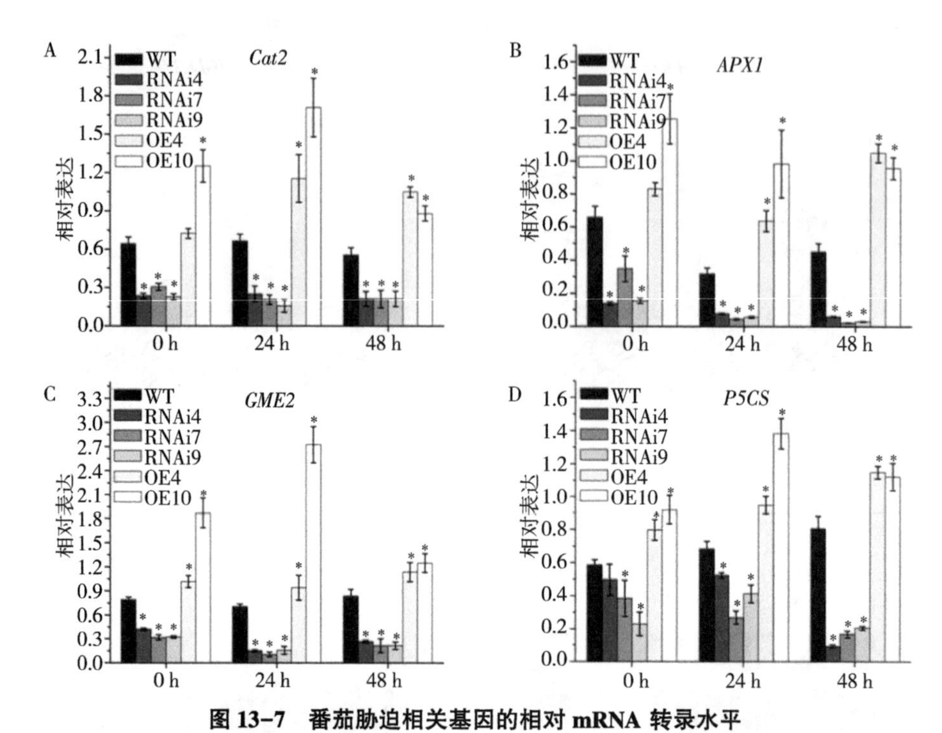


**图 13-7　番茄胁迫相关基因的相对 mRNA 转录水平**

（A~D）分别为胁迫相关基因 *Cat1*、*APX1*、*GME2* 和 *P5CS* 在盐处理后的野生型、沉默和超表达株系根中的表达水平。每个数值表示 3 个生物重复的平均值±SE。星号表示野生型和转基因株系基因表达的显著分析（$P<0.05$）。

## 13.3　讨论与结论

最近一些胁迫应答的 MADS-box 基因的抑制和（或）超表达能够影响转基因植株的抗逆性，这证明 MADS-box 基因不仅在植物生长发育过程中发挥至关重要的功能，还参与了环境胁迫响应过程（Khong et al.，2015）。研究表明，*SlMBP11* 的表达被很多非生物胁迫诱导，如盐胁迫、脱水和机械损伤。在 *SlMBP11* 启动子区域，也发现一些参与非生物胁迫响应的顺式作用调控元件（Urao et al.，1993），表明 *SlMBP11* 可能与非生物胁迫有关。除了非生物胁迫，*SlMBP11* 的表达也对多种激素（ABA、$GA_3$和 ACC）的处理产生响应，特别是 ABA。ABA 最先被研究的是其在非生物胁迫适应上的重要角色，这种非生物胁迫适应是通过调控气孔的关闭和诱发很多胁迫相关基因的激活实现的，进而提高了植物对各种胁迫的抗性（Nakashima et al.，2012）。ABA-诱导基因的启动子上广泛存在着 ABA-响应元件，这些启动子在 ABA 依赖的基因表达上发挥着功能（Yamaguchi-Shinozaki and Shinozaki，2005）。在 *SlMBP11* 的启动子区域也发现了 ABA 应答元件（表 13-2），而且 ABA 处理野生型植株诱导了 *SlMBP11* 的高水平表达，这个结果表明 *SlMBP11* 可能是 ABA 依赖的。

环境胁迫（如干旱和高盐）是严重限制农业生产力的主要因子，抗逆作物的培育必将极大地促进现代农业发展。Khong 等（2015）认为为了改善抗逆转基因作物，一些胁迫响应的 MADS-box 基因可以引入未来的育种。水稻基因 *OsMADS26* 的超表达揭示了其可能与胁迫应答相关的功能（Lee et al.，2008）。*OsMADS26* 表达的下调提高了植株抵抗水分亏缺的能力（Khong et al.，2015）。在本研究中，形态学、生理学和分子水平的数据证明了 *SlMBP11* 基因增强了番茄植株的抗盐性。首先运用 RNA 干扰技术获得 *SlMBP11* 的沉默株系，并且进行了生理学和分子水平的研究。结果表明，*SlMBP11* 的沉默使转基因番茄植株的抗盐能力降低，而 *SlMBP11* 的超表达赋予了番茄株系较强的抗盐能力，这进一步证实了 *SlMBP11* 参与了番茄植株的非生物胁迫抗性。因此，*SlMBP11* 的表达水平与转基因株系的抗盐能力呈正相关关系。

在植物中环境胁迫经常引起各种各样的生理和生化水平的变化。因此，为了解释 *SlMBP11* 沉默和超表达番茄植株对于盐胁迫抗性的变化，本研究进一步探索了其生理基础。相对含水量、相对电导率、总叶绿素和丙二醛含量这些指标是作物中评估非生物胁迫抗性的典型生理学参数（Dhanda and Sethi，1998；Orellana et al.，2010；Loukehaich et al.，2012；Liu et al.，2013）。在本研究中，观察到 *SlMBP11* 基因表达的变化与抗盐性相关的生理参数之间存在直接关系。与野生型相比，盐胁迫处理后 *SlMBP11* 沉默株系的相对含水量较低，而且研究发现盐处理后沉默株系积累了较少的叶绿素。以上结果部分地解释了沉默番茄株系降低的抗盐性。比较而言，*SlMBP11* 超表达株系具有较高的含水量和叶绿素含量，表现出较高的耐盐性。这些结果表明，*SlMBP11* 超表达株系增强的抗盐性与大量的叶绿素积累有关。此外，还检测了各个株系的相对电导率，这是指示由非生物胁迫引起损伤的重要指标（Verslues et al.，2006）。当受到盐胁迫时，沉默株系相对电导率的增加比野生型高，而超表达株系则表现出比野生型低的电导率。非生物胁迫像盐分、干旱和冷胁迫经常引起活性氧的积累和诱导脂质过氧化作用，从而导致氧化胁迫（Xiong et al.，2002）。丙二醛是多不饱和脂肪酸的分解产物，已被广泛地用作脂质过氧化作用的指示参数（Mittler，2002）。本研究发现，盐处理后 *SlMBP11* 沉默株系丙二醛含量的积累明显高于野生型和超表达株系，这说明 *SlMBP11* 的沉默使番茄植株更容易受到氧化损伤。这些结果进一步表明，*SlMBP11* 的表达能够抑制与盐胁迫相关的氧化胁迫，因此，*SlMBP11* 的超表达植株受到较少的氧化损伤。与野生型和沉默株系相比，*SlMBP11* 超表达株系较低的相对电导率和较少的丙二醛积累说明 *SlMBP11* 可能赋予植株较高的抗渗透抗氧化的能力。

研究表明，光捕获复合体（LHC）蛋白在植物光合作用和对环境胁迫的适应上扮演重要角色。LHCB 成员的下调降低了植物对环境胁迫的耐受性，影响了种子的产量（Ganeteg et al.，2004；Kovács et al.，2006）。具有较高光合作用能力的植物通常能够增强对环境胁迫的耐受性和抵抗力。在本研究中，编码光系统 I 的 LHCI Ⅱ型叶绿素 a/b 蛋白基因 *SlCab-7* 和编码核酮糖-1，5-二磷酸羧化酶（rbcS）小亚基的光合作用相关基因 *SlrbcS3B* 在盐处理后的 *SlMBP11* 沉默株系中明显下调，而在超表达株系中这 2 个基因则显著上调，可能维持着光合作用的功能。因此，这些基因的调控可能参与了超表达株系光合作用的提高。此外，2 个叶绿素合成基因在盐处理后的 *SlMBP11* 沉默和超表达株系中分别被下调和上调。

在自然界中，由于植物不断地被各种生物或非生物环境干扰，为了响应这些环境扰动，它们发育进化出引人注目的能力来通过基因表达调控它们的生理和发育机制（Zhou et al.，2007）。本研究表明，在正常和盐处理条件下 4 个胁迫相关基因（*Cat2*、*GME2*、*APX1* 和 *P5CS*）在 *SlMBP11* 沉默株系中的转录水平较低，而在超表达株系中的转录水平较高。在植物中，生物和非生物胁迫能够诱发活性氧的产生，包括超氧游离基、过氧化氢（$H_2O_2$）和羟基自由基（氧化和损伤植物细胞组分）。在细胞中，植物抵抗活性氧的机制包括抗氧化剂化合物（如 AsA）和抗氧化酶（如 *Cat2* 和 *APX1*）的合成。AsA 含量的增加能够提高对多种胁迫的抗性，包括盐分、臭氧和寒冷胁迫。番茄 AsA 合成途径中一个重要的催化酶基因 *GME2*（Zhang et al.，2011）在 *SlMBP11* 超表达株系中表达上调，表明 AsA 的含量增加，从而增加了对盐胁迫的抗性。此外，过氧化氢酶和抗坏血酸过氧化物酶能够通过把 $H_2O_2$转化为 $H_2O$ 去除植物细胞中的活性氧。在 *SlMBP11* 超表达株系中 *Cat2* 和 *APX1* 表达水平的上调表明植株增加了对活性氧损伤的保护，从而减少了盐胁迫对超表达植株的伤害。脯氨酸的积累与植物的耐盐性和抗旱性有关系。

关键的脯氨酸合成酶基因（Kishor et al.，1995）*P5CS* 在 *SlMBP11* 沉默株系中的表达水平较低，表明脯氨酸的合成减少，因此，降低了番茄对盐胁迫的耐受性。前人的研究证实，由于脯氨酸合成酶基因的上调而引起脯氨酸的积累，转录因子的超表达提高了对非生物胁迫的耐受性（Kishor et al.，1995）。*SlMBP11* 超表达株系中 *P5CS* 表达水平上调表明脯氨酸合成增加，因此提高了番茄植株的抗盐性。所以推测番茄植株对非生物胁迫耐受性的提高主要是因为非生物胁迫响应基因的表达水平显著地增加。总之，这些胁迫相关基因转录水平的变化表明在胁迫条件下 *SlMBP11* 基因扮演着一个有效的调控角色，并且影响了对盐胁迫的耐受性。为了进一步理解 *SlMBP11* 介导的在响应非生物胁迫上的机制，确定被 *SlMBP11* 直接调控的胁迫响应相关基因是至关重要的。

## 13.4　小结

在本章研究中，发现多种非生物胁迫处理，包括盐、伤害和脱水均能不同程度地诱导 *SlMBP11* 的表达。这些结果表明，*SlMBP11* 可能还参与了番茄非生物胁迫响应。随后，构建了 *SlMBP11* 的超表达和沉默载体，通过转基因试验进一步检测 *SlMBP11* 在环境胁迫响应中的功能。结果表明，*SlMBP11* 沉默株系的幼苗对盐胁迫更为敏感，导致盐胁迫下沉默株系幼苗根和芽的生长均弱于野生型番茄植株。土壤盐胁迫试验表明其幼苗对盐胁迫的抗性减弱，*SlMBP11* 沉默株系较低的相对含水量和叶绿素含量，较高的相对电导率和丙二醛含量证实了这个结论。比较而言，*SlMBP11* 超表达株系的幼苗生长对盐胁迫敏感性降低，土壤盐胁迫实验表明 *SlMBP11* 的超表达增强了番茄幼苗的抗盐性，*SlMBP11* 超表达株系较低的相对电导率和丙二醛含量，较高的相对含水量和叶绿素含量证实了这个结论。此外，盐胁迫处理后叶绿素合成、光合作用以及胁迫相关基因在 *SlMBP11* 沉默和超表达株系中的表达呈相反的趋势。以上结果说明 *SlMBP11* 参与了番茄盐胁迫响应，在其过程中发挥着正调控因子的作用。综上所述，本章研究了盐胁迫下 *SlMBP11* 沉默和超表达株系的形态和生理特点以及相关表型的潜在分子机制。*SlMBP11* 可能在今后通过基因工程手段改良番茄耐盐性上具有潜在的应用价值。

结合已有研究成果和近几年相关的文献资料，认为后续研究可以从以下几个方面开展：① SlMBP11 转录因子参与的调控番茄非生物胁迫响应的具体机制依然不清楚，*SlMBP11* 的沉默和超表达分别导致多个胁迫相关基因表达显著下调和上调，因此，可进一步确认 SlMBP11 转录因子是否直接参与或是通过与其他蛋白互作来调控这些基因的表达。②SlMBP11 蛋白在复杂的胁迫信号转导网络中的位置是怎样的？③*SlMBP11* 受脱水胁迫诱导最为显著，表明它可能在番茄干旱胁迫响应中发挥重要角色。这些问题仍有待进一步研究。

## 参考文献

BARI R，JONES J，2009. Role of plant hormones in plant defence responses [J]. Plant Molecular Biology，69：473-488.

BUSSINK H J，OLIVER R，2001. Identification of two highly divergent catalase genes in the fungal tomato pathogen，*Cladosporium fulvum* [J]. European Journal of Biochemistry，268：15-24.

DHANDA S S，SETHI G S，1998. Inheritance of excised-leaf water loss and relative water content in bread wheat (*Triticum aestivum*) [J]. Euphytica，104：39-47.

GANETEG U，KÜLHEIM C，ANDERSSON J，et al.，2004. Is each light-harvesting complex protein important for plant fitness? [J]. Plant Physiology，134：502-509.

KAVEH H，NEMATI H，FARSI M，et al.，2011. How salinity affect germination and emergence of tomato lines [J]. Journal of Biological and Environmental Sciences，5：159-163.

KHONG G N，PATI P K，RICHAUD F，et al.，2015. *OsMADS26* negatively regulates resistance to pathogens and drought tolerance in rice [J]. Plant Physiology，169：2935-2949.

KISHOR P B K，HONG Z，MIAO G-H，et al.，1995. Overexpression of $\Delta^1$-pyrroline-5-carboxylate synthetase increases proline production and confers osmotolerance in transgenic plants [J]. Plant Physiology，108：1387-1394.

KOVÁCS L，DAMKJÆR J，KEREÏCHE S，et al.，2006. Lack of the light-harvesting complex CP24 affects the structure and function of the grana membranes of higher plant chloroplasts [J]. The Plant Cell，18：

3106–3120.

LEE S, WOO Y M, RYU S I, et al., 2008. Further characterization of a rice AGL12 group MADS–box gene, OsMADS26 [J]. Plant Physiology, 147 (1): 156–168.

LIVAK, K J, SCHMITTGEN, T D, 2001. Analysis of relative gene expression data using realtime quantitative PCR and the $2^{-\Delta\Delta C}$T method [J]. Methods, 25: 402.

LOUKEHAICH R, WANG T T, OUYANG B, et al., 2012. SpUSP, an annexin–interacting universal stress protein, enhances drought tolerance in tomato [J]. Journal of Experimental Botany, 63: 5593–5606.

Mittler R, 2002. Oxidative stress, antioxidants and stress tolerance [J]. Trends in Plant Science, 7: 405–410.

NAJAMI N, JANDA T, BARRIAH W, et al., 2008. Ascorbate peroxidase gene family in tomato: its identification and characterization [J]. Molecular Genetics Genomics, 279: 171–182.

NAKASHIMA K, TAKASAKI H, MIZOI J, et al., 2012. NAC transcription factors in plant abiotic stress responses [J]. Biochimica et Biophysica Acta, 1819: 97–103.

ORELLANA S, YANEZ M, ESPINOZA A, et al., 2010. The transcription factor SlAREB1 confers drought, salt stress tolerance and regulates biotic and abiotic stress–related genes in tomato [J]. Plant Cell and Environment, 33: 2191–2208.

PAN Y, SEYMOUR G B, LU C G, et al., 2012. An ethylene response factor (ERF5) promoting adaptation to drought and salt tolerance in tomato [J]. Plant Cell Reports, 31: 349–360.

POWELL A L T, NGUYEN C V, HILL T, et al., 2012. Uniform ripening encodes a Golden 2–like transcriptionfactor regulating tomato fruit chloroplast development [J]. Science, 336: 1711–1715.

TANG Y M, LIU M Y, GAO S Q, et al., 2012. Molecular characterization of novel TaNAC genes in wheat and overexpression of *TaNAC2a* confers drought tolerance in tobacco [J]. Physiologia Plantarum, 144: 210–224.

URAO T, YAMAGUCHISHINOZAKI K, URAO S, et al., 1993. An *arabi-*

*dopsis* Myb homolog is induced by dehydration stress and its gene–product binds to the conserved Myb recognition sequence [J]. The Plant Cell, 5: 1529–1539.

VERSLUES P E, AGARWAL M, KATIYAR – AGARWAL S, et al., 2006. Methods and concepts in quantifying resistance to drought, salt and freezing, abiotic stresses that affect plant water status [J]. The Plant Journal, 45: 523–539.

XIONG L M, SCHUMAKER K S, ZHU J K, 2002. Cell signaling during cold, drought, and salt stress [J]. The Plant Cell, 14: S165–S183.

YAMAGUCHI–SHINOZAKI K, SHINOZAKI K, 2005. Organization of cis–acting regulatory elements in osmotic–and cold–stress–responsive promoters [J]. Trends in Plant Science, 10: 88–94.

ZHANG C J, LIU J X, ZHANG Y Y, et al., 2011. Overexpression of *SlGMEs* leads to ascorbate accumulation with enhanced oxidative stress, cold, and salt tolerance in tomato [J]. Plant Cell Reports, 30: 389–398.

ZHOU J L, WANG X F, JIAO Y L, et al., 2007. Global genome expression analysis of rice in response to drought and high–salinity stresses in shoot, flag leaf, and panicle [J]. Plant Molecular Biology, 63: 591–608.

# 14 氧化石墨烯对不同阶段番茄生长的影响

## 14.1 引言

植物在生长发育过程中会受到多种非生物环境胁迫的影响，其中包括镉（Cd）、汞（Hg）、铜（Cu）等重金属以及无机非金属材料胁迫。其中，Cd作为植物生长非必需且有毒的元素，较低的含量就会对植物造成毒害作用。纳米碳材料是一种无机非金属材料，广泛应用于能源、环境修复和制药行业（Dreyer at al.，2010；Novoselov et al.，2012；Zheng et al.，2013；Bianco，2013；Duzhko et al.，2018；Gulzar et al.，2018），目前在农业领域也越来越受到关注（Sonkar et al.，2012；Kole et al.，2013；Deng et al.，2014；Giraldo et al.，2014；Huang et al.，2015；Chakravarty et al.，2015；Martinez-Ballesta et al.，2016；Monreal et al.，2016；Ma et al.，2018）。例如，单壁碳纳米角（SWCNHs）可以启动玉米、番茄、水稻和大豆种子的萌发，促进植株生长（Lahiani et al.，2015）。Cañas等（2008）报道，单壁碳纳米管（SWCNTs）在处理0 h、24 h、48 h后增强了洋葱和黄瓜根的伸长。此外，碳量子点还能促进绿豆芽的生长，增强其光合能力（Wang et al.，2018）。纳米碳材料在遗传和生理水平上均产生影响，例如，碳纳米管（CNTs）诱导番茄植物叶片中的水通道蛋白（LeAqp2）（Villagarcia et al.，2012；Lahiani et al.，2015）。

石墨烯是一种新型纳米碳材料，具有独特的物理性质，可以转化为潜在的生物应用。氧化石墨烯（GO）是一种含有多种含氧官能团的石墨烯衍生物。氧化石墨烯（0.1 mg/L）处理显著提高了苹果抗氧化酶的活性，并上调了激素通路基因（*ARR3*、*LAX3*、*LAX2*、*ABCB1* 和 *PIN7*）和与根系生长发育相关的基因（*ARRO1*、*ARF19* 和 *TTG1*）（Li et al.，2018）。此外，50~100 mg/L GO通过调控脱落酸生物合成相关基因（*ZEP*、*AAO*、*NCED*）和生长素响应相关基因（*IAA7*、*IAA4*、*IAA3*、*ARF8*、*IAA2* 和 *ARF2*）影响甘蓝型油菜的根系生长（Cheng et al.，2016）。然而，较高剂量的石墨烯

(＞50 mg/L) 会抑制水稻植株的根系生长（Liu et al.，2015）。Guo 等(2021) 研究表明 GO 在 50 mg/L 和 100 mg/L 浓度下可以促进番茄生长。因此，GO 对植物生长发育的影响可能具有剂量和种类依赖性。此外，还需要从形态、生化、解剖和分子水平分析 GO 对作物生长的影响，优化其在农业生产中的应用。本章的内容是确定 GO 在不同发育阶段对番茄植株生长的影响，为 GO 应用于农业提供指导。

## 14.2 材料与方法

### 14.2.1 石墨烯层片的制备与表征

从山西大同大学碳材料研究所获得石墨烯溶液（pH = 2），其制备过程首先采用电化学剥离法合成纯石墨烯层片，然后使用亲水 COOH 和 C-OH 基团对石墨烯表面进行改性，以提高其在水介质中的分散性。前期研究中报道了石墨烯层片的拉曼光谱结果，在 1 328 $cm^{-1}$附近有一个 D 峰，在 1 605 $cm^{-1}$附近有一个 G 峰（Hu et al.，2019）。石墨烯粒径分布采用 Mastersizer 3000 进行测量。利用扫描电子显微镜（SEM；捷克，TESCAN MAIA 3 LMH）和透射电镜（TEM；TecnaiG2 F20 S-TWIN TMP）进行石墨烯层片形态分析。

### 14.2.2 植株培养和氧化石墨烯处理

对番茄 Micro-Tom（一种矮化番茄品种）的种子表面消毒后，放置在含有 3%（W/V）蔗糖和 0.7%（W/V）琼脂的 Murashige and Skoog（MS）固体培养基上（Sigma-Aldrich，上海，中国）。待萌发 2 d 后，将均匀的幼苗转移到含有 0 mg/L、20 mg/L、50 mg/L GO 的 MS 液体培养基中，在温室[昼夜周期 16 h/8 h，昼夜温度 25 ℃/18 ℃，湿度 80%，光强 250 μmol/($m^2$ · s)] 中培养。此外，在温室条件下将植株大小一致的生长 35 d 的番茄植株进行盆栽试验，每周用 0 mg/L、50 mg/L、100 mg/L、200 mg/L GO 处理，连续处理 1 个月。收集处理过的植株根茎进行分析，并在 65 ℃下干燥部分根系并称重。

### 14.2.3 形态学评估

嫩芽和茎分别取自萌发 7 d 后的番茄幼苗和生长 2 个月的成熟番茄植

株。对照和处理植株的下胚轴和茎秆用石蜡包埋，并按之前描述的方法切片（Guo et al.，2017）。切片在装有图像采集系统（日本，尼康，DS-U3）的显微镜下观察（日本，尼康，ECLIPSE E100）。使用 IMAGE J 软件（http：//rsbweb. nih. gov/ij）估算横切面积、直径和皮层细胞数量。使用 Epson perfect V850 Pro 扫描仪扫描植株根系，并使用 WinRHIZO 程序（Regent Instruments Inc.，Quebec，加拿大）分析图像，以确定根系总长度、总表面积、总投影面积、分叉数、根体积、根尖数和交叉数。

### 14. 2. 4 RNA 提取及 RT-PCR 分析

根据制造商的说明使用 Trizol（invitrogen）从植株根中分离总 RNA，并使用 AMV（200 U/μL）逆转录酶（invitrogen）进行逆转录。通过 ABI ViiA7 实时系统（applied biosystems）定量 RT-PCR 扩增 cDNAs。反应混合物由 6. 6 μL $H_2O$、8 μL 2×PCR mix（QIAGEN）、0. 2 μL 引物和 1 μL cDNA 组成，循环参数为：95 ℃反应 2 min，94 ℃反应 10 s，60 ℃反应 10 s，72 ℃反应 40 s，循环 40 次。为了消除基因组 DNA 和任何污染序列的影响，无模板和无逆转录对照被执行。番茄 *CAC* 基因被用作组织特异性表达分析的内参基因（Expósito-Rodríguez et al.，2008），相对基因表达量通过 $2^{-\Delta\Delta C}T$ 方法计算（Livak and Schmittgen，2001）。引物序列见表 14-1。

**表 14-1 用于定量 PCR 分析的引物**

| 引物代码 | 引物序列（5′→3′） | 产物长度（bp） | 退火温度（℃） |
|---|---|---|---|
| CAC-F | AAAGTCCTTGACTCGTCCGC | 104 | 60 |
| CAC-R | AGCCACTCTTCTCCCACACC | | |
| SlExt1-F | TTCTTGATTGCCACATGCTC | 135 | 60 |
| SlExt1-R | TTCCTTTTCCGACTCTGAGG | | |
| LeCTR1-F | GCTTCCCATTGGTAGCCTGT | 106 | 60 |
| LeCTR1-R | ACATCCCTTGGCAATTCGAC | | |
| SlIAA3-F | GGCCACCAGTTCGATCATAC | 103 | 60 |
| SlIAA3-R | GGTGCTCCATCCATGCTAAC | | |

### 14. 2. 5 IAA 的提取与定量

新鲜的根采自生长 2 个月的植株（每株 0. 5 g），并立即在液氮中均质。

冷冻样品用 5 mL 异丙醇/盐酸缓冲液在 4 ℃下提取 30 min，用 10 mL 二氯甲烷稀释，在 4 ℃下搅拌 30 min。13 000 r/min 离心 5 min 后，抽吸有机相，氮气干燥，400 μL 甲醇（0.1%甲酸）溶解。提取液经 0.22 μm 孔径过滤器过滤，5μL 注入 Waters 柱（ACQUITY UPLC R BEH C18，100 mm × 2.1 mm × 1.7 μm）进行高效液相色谱-串联质谱（HPLC-MS/MS）检测。柱温为 40 ℃，室温为 10 ℃，样品流速为 0.3 mL/min。质谱条件为 ESI 正负离子转换，毛细管电压为 3.0 kV。离子源温度为 150 ℃，脱溶气体流量为 800 L/Hr。检测器处于多反应监测（MRM）模式下，样品中的 IAA 含量（ng/g）由检测浓度（ng/mL）乘以体积因子（mL）/质量系数（g）计算。每个样品运行 3 次（Kojima et al.，2009；Pan et al.，2010）。

### 14.2.6 电子显微镜观察

从盆栽番茄植株（生长 2 个月）中收集根尖，在 2.5%戊二醛中固定 2 h。在临界点干燥器中脱水后，将固定组织切片，喷金 30 s。使用扫描电镜（日本，HITACHI SU8100）观察样品，并按先前描述的方法进行分析（Irish and Sussex，1990）。

### 14.2.7 统计分析

每个试验选用 21 株幼苗和 9 株成熟植株。所有数据以平均值±标准差（SD）表示，采用 Origin 8.0 软件进行分析。组间比较采用 Student's t-test（SPSS 22.0），$P<0.05$ 为有统计学意义。

## 14.3 结果与分析

### 14.3.1 石墨烯层片的表征

本研究使用的石墨烯颗粒的平均直径为 40 nm，石墨烯层片的中值粒径 Dv（50）为 0.038 μm。表面积的平均粒径（D [3，2]）与体积的平均粒径（D [4，3]）接近，说明样品颗粒在尺寸分布和形状上都比较均匀（表 14-2）。然而，在石墨烯的 SEM 图像中没有观察到任何清晰的边界（图 14-1A、B），这可能是由于石墨烯层片的直径小且堆叠无序，呈现出叠加和波纹的典型特征（图 14-1C、D）（Stankovich et al.，2006；Meyer et al.，2007）。

表 14-2　石墨烯激光粒度分析结果

| 项目 | 结果 |
| --- | --- |
| 浓度 | 0.000 1% |
| 跨度 | 1.093 |
| 一致性 | 0.334 |
| 比表面积 | 180 800 $m^2/kg$ |
| D [3, 2] | 0.033 μm |
| D [4, 3] | 0.039 μm |
| Dv (10) | 0.020 μm |
| Dv (50) | 0.038 μm |
| Dv (90) | 0.061 μm |

注：D（3，2）、D（4，3）、Dv 分别代表表面积平均粒径、体积平均粒径、体积分布。

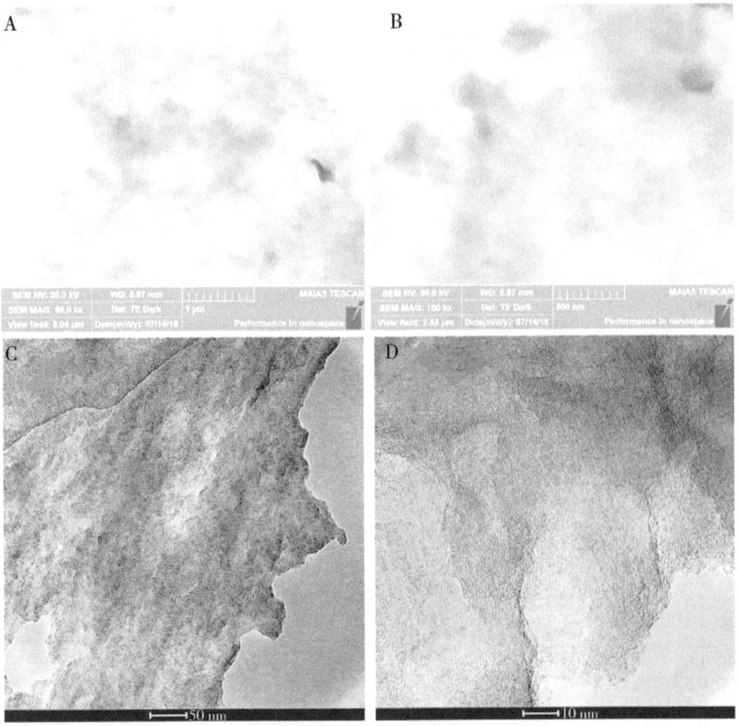

图 14-1　石墨烯层片的 SEM 图像和 TEM 图像

（A、B）SEM 图像；（C、D）TEM 图像。

## 14.3.2　氧化石墨烯促进番茄幼苗根芽的生长

与对照相比，在不同浓度氧化石墨烯存在下生长 7 d 的番茄幼苗明显更强壮（图 14-2A）。番茄幼苗下胚轴横切面（图 14-2B）显示，氧化石墨烯

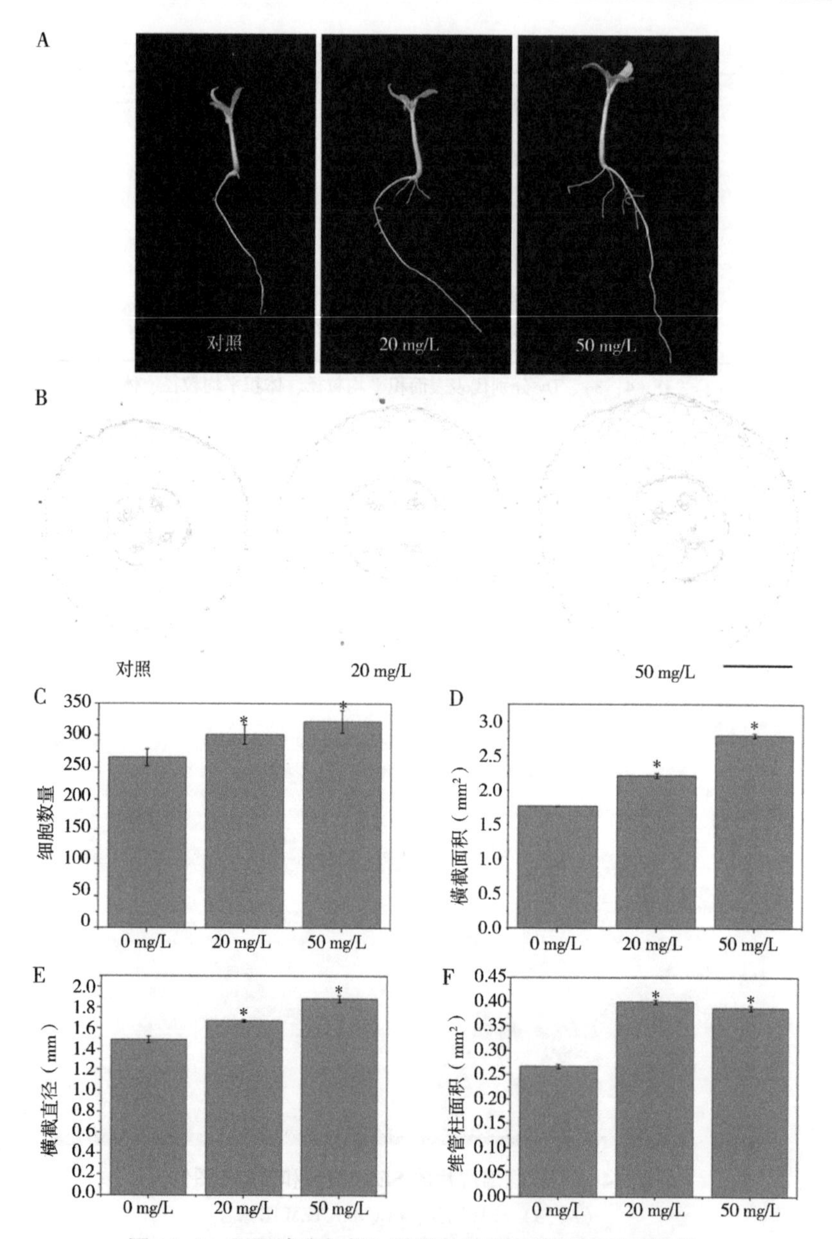


**图 14-2　不同浓度氧化石墨烯处理番茄幼苗的形态解剖**

（A）生长 7 d 幼苗整体形态；（B）生长 7 d 下胚轴的横切面。Bars = 500 μm；（C~F）对照组和石墨烯处理幼苗的估算皮层细胞数量（C）、横截面积（D）、横截直径（E）和维管柱面积（F）。数据以平均值±标准差表示。

处理显著增加了番茄幼苗皮层细胞的数量（图 14-2C）、横切面面积（图 14-2D）和直径（图 14-2E），说明 20 mg/L 和 50 mg/L 氧化石墨烯促进了番茄幼苗下胚轴的细胞分裂。此外，与对照相比石墨烯处理的番茄幼苗的维管柱面积增加了 47%（图 14-2F），表明其运输能力更强。

氧化石墨烯处理后，幼苗根系的总长度（图 14-3A）和表面积（图 14-3B）也以剂量依赖的方式增加，这表明氧化石墨烯可以增强它们的养分吸收能力。与此一致的是，石墨烯处理的幼苗根系干重显著增加（图 14-3C），表明其生物量积累。

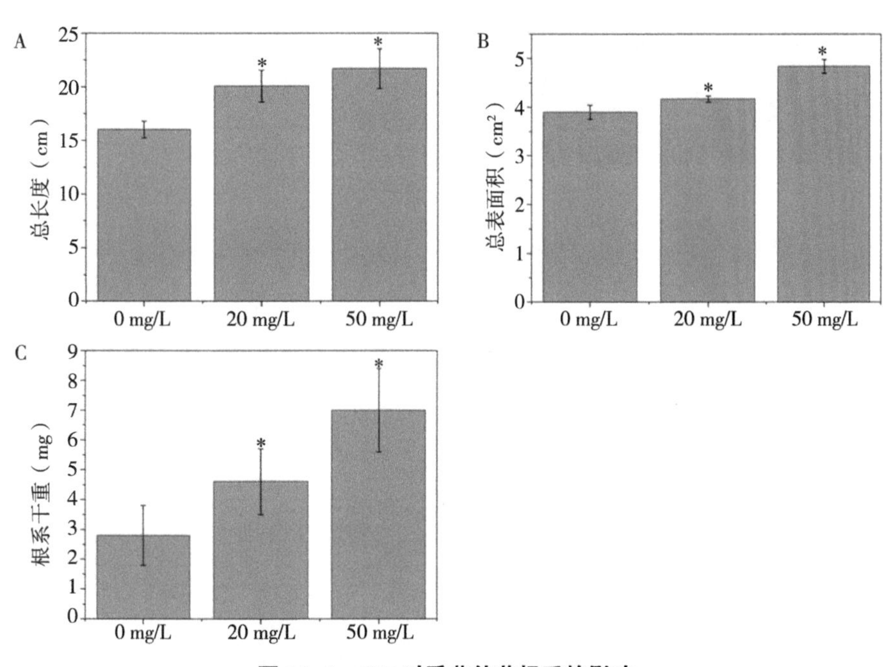


**图 14-3 GO 对番茄幼苗根系的影响**

不同浓度石墨烯处理的幼苗根系的总长度（A）、总表面积（B）和干重（C）。误差棒表示标准偏差。* $P<0.05$。

## 14.3.3 氧化石墨烯促进成熟番茄植株根茎的生长

为了进一步研究氧化石墨烯对番茄生长的影响，用不同浓度的石墨烯溶液浇灌盆栽的成熟苗 1 个月（图 14-4A）。如图 14-4B 所示，50 mg/L 和 100 mg/L 氧化石墨烯增加了番茄植株茎粗。此外，不同浓度处理植株的茎秆横截面（图 14-4C）显示，相对于未处理的对照组，50 mg/L 和

100 mg/L 氧化石墨烯处理后，皮层细胞的数量（图 14-4D）和横截面面积（图 14-4E）显著增加。由此可见，石墨烯可以促进番茄茎秆的细胞分裂。

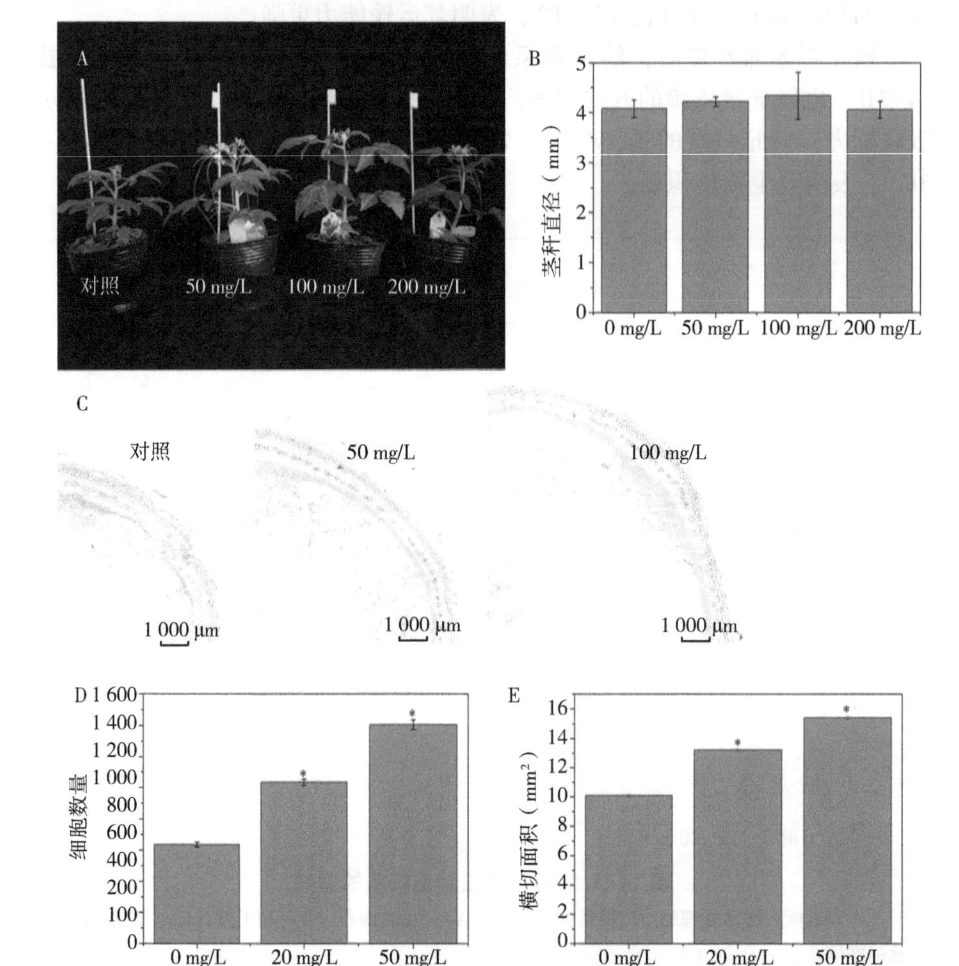


**图 14-4　氧化石墨烯对成熟番茄植株茎部的影响**

（A）生长 2 个月的番茄植株茎秆照片；（B）茎秆的直径；（C）茎秆的横截面。Bars = 1 000 μm；（D、E）对照组和石墨烯处理茎秆的估算皮层细胞数量（D）和横切面积（E）。数据以平均值±标准差表示。

不同浓度氧化石墨烯处理的成熟番茄苗根系如图 14-5A 所示。在 50 mg/L 和 100 mg/L 石墨烯处理的植株中，根系的总长度（图 14-5B）、总表面积（图 14-5C）、总投影面积（图 14-5D）和体积（图 14-5E）以及分叉数（图 14-5F）、根尖数（图 14-5G）和交叉数（图 14-5H）都显著增加。具体而言，氧化石墨烯使根系总表面积和总投影面积分别增加了 31% 和 27%。扩张的根系可以增加与土壤的接触面积，从而增加吸收水分和养分的能力。50 mg/L 和 100 mg/L GO 处理的番茄根系鲜重（图 14-6A）和干重（图 14-6B）均显著高于对照组。

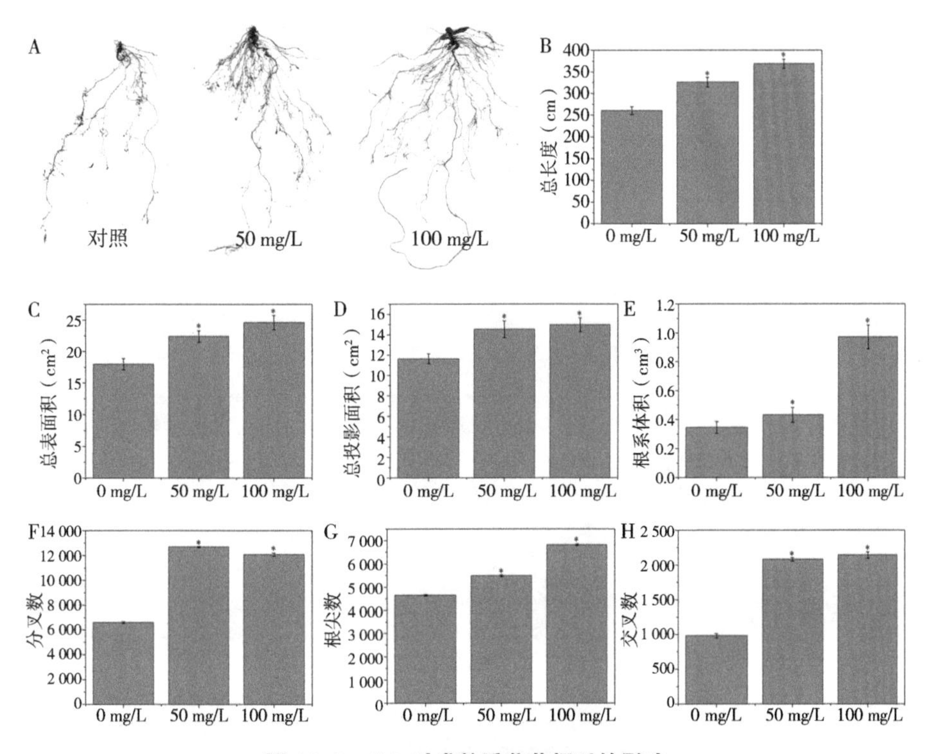


**图 14-5　GO 对成熟番茄苗根系的影响**

（A）根系的代表性照片；（B~H）番茄根系的总长度（B）、总表面积（C）、总投影面积（D）、体积（E）、分叉数（F）、根尖数（G）、交叉数（H）。误差棒表示标准偏差。* 石墨烯处理样品与对照样品之间 $P<0.05$。

与宏观观察结果一致，根尖 SEM 图像显示 GO 处理显著增加了根毛的表面积（图 14-7A~C、E~G）和根毛的数量（图 14-7I~K、M~O）。综上所述，低浓度氧化石墨烯能明显改善番茄根系的生长和功能。

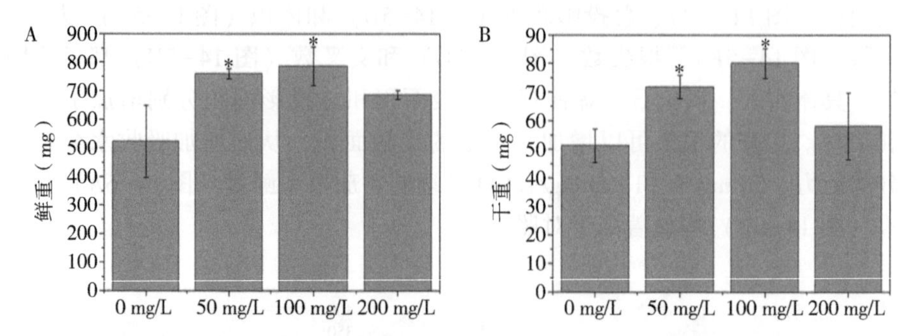


**图 14-6　GO 处理和未处理 1 个月番茄根系鲜重（A）和干重（B）**

数据以平均值±标准差表示。

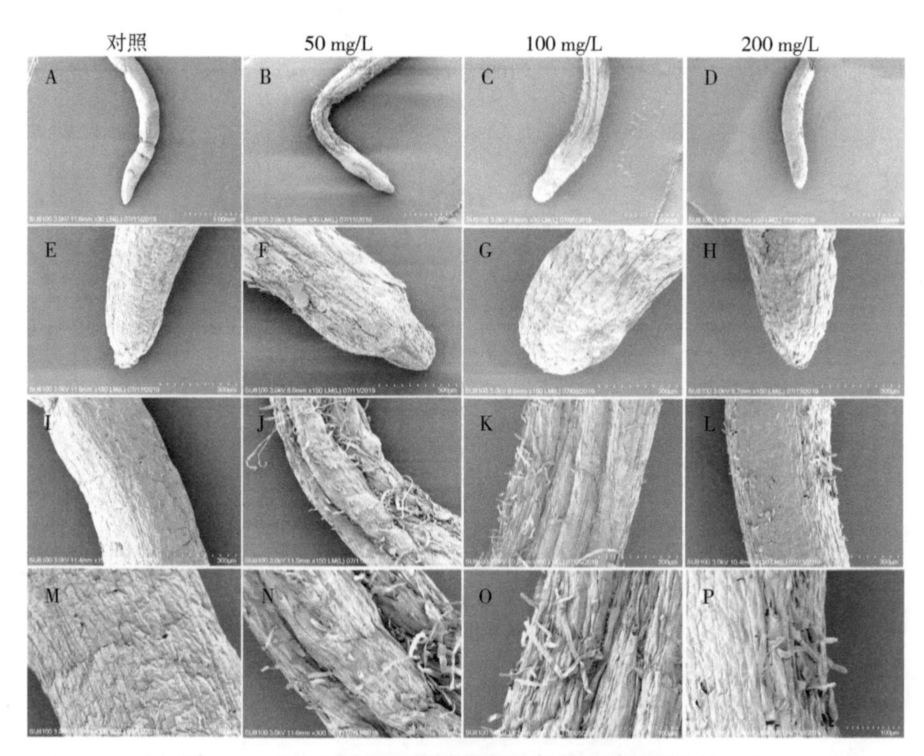


**图 14-7　氧化石墨烯对成熟番茄苗根尖表面结构的影响**

（A~D）、（E~H）和（I~P）分别表示根尖、根冠和分生组织区、根毛区。

## 14.3.4 氧化石墨烯在分子和激素水平上影响番茄根系发育

基于上述结果，本研究分析了不同浓度氧化石墨烯处理番茄后根系发育相关基因的转录水平。如图 14-8A 和图 14-8B 所示，石墨烯显著上调了 *SlExt1*（accession no. AJ417830）和 *LeCTR1*（accession no. AY079048）的转录水平，这 2 个基因分别参与根毛发育和侧根发育。考虑到根系生长受植物激素生长素的调控，本研究还分析了氧化石墨烯对处理植株根系生长素含量和转录水平的影响。尽管在石墨烯处理的植株根系中，生长素响应基因 *SlIAA3* 显著下调（图 14-8C），但生长素含量却显著升高（图 14-8D）。这与观察到的 GO 显著增加花（图 14-9）和果实（图 14-10）的数量，并加速果实成熟（表 14-3）是一致的，这些都是由生长素促进的。

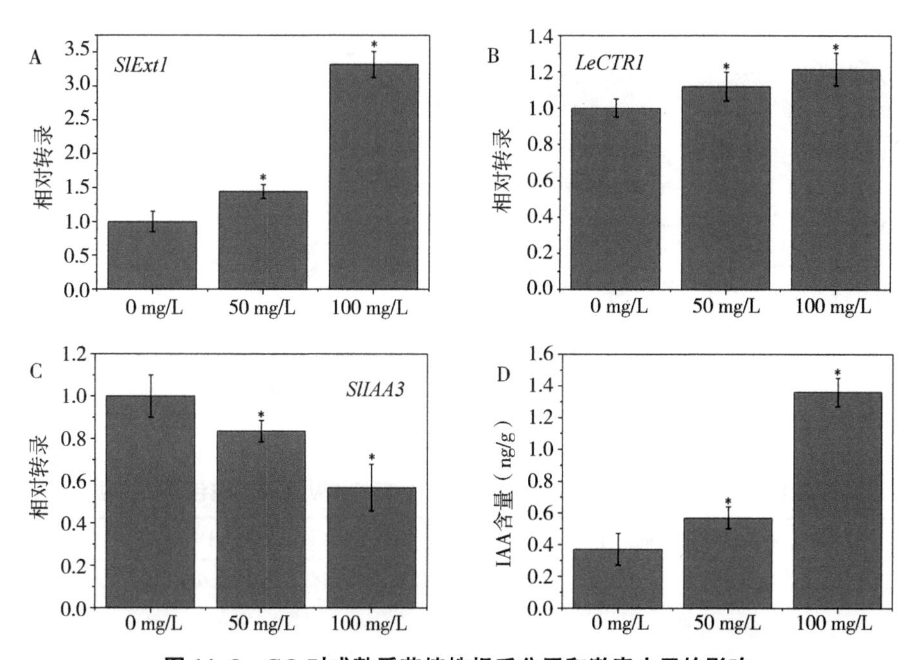


**图 14-8　GO 对成熟番茄植株根系分子和激素水平的影响**

（A~D）根发育相关基因 *SlExt1*（A）、*LeCTR1*（B）和生长素响应基因 *SlIAA3*（C）的转录水平，以及 IAA 含量（D）。* 石墨烯处理组与对照组之间 $P<0.05$。

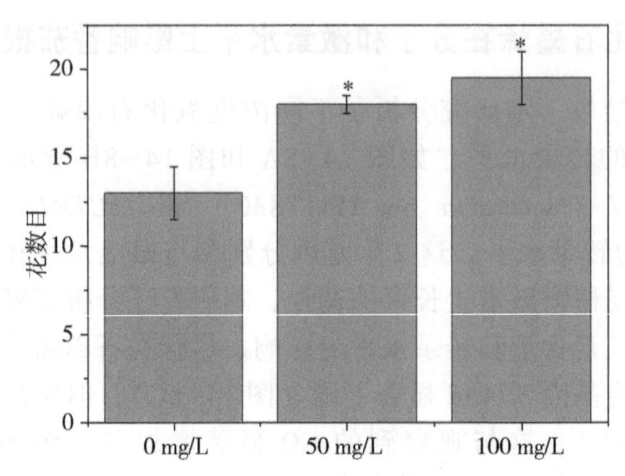


**图 14-9　GO 处理和未处理番茄植株花的数量**

数据以平均值±标准差表示。

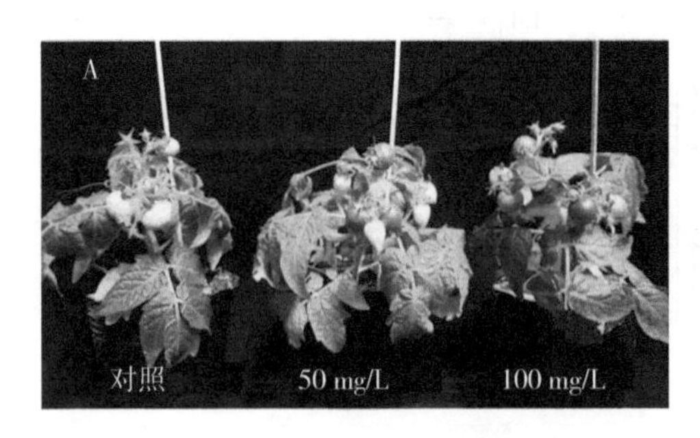


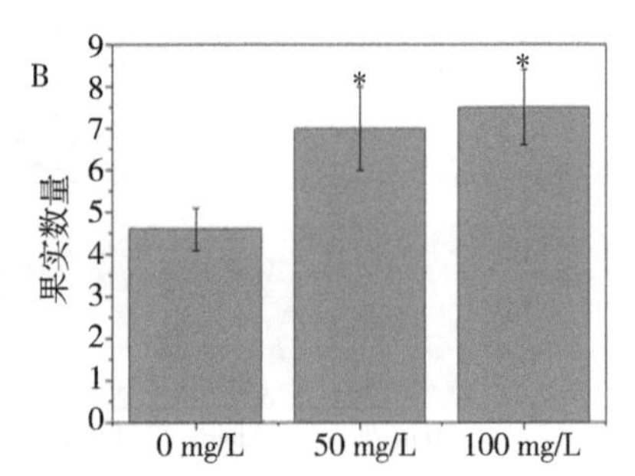


**图 14-10　氧化石墨烯处理和未处理（1 个月后）番茄植株的照片（A）和果实数量（B）**

数据以平均值±标准差表示。

**表 14-3　对照组和氧化石墨烯（GO）处理植株从开花到破色期的天数**

| 石墨烯浓度（mg/L） | 天数（d） |
|---|---|
| 0 | 39. 0±0. 5 |
| 50 | 35. 5±0. 6 |
| 100 | 36. 3±0. 4 |

注：破色期是指果实出现成熟的第一个迹象，与之相关的颜色从绿色变为黄色。

## 14.4 讨论与结论

虽然纳米碳材料对植物种子萌发和幼苗生长的影响已得到公认，但其对成熟植株生长和整个生命周期的影响尚不清楚，可能会随着生长发育阶段的不同而变化（Nel et al.，2006）。因此，本研究将番茄幼苗和成熟植株暴露于 GO 中，以评估石墨烯对不同生长阶段番茄植株的影响。与对照样品相比，氧化石墨烯处理的幼苗和成熟植株具有更强壮的下胚轴和茎秆，这与皮层细胞数量、横截面积和直径的增加有关。由此可见，氧化石墨烯可能以剂量依赖的方式通过刺激下胚轴/茎秆的细胞分裂来有效促进番茄植株的生长。然而，Hu 等（2014）报道，10 mg/L 氧化石墨烯会破坏藻类细胞器，抑制细胞分裂，这表明石墨烯的作用也取决于植物种类和细胞类型。

之前的一项研究表明，与对照组相比，20 mg/L 氧化石墨烯处理的番茄幼苗 15 d 后根系变长（Jiao et al.，2016）。此外，5 mg/L 石墨烯增加了水稻不定根数量和根系鲜重（Liu et al.，2015）。与上述结果一致，本研究结果表明，在特定的浓度范围内，氧化石墨烯促进番茄幼苗和成熟植株的根系发育，增加了生物量积累。此外，氧化石墨烯处理的根尖表面积显著增大，根毛也更加丰富，这增加了番茄根系与土壤颗粒的接触面积。Begum 等（2011）研究同样表明，尽管过量的石墨烯水平（1 000 mg/L）会导致卷心菜和红菠菜根肿胀和根毛生长减少，但石墨烯处理增加了卷心菜的根表面积。

在最近的研究中，He 等（2018）发现氧化石墨烯的含氧官能团吸引水分子，然后通过疏水 sp2 结构域将水分子输送到土壤中。因此，氧化石墨烯可能提高了土壤中储存和运输水分的能力，从而加速了番茄根系的生长。此外，纳米碳可以增加土壤团聚和养分滞留，改善土壤质地（Liu et al.，2015；Hu et al.，2016；Tian et al.，2016）。石墨烯还以时间依赖的方式影响土壤菌群的结构、丰度和功能，而细菌群落是土壤养分循环和质量的关键参与者（Ren et al.，2015）。因此，除了直接作用外，石墨烯还可能通过改善土壤结构/土壤微生物群落间接促进番茄生长，这一点有待进一步研究。

低浓度氧化石墨烯（50 mg/L 和 100 mg/L）对番茄成熟植株生长有促进作用，增加到 200 mg/L 对茎粗和茎重无显著影响。这表明，高水平的氧化石墨烯最初可能会抑制植物生长和生物量积累，这可能是由于长时间（＞30 d）暴露产生过多的活性氧（Begum et al.，2011）。活性氧的产生是纳米结构材料的主要缺陷（Nel et al.，2006），并引发氧化应激，细胞死亡（Apel and Hirt，2004；Wen et al.，2008）和电解质泄漏（Kawai-Yamada et al.，2004）。例如，碳纳米管（CNTs）可以穿透植物细胞（Liu et al.，2009），并在高剂量下诱导植物毒性（Stampoulis et al.，2009）。基于石墨烯和碳纳米管的化学成分和晶体结构相似，有理由推测石墨烯也可能具有植物毒性作用。在之前的一项研究中，发现4 mg/L和8 mg/L氧化石墨烯可以提高藜麦幼苗的生长速率（郭绪虎等，2019），而番茄幼苗需要更高剂量20 mg/L和50 mg/L的浓度才能达到类似的效应。因此，氧化石墨烯促进番茄幼苗和成熟植株生长的最佳浓度分别为50 mg/L和100 mg/L。综上所述，氧化石墨烯对植物生长发育的影响在很大程度上取决于其浓度和暴露时间，以及植物种类和生长阶段（Villagarcia et al.，2012；Cheng et al.，2016；Ma et al.，2010；Zhang et al.，2015）。

之前的研究表明，纳米碳材料可以改变某些植物基因的转录水平（Yan et al.，2013）。例如，暴露于多壁碳纳米管的番茄植株，若干胁迫相关基因和水通道 *LeAqp2* 基因上调（Begum et al.，2011）。此外，50 mg/L氧化石墨烯增加了甘蓝型油菜中ABA生物合成相关基因（*NCED*、*AAO* 和 *ZEP*）的转录水平，抑制了 *IAA4* 和 *IAA7* 的转录水平（Cheng et al.，2016）。在本研究中，发现氧化石墨烯增加了成熟番茄植株中 *LeCTR1* 和 *SlExt1* 基因的表达。*LeCTR1* 基因编码一种乙烯诱导的CTR1-like蛋白激酶，参与根发育（Leclercq et al.，2002），而 *SlExt1* 基因编码一种extensin-like蛋白，促进根尖生长。Bucher等（2002）发现石墨烯处理使番茄植株中的 *SlExt1* 上调了约3.3倍。因此，氧化石墨烯通过转录激活 *LeCTR1* 和 *SlExt1* 基因来强烈刺激根系生长。

植物根系伸长对生长素水平的变化很敏感。吲哚-3-乙酸（IAA）是最常见的天然生长素，能够调节根系形态和生长。Ivanchenko等（2010）研究表明石墨烯处理后植株根系生长素含量显著增加。因此，氧化石墨烯处理后观察到的根系表面积增加的现象，可以解释为生长素诱导的中柱鞘细胞的激活和细胞分裂的启动。然而，氧化石墨烯处理显著下调了番茄根系中生长素信号通路和根系发育相关的生长素响应基因 *SlIAA3*（Zhang et al.，2007）。之前的一项研究也表明，氧化石墨烯增加了甘蓝型油菜中生长素响应基因（*ARF2*、*ARF8*、*IAA2* 和 *IAA3*）的转录水平，但导致IAA含量降低（Cheng et al.，2016）。此外，ABA和GO之间存在互作，后者通过ABA和IAA途径影响植物生长（Jiao et al.，2016）。石墨烯还增强了生长素对开花和果实成熟的影响。同样，Khodakovskaya 等（2013）报道称，在添加了碳纳米管（50 mg/L）的土壤中，番茄植株的花和果实数量是对照植株的 2 倍。目前石墨烯影响 IAA 合成的确切机制及其效应有待进一步研究。

## 14.5 小结

纳米碳材料石墨烯具有独特的结构和物理化学性质，在很多领域得到广泛应用。本章研究了氧化石墨烯（GO）对番茄幼苗和成熟植株在形态、生理生化和分子水平上的影响。氧化石墨烯处理通过增加番茄皮层细胞数量、横切面面积、直径和维管柱面积，显著促进了番茄芽/茎生长，并呈剂量依赖性。此外，氧化石墨烯还能促进根系形态发育，增加生物量积累。50 mg/L 和 100 mg/L 氧化石墨烯处理的番茄根尖表面积和根毛数量显著大于对照组。在分子水平上，氧化石墨烯诱导根发育相关基因（*SlExt1* 和 *LeCTR1*）的表达，抑制生长素应答基因（*SlIAA3*）的表达。与对照相比，50 mg/L 和 100 mg/L 氧化石墨烯处理显著提高了根系生长素含量，从而增加了果实数量，促进了果实成熟。综上所述，氧化石墨烯在适当浓度下可以促进番茄生长，是一种很有前景的农业应用纳米碳材料。

## 参考文献


郭绪虎，赵建国，温日宇，等，2019. 石墨烯对藜麦幼苗根系形态及生物量的影响［J］. 山西农业科学，47（8）：1395-1398.

APEL K，HIRT H，2004. Reactive oxygen species：metabolism，oxidative stress，and signal transduction［J］. Annual Review of Plant Biology，55：373-399.

BEGUM P，IKHTIARI R，FUGETSU B，2011. Graphene phytotoxicity in the seedling stage of cabbage，tomato，red spinach，and lettuce［J］. Carbon，49：3907-3919.

BIANCO A，2013. Graphene：safe or toxic? The two faces of the medal［J］. Angewandte Chemie，52：4986-4997.

BUCHER M，BRUNNER S，ZIMMERMANN P，et al.，2002. The expression of an extensin-like protein correlates with cellular tip growth in tomato［J］. Plant Physiology，128：911-923.

CAÑAS J E, LONG M, NATIONS S, et al., 2008. Effects of functionalized and non-functionalized single-walled carbon nanotubes on root elongation of select crop species [J]. Environmental Toxicology and Chemistry, 27: 1922-1931.

CHAKRAVARTY D, ERANDE M B, LATE D, 2015. Graphene quantum dots as enhanced plant growth regulators: effects on coriander and garlic plants [J]. Journal of Agriculture and Food Sciences, 95: 2772-2778.

CHENG F, LIU Y F, LU G Y, et al., 2016. Graphene oxide modulates root growth of *Brassica napus* L. and regulates ABA and IAA concentration [J]. Journal of Plant Physiology, 193: 57-63.

DENG Y Q, WHITE J C, XING B S, 2014. Interactions between engineered nanomaterials and agricultural crops: implications for food safety [J], Journal of Zhejiang University-Science. Applied Physics and Engineering, 15: 552-572.

DREYER D R, PARK S, BIELAWSKI C W, et al., 2010. The chemistry of graphene oxide [J] Chemical Society Reviews, 39: 228-240.

DUZHKO V V, DUNHAM B, ROSA S, et al., 2018. N-doped zwitterionic fullerenes as interlayers in organic and perovskite photovoltaic devices [J]. ACS Energy Letters, 2: 957.

EXPÓSITO-RODRÍGUEZ M, BORGES A A, BORGES-PÉREZ A, et al., 2008. Selection of internal control genes for quantitative real-time RT-PCR studies during tomato development process [J]. BMC Plant Biology, 8: 131.

GIRALDO J P, LANDRY M P, FALTERMEIER S M, et al., 2014. Plant nanobionics approach to augment photosynthesis and biochemical sensing [J]. Nature Materials, 13: 400-408.

GULZAR U, LI T, BAI X, et al., 2018. Nitrogen-doped single-walled carbon nanohorns as a cost-effective carbon host toward high-performance lithium-sulfur batteries [J]. ACS Applied Materials & Interfaces, 10: 5551-5559.

GUO X H, CHEN G P, NAEEM M, et al., 2017. The mads-box gene, *SlMBP11*, regulates plant architecture and affects reproductive development in tomato plants [J]. Plant Science, 258: 90-101.

GUO X H, ZHAO J G, WANG R M, et al., 2021. Effects of graphene oxide on tomato growth in different stages [J]. Plant Physiology and Biochemistry (162): 447-455.

HE Y, HU R, ZHONG Y, et al., 2018. Graphene oxide as a water transporter promoting germination of plants in soil [J]. Nano Research, 11: 1928-1937.

HUANG S W, WANG L, LIU L M, et al., 2015. Nanotechnology in agriculture, livestock, and aquaculture in China [J]. Agronomy for Sustainable Development, 35: 369-400.

HU X, LU K, MU L, et al., 2014. Interactions between graphene oxide and plant cells: regulation of cell morphology, uptake, organelle damage, oxidative effects and metabolic disorders [J]. Carbon, 80: 665-676.

HU X, ZHAO J, GAO L, et al., 2019. Effect of graphene on the growth and development of Raspberry tissue culture seedlings [J]. New Carbon Materials, 34: 447-454.

HU Z, ZHOU B, WANG Q, 2016. Effects of nano-carbon on nutrient loss of loess slope under simulated rainfall [J] Journal of Soil and Water Conservation, 30: 1-6.

IRISH V F, SUSSEX I, 1990. Function of the apetala-1 gene during Arabidopsis floral development [J]. Plant Cell, 2: 741-753.

IVANCHENKO M G, NAPSUCIALYMENDIVIL S, DUBROVSKY J G, 2010. Auxin-induced inhibition of lateral root initiation contributes to root system shaping in *Arabidopsis thaliana* [J]. Plant Journal, 64: 740-752.

JIAO J, CHENG F, ZHANG X, et al., 2016. Preparation of graphene oxide and its mechanism in promoting tomato roots growth [J]. Nanoscience and Nanotechnology, 16: 4216-4223.

KAWAI-YAMADA M, OHORI Y, UCHIMIYA H, 2004. Dissection of arabidopsis bax inhibitor-1 suppressing bax-, hydrogen peroxide-, and salicylic acid-induced cell death [J]. The Plant Cell, 16: 21-32.

KHODAKOVSKAYA M V, KIM B, KIM J N, et al., 2013. Carbon nanotubes as plant growth regulators: Effects on tomato growth, reproductive system, and soil microbial community [J]. Small, 9: 115-123.

KOJIMA M, KAMADA - NOBUSADA T, KOMATSU H, et al., 2009. Highly sensitive and high-throughput analysis of plant hormones using MS-Probe modification and liquid chromatography-tandem mass spectrometry: An application for hormone profiling in *oryza sativa* [J]. Plant and Cell Physiology, 50: 1201-1214.

KOLE C, KOLE P, RANDUNU K M, et al., 2013. Nanobiotechnology can boost crop production and quality: First evidence from increased plant biomass, fruit yield and phytomedicine content in bitter melon (*Momordica charantia*) [J]. BMC Biotechnology, 13: 37.

LAHIANI M H, CHEN J, IRIN F, et al., 2015. Interaction of carbon nanohorns with plants: Uptake and biological effects [J]. Carbon, 81: 607-619.

LECLERCQ J, ADAMSPHILLIPS L C, ZEGZOUTI H, et al., 2002. LeCTR1, a tomato CTR1-Like gene, demonstrates ethylene signaling ability in *Arabidopsis* and novel expression patterns in tomato [J]. Plant Physiology, 130: 1132-1142.

LI F, CHAO S, LI X, et al., 2018. The effect of graphene oxide on adventitious root formation and growth in applel [J]. Plant Physiology and Biochemistry, 129: 122-129.

LIU Q, CHEN B, WANG Q, et al., 2009. Carbon nanotubes as molecular transporters for walled plant cells [J]. Nano Letters, 9: 1007-1010.

LIU S, WEI H, LI Z, et al., 2015. Effects of graphene on germination and seedling morphology in rice [J]. Journal of Nanoscience and Nanotechnology, 15: 2695-2701.

LIU Y, ZHOU B, WANG Q, et al., 2015. Effects of nano-carbon on water movement and solute transport in loessial soil [J]. Journal of Soil and Water Conservation, 29: 21-25.

LIVAK K J, SCHMITTGEN T D, 2001. Analysis of relative gene expression data using real-time Quantitative PCR and the $2^{-\Delta\Delta C}$T method [J]. Methods, 25: 402-408.

MA C, WHITE J C, ZHAO J, et al., 2018. Uptake of engineered nanoparticles by food crops: characterization, mechanisms, and implications

[J]. Annual Review of Food Science and Technology, 9: 129-153.

MARTINEZ-BALLESTA M C, ZAPATA L, CHALBI N, et al., 2016. Multiwalled carbon nanotubes enter broccoli cells enhancing growth and water uptake of plants exposed to salinity [J]. Journarl of Nanobiotechnology, 14: 42.

MA X, GEISLER-LEE J, DENG Y, et al., 2010. Interactions between engineered nanoparticles (ENPs) and plants: phytotoxicity, uptake and accumulation [J]. Science of The Total Environment, 408: 3053-3061.

MEYER J C, GEIM A K, KATSNELSON M I, et al., 2007. The structure of suspended graphene sheets [J]. Nature, 446: 60-63.

MONREAL C M, DEROSA M, MALLUBHOTLA S C, et al., 2016. Nanotechnologies for increasing the crop use efficiency of fertilizer-micronutrients [J]. Biology and Fertility of Soils, 52: 423-437.

NEL A, XIA T, MADLER L, et al., 2006. Toxic potential of materials at the nanolevel [J]. Science, 311: 622-627.

NOVOSELOV K S, FAL'KO V I, COLOMBO L, et al., 2012. A roadmap for graphene [J]. Nature, 490: 192-200.

PAN X Q, WELTI R, WANG X M, 2010. Quantitative analysis of major plant hormones in crude plant extracts by high-performance liquid chromatography-mass spectrometry [J]. Nature Protocols, 5: 986-992.

REN W, REN G, TENG Y, et al., 2015. Time-dependent effect of graphene on the structure, abundance, and function of the soil bacterial community [J] Journal of Hazardous Materials, 297: 286-294.

SONKAR S K, ROY M, BABAR D G, et al., 2012. Water soluble carbon nano-onions from wood wool as growth promoters for gram plants [J]. Nanoscale, 4: 7670-7675.

STAMPOULIS D, SINHA S K, WHITE J C, 2009. Assay-dependent phytotoxicity of nanoparticles to plants [J]. Environmental Science and Technology, 43: 9473-9479.

STANKOVICH S, DIKIN D A, DOMMETT G H B, et al., 2006. Graphene-based composite materials [J]. Nature, 442: 282-286.

TIAN Y, HUANG Z, LIU D, et al., 2016. Effect of nano-carbon and its composites on rape growth and soil nitrogen-holding efficiency [J]. Acta

Scientiae Circumstantiae, 36: 3339-3345.

VILLAGARCIA H, DERVISHI E, DE SILVA K, et al., 2012, Surface chemistry of carbon nanotubes impacts the growth and expression of water channel protein in tomato plants [J]. Small, 8: 2328-2334.

WANG H, ZHANG M, SONG Y, et al., 2018. Carbon dots promote the growth and photosynthesis of mung bean sprouts [J]. Carbon, 136: 94-102.

WEN F, XING D, ZHANG L R, 2008. Hydrogen peroxide is involved in high bluelight - induced chloroplast avoidance movements in arabidopsis [J]. Journal of Experimental Botany, 59: 2891-2901.

YAN S H, ZHAO L, LI H, et al., 2013. Single-walled carbon nanotubes selectively influence maize root tissue development accompanied by the change in the related gene expression [J]. Journal of Hazardous Materials, 246-247: 110-118.

ZHANG J, CHEN R, XIAO J, et al., 2007. Isolation and characterization of SlIAA3, an Aux/IAA gene from tomato [J]. Journal of Dna Sequencing & Mapping, 18: 407-414.

ZHANG M, GAO B, CHEN J J, et al., 2015. Effect of graphene on seed germination and seedling growth [J]. Journal of Nanoparticle Research, 17: 78.

ZHENG G, CUI Y, KARABULUT E, et al., 2013. Nanostructured paper for flexible energy and electronic devices [J]. MRS Bulletin, 38: 320-325.